养殖致富攻略·一线专家答疑丛书

高效健康养鹅200问

周新民　羊建平　主编

中国农业出版社

内 容 提 要

　　本书将作者们在平时的养鹅技术服务或养鹅生产实践中遇到的问题，进行系统归纳、总结，以问答的形式，围绕养鹅生产的各个环节，简述我国养鹅生产的现状和前景、鹅场建设和经营管理、鹅品种与繁育技术、鹅人工孵化技术、鹅营养与饲料及饲养管理、鹅肥肝生产技术和活体拔毛技术、鹅常见疾病防治等。

　　本书内容丰富，技术实用，通俗易懂，适合养鹅场技术人员、基层兽医和畜牧兽医专业师生参考。

编 写 人 员

主　　编：周新民　羊建平

副 主 编：段修军　陈宏军

编写人员：周新民　羊建平

　　　　　段修军　陈宏军

　　　　　匡存林　孙国波

　　　　　耿梅霞　耿梅琴

　　　　　陈　洪

目　录

7

七、鹅肥肝生产技术 ……………………………………… 159

八、鹅活体拔毛技术 ·············· 171

九、常见鹅病防治技术 ·············· 180

一、我国养鹅业现状和前景

1. 鹅有哪些独特的生活习性？

（1）**喜水性** 鹅喜欢在水中觅食、嬉戏和求偶交配。因此，在生产上，要创造条件，让鹅能自由地下水和上陆。设计鹅舍时，必须有水陆运动场，二者还要连成一体，才能使鹅保持健康，羽毛有光泽。

（2）**合群性** 鹅喜欢群居和成群行动，行走时队列整齐，觅食时在一定范围内扩散。偶尔个别鹅离群，就呱呱大叫，追赶同伴归队集体行动。这种特性使鹅适于大群放牧饲养和圈养。但不同品种鹅混养时，合群性较差，需要通过调教让其合群。

（3）**耐寒怕热** 鹅对气候的适应性比较强。鹅羽毛细密柔软，特别是毛片下的绒毛，绒朵大、密度大、弹性好，保温性能极佳，又有发达的尾脂腺，形成防水御寒的特性。鹅的皮下脂肪较厚，耐寒性强，即使在0℃左右的低温下，也能在水中活动；在10℃左右的气温条件下，即可保持较高的产蛋率。相反，在炎热的夏季鹅比较怕热，喜欢泡在水中，或者在树阴下休息，觅食时间减少，采食量下降，产蛋率下降。

（4）**敏感性** 鹅的听觉很灵敏，警觉性很强，遇到陌生人或其他动物时就会高声鸣叫，且鹅相对胆大，有的鹅甚至用喙击或用翅扑击。鹅有较好的反应能力，容易接受饲养管理的训练和调教但容易受惊扰而互相挤压践踏，影响生长、产蛋，甚至伤残、致病。对此，应尽可能保持鹅舍的安静。

（5）**等级性** 在鹅群中，存在等级序列，新鹅群中等级常常是通过争斗产生。在生产中，鹅群要保持相对稳定，频繁调整鹅群，打乱原有的等级序列，不利于鹅群生产性能的发挥。

(6) 生活规律性 鹅具有良好的条件反射能力，可以按照人们的需要和自然条件进行训练，形成鹅群各自的生活规律。舍饲鹅群对一日的饲养程序一经习惯之后很难改变。所以，已实施的饲养管理日程不要随意改变，特别是在种母鹅的产蛋期间更要注意。

(7) 食草性 鹅以植物性食物为主，一般只要是无毒、无特殊气味的野草都可供鹅采食。通常鹅只采食叶子，但野草不多时，茎、根、花、籽实都会被采食。

(8) 就巢性 许多鹅品种具有很强的就巢性。这也是鹅产蛋量低的原因之一。凡是就巢性强的种鹅，产地群众习惯采用鹅孵鹅蛋的自然孵化进行繁殖，因此，这些地区普遍选留就巢性强的母鹅留种。而就巢性弱或无的种鹅，则多因产地的人工孵化普及。

(9) 迟熟性 鹅是长寿动物，成熟期和利用年限都比较长。一般中小型鹅的性成熟期为6～8个月，大型鹅种则更长。母鹅利用年限一般可达5年左右，公鹅也可利用3年以上。

(10) 夜间产蛋性 禽类大多数是白天产蛋，而母鹅则是夜间产蛋，这一特性为种鹅的白天放牧提供了方便。夜间鹅不会在产蛋窝内休息，仅在产蛋前半小时左右才进入产蛋窝，产蛋后稍歇片刻才离去，有一定的恋巢性。鹅产蛋一般集中在凌晨，若多数窝被占用，有些鹅宁可推迟产蛋时间，这样就影响鹅的正常产蛋。因此，鹅舍内窝位要足，垫草要勤换。

2. 我国发展养鹅业的主要优势有哪些？

(1) 鹅品种资源丰富 中国鹅品种资源丰富，已列入中国家禽品种志的有12种。近年来又有许多针对市场需求培育的优良鹅的品种或配套系。

(2) 鹅产品具有广阔的消费市场 鹅的主要产品有肥肝、鹅肉、鹅绒。

(3) 食草耐粗饲 鹅是草食家禽，以吃草为主，吃粮补充。鹅的消化道极其发达，食管膨大部较宽，富有弹性，肌胃肌肉厚实，肌胃压力比鸡大1倍。鹅消化道长度为其体长的10倍，因此食量大，每日每只采食青草 2 千克，可利用纤维素达 45%～50%，消化青粗饲料中的蛋白质能力也很强。因此，在放牧条件良好（或以饲喂青粗饲料为主）的情况下，肉用仔鹅达到上市体重时，每增重 1 千克仅需青饲料 7 千克和精饲料 1 千克左右，如果饲喂精饲料，肉料比为 1：1.5～2。

（4）生长快、投入低、成本少 鹅生长速度快，一般饲养 2～3 个月便可上市，有效提高了流动资金周转速度和经济效益。此外，鹅的抗逆性是其他畜禽所无法比拟的，对严寒酷暑具有很强的适应性。养鹅除育雏期间需要一些保温设施外，对饲养条件要求不高，基建和设备投资很少。鹅舍可以用简单的草棚，饲养设备也很简单，养鹅的初始固定投资比较少。鹅的抗病力强，疾病少，在正常饲养管理条件下育雏成活率能达 96%～98% 或以上，生产中用药很少，药物费用低。

3. 我国有哪些主要的鹅产品？

（1）鹅肉 鹅肉蛋白质含量为 22.3%，其中某些氨基酸的含量明显高于鸡肉。鹅肉脂肪含量少，仅为 11.2%，且多为不饱和脂肪酸，有益于人体健康。此外，鹅肉脂肪的熔点低，为 26～34℃，比较容易为人体消化吸收。

（2）鹅蛋 一只鹅蛋可食部分占 85.8%～90%，蛋壳占 10%～14.2%。鹅蛋中蛋白质的含量多于鸡蛋和鸭蛋，其氨基酸的含量也高。此外，鹅蛋中还含有少量的维生素 A、维生素 D 和 B 族维生素等。鹅蛋壳是优质的矿物质饲料，钙含量为 34.9%，含磷 2.2%，新鲜蛋壳烘干后，粉碎制成的蛋壳粉，可作为畜禽的矿物质饲料。但由于鹅的繁殖力一般还比不上鸡、鸭，这在一定程度上限制了鹅蛋的开发利用。

（3）鹅羽绒 鹅羽绒具有轻便、柔软、弹性好、保暖性强、耐磨等特点，是制作羽绒服、羽绒被等羽绒制品的填充料，特别是白色绒更受消费者的青睐，同时羽绒还是出口创汇的优质产品。鹅的大羽可用来做羽毛扇、羽毛球等。鹅的其他羽毛，经适当加工处理后制成的羽毛粉,是一种蛋白质饲料,它的胱氨酸含量是鱼粉的6倍。羽毛经适当化学处理后还可以作为高级食品包装材料和化妆品原料。

(4) 鹅肥肝 鹅肥肝是将生长发育后期的仔鹅进行强制填肥后取出的肝脏。鹅肥肝比普通肝重5～10倍,重量为500～900克。鹅肥肝质地细嫩,风味独特,营养丰富,除含有较高的不饱和脂肪酸外,还富含卵磷脂、酶、脱氧核糖核酸与核糖核酸等,具有降低血压、软化血管、延缓衰老、预防心血管疾病等功效,是一种高档食品,在国际市场上很受欢迎。

(5) 鹅裘皮 鹅裘皮是近年来我国开发的一种新产品,其皮板细薄,质地柔软,绒毛蓬松,重量轻盈,洁白如雪,保温性能好,是制作裘皮服装和工艺品的好材料。我国已有多项被国家知识产权局批准的有关鹅裘皮的发明创造专利,可用于研制生产"裘皮"帽子、围脖、粉扑、披肩、褥子等,同时将在军用内衣、登山滑雪运动衣、高寒野外防寒用品领域广泛应用。

(6) 鹅血 鹅血量约占鹅自身体重的5%,血浆中含有白蛋白、球蛋白、纤维蛋白原。有形成分为血红蛋白,血中还含有非蛋白态的氮,可供食用。鹅血中免疫球蛋白含量高,能增强机体的免疫功能。试验分析认为鹅血中含有一种抗癌因子,用鹅血制剂开展食管癌、鼻咽癌、胃癌等的治疗,效果较好。鹅血粉还是良好的蛋白质饲料,可用来饲喂畜禽。

(7) 鹅油 一个中型鹅,90日龄仔鹅仅腹部脂肪就有400克左右,加上皮下脂肪、腹内脂肪,若生产肥肝鹅,脂肪更多,这些脂肪可炼出鹅油供食用或加工糕点,则别具风味。鹅油中含不饱和脂肪酸75.7%,接近植物油,而且熔点低,容易被人体吸收。还可按2%～3%拌入饲料喂肉仔鹅,也可拌入玉米中作鹅的填肥饲料用。

(8) 鹅骨 鹅骨中含水分为22%～30%,干物质中蛋白质占20%～25%,脂肪占15%～20%,灰分占45%～50%,是钙、磷优质矿物质的来源。剔除鹅肉的新鲜骨可打成骨泥酱作为老年人和儿童的保健食品,也可烘干粉碎后打成骨粉,作饲料用。

(9) 鹅胆 鹅去氧胆酸片可用于治疗胆固醇型胆石症,急慢性胆囊炎,可起到消炎、止痛的作用。

4. **发展养鹅业在社会主义新农村建设中有何作用?**

（1）**鹅的饲养方式与经营管理特点**　目前，我国鹅饲养主要注重规模养殖，在农村散养规模也十分庞大，饲养方式一般采用圈养、牧养、笼养、混养等。随着经济发展和对环境保护重视程度的不断加强，现正趋于走规模化生态养殖的养鹅道路。在养鹅经营管理过程中，注重计划性、周期性，做到防疫隔离、同进同出、无公害化、粪污处理此等管理要点。

（2）**农村经济发展的作用**

①有利于发展高效、生态、特色农业　为了发展鹅产业，相关养殖企业（户）就必须从种源、饲料、养殖、加工等各个环节入手，做到生产的科学性、规范性、高效性以及安全性，实现产品的"绿色"、无公害。这样就势必要求企业高效生产、生态健康养殖，符合国家大力发展高效、生态养殖的大方向。同时，人们对多元化消费需求日益重视，为了赢得市场，赚取更多的利润，企业也会积极从事特色鹅产品的生产。

②有利于发展无污染的优质营养类食品　畜禽产品竞争的核心是质量竞争，且国家对畜禽产品安全监管甚严，这些都要求鹅生产的经营实体更加注重鹅的品质。为此，他们会以鹅安全生产为契机，迎合消费者的饮食文化为经营方向，大力发展无害化、多样化、优质化的产品，在业内建立起一种新的肉鹅生产理念，使肉食产品结构更加完善，从而在发展无污染的优质营养类食品的同时，也有利于企业、行业、社会的多元发展。

③有利于发展优质的畜产品加工业　目前鹅的初级产品多，深加工产品较少，制约了鹅生产的发展。优质肉鹅适宜加工成各具特色的中高档系列食品，能满足不同层次消费者的需要。生产安全的优质肉鹅有利于拓宽禽产品市场，经深加工后，扩大产品市场，增加产品销售渠道，销量和经济效益可望大幅度增加，使养鹅业与二三产业有机地结合起来，并带动运输业、包装业、加工业、餐饮业的发展，有利于形成肉鹅生产、加工和销售为一体的生产模式，可产生巨大的滚动

增值效益。

④有利于增强国际竞争力 我国加入 WTO 后，出口的"关税壁垒"已转换为"绿色壁垒"，发展绿色畜牧业已成为我国畜牧产业进入国际市场的必备条件，走绿色之路，是畜禽产业的必然选择。所以开发生产无公害的绿色优质鹅，不仅可以满足国内市场的需求，而且是进入国际市场的必备条件。

5. 我国养鹅业的现状及发展前景如何？

(1) 我国养鹅业的现状

①鹅生产规模稳步扩大 我国是世界上第一水禽生产大国。目前鹅存栏量、屠宰量、鹅肉产量、鹅蛋产量等均居世界首位。据联合国世界粮食及农业组织统计数据：2012 年我国鹅存栏 4.17 亿只，占世界鹅存栏的 88.78%，比 2008 年增长 3.60%；鹅出栏 5.83 亿只，占世界鹅出栏的 93.27%，比 2008 年增长 4.11%；鹅肉产量 233.06 万吨，占世界鹅肉产量的 94.14%，比 2008 年增长 4.16%。

②产业化龙头企业发展迅速 近几年来，随着农业产业结构的调整，不少地区利用自身资源优势，大力发展养鹅业。以养鹅基地为平台，以大企业、大型超市和交易市场为龙头的产业化模式不断出现，延长了鹅的产业链，提高了产业化程度。国内不断涌现出具有较强市场竞争力的大型产业化龙头企业，如辽宁美中鹅业工贸有限责任公司、吉林正方农牧股份有限公司等。同时，企业大多以鹅的育种、饲养、屠宰加工、销售等形式进行生产经营，产品在国内外市场得到大力拓展，有效解决了鹅业发展中的产、加、销等诸多问题，大大减少了养殖风险，也成为提高农民收入的重要途径之一。以"龙头企业＋基地＋养殖户"的模式进行鹅的产业化成为发展的趋势。

③消费市场潜力巨大 我国长期以来有食鹅的习惯和传统的烹饪方法。盐水鹅、烧鹅、风鹅、酱板鹅、香辣鹅等都很畅销，也是出口的好产品。近年来，鹅肥肝的生产消费增幅较大，预计随着国内外市场的需求增长，中国将继法国之后成为鹅肥肝生产和消费的新兴大国。

（2）我国养鹅业存在的问题

①疾病防控有待加强　我国虽然是鹅的生产大国，但并不是强国。近年来我国鹅饲养量虽逐年增长，规模化、产业化经营水平也得到快速提高，但疫病危害一直是阻碍养鹅业发展的重要问题。鹅疫病的研究和防控体系还不完善；饲养方式仍然落后，粗放、饲养条件简陋；同一水域可能承载多个来源不同的鹅群，极易感染各种疾病，致使疫病的防治难度增大。一旦发病，传播较快，很难防治，损失惨重。

②饲养方式相对落后　传统小规模的饲养方式不能保证现代化生产和消费的需要，规模化、工厂化养殖比较少，散养仍占较大的比重，不利于疫病防控和产品质量的保证。

③研发水平还比较低　目前养鹅的研究工作还处在初始阶段，鹅专用生物制品的开发速度跟不上产业发展的需求，科研经费投入不足，育种工作与国外相比仍有差距。这些问题的存在都不同程度地影响着我国养鹅业的发展。

④鹅产品的深加工相对滞后　当前，我国鹅产品深加工的小企业较多，规模普遍较小，屠宰加工工艺技术和设备相对滞后，加工产品雷同，效率偏低。高温制品多，低温制品少；整只加工多，分割加工产品少；初加工产品多，深精加工产品少；国内消费多，出口产品少；产品附加值不高，市场开拓能力不强，遏制了产业化发展。

（3）我国养鹅业的发展前景

①市场潜力巨大　我国南方素有吃鹅的习惯，尤其是广东省有"无鹅不成席"之说。江苏、江西、安徽、浙江、广东等地都是鹅消费大省，每年消费上亿只肉鹅。现在，北方也出现吃鹅热潮，如北京、辽宁、吉林等地烤鹅店已出现排队等候就餐的局面。鹅已逐渐成为全国各地人们喜爱的消费食品。国外普遍认为，鹅肉的脂肪、胆固醇含量比鸡、鸭都低，并视其为美味和保健食品。在法国，鹅肉价格是鸡肉价格的3倍，东欧一些国家鹅肉价格是鸡肉价格的2倍。全世界都在重视养鹅，但一些经济发达国家无论是土地还是人力资源，都限制了他们养鹅业的发展，故出现了鹅产品供不应求的局面。

②产业结构调整需要　由于养鹅业是当今增幅最大、效益最好的

畜禽养殖项目之一，受到了各级政府的重视，纷纷出台了各种奖励政策，保护农民的养鹅积极性。发展好养鹅能带动多方面经济的发展，如饲料工业、食品工业、轻工业、医药、运输业及服务行业等。

鹅产业是发展畜牧养殖主导产业的有益补充：在不影响主导产业的前提下，把养鹅作为一个重要产业来发展，符合我国大部分地区产业发展战略，是发展畜牧养殖主导产业的有益补充，对加快经济结构调整，增加农牧民收入，具有积极的推动作用。

养鹅是农村牧区脱贫致富的好路子：一是养鹅成本低，见效快，饲养周期短；二是农民有饲养家禽的技术基础，对规模养鹅技术接受较快，一般农户都可以饲养。

发展鹅产业资源丰富：鹅是草食禽，具有喜水性、食草性和耐寒性的特点，一定范围的水陆运动场和优质牧草是养鹅的必备条件。各地引草入田力度的加大，为养鹅业的发展提供了丰富的饲料保障。

二、鹅场建设与经营管理

6. 鹅场环境质量和防疫卫生有哪些要求?

(1) 鹅场环境质量要求

①鹅场环境卫生质量要求　规模较大的鹅场分为生活办公区、生产区和污物处理区三个功能区。鹅场净道和污道应分开,防止疾病传播。鹅舍墙体坚固,内墙壁表面平整光滑,墙面不易脱落,耐磨损,耐腐蚀,不含有毒有害物质。舍内建筑结构应利于通风换气,并具有防鼠、防虫和防鸟设施。鹅场周边环境、鹅舍内空气质量应符合国家农业行业标准 (表 2-1、表 2-2)。

表 2-1　畜禽场空气环境质量要求

项目	缓冲区	场区	禽舍	
			雏禽	成禽
氨气 (毫克/米^3)	2	5	10	15
硫化氢 (毫克/米^3)	1	2	2	10
二氧化碳 (毫克/米^3)	380	750	1 500	1 500
pm (毫克/米^3)	0.5	1	4	4
TSP (毫克/米^3)	1	2	8	8
恶臭 (稀释倍数)	40	50	70	70

表 2-2　畜禽舍区生态环境质量要求

项目	禽舍	
	雏禽	成禽
温度（℃）	21～27	10～24
相对湿度（%）	75	75
风速（米/秒）	0.5	0.8
光照度（勒）	50	30
细菌（个/米³）	25 000	25 000
噪声（分贝）	60	80
粪便含水率（%）	65～75	65～75
粪便清理	干法	干法

②鹅场的土质要求　土壤的透气性、透水性、吸湿性、毛细管特征、抗压性及土壤中的化学成分等，不仅直接影响鹅场场区的空气、水质和植被的化学成分及生长状态，还影响土壤的净化作用。适合建立鹅场的土壤应该是透气、透水性强、毛细管作用弱、导热性小、质地均匀、抗压性强的土壤。因此从环境卫生学角度看，选择在沙壤土上建场较为理想。然而，在一定的地区内建场，由于客观条件的限制，选择最理想的土壤不一定能够实现，这就要求人们在鹅舍的设计、施工、使用和其他日常管理上，设法弥补当地土壤的缺陷。

③鹅场绿化　鹅场绿化应选择种植适合当地生长、对人畜无害的花草树木，绿化率不低于30%。树木与建筑物外墙、围墙、道路边缘及排水明沟边缘的距离应不小于1米。同时注意实行种养结合，种植业的农产品作为养鹅的饲料来源，鹅粪作为种植业的肥料，以实现种养结合的生态养殖模式。

（2）防疫卫生要求

①卫生制度健全

A. 环境卫生：保持陆上运动场和舍内清洁卫生，天天打扫粪便，清除杂物、疏通排渍，创造一个清洁、臭味小的生活环境。水上运动场以流水为佳，以水池为运动场的要经常换新鲜水，防水腐臭和硬化。工作人员或参观人员进出均要消毒。

B. 饲料、饮水无污染：鹅是水禽，既爱水又怕湿，且喜乱啄，成群活动能力强，极易造成饲料和水污染。因此，养鹅时应注意饲料饮水的卫生，少喂勤添，以粪便保持结而不散、湿而不稀的柔软颗粒状为宜。及时清除积在凹地里的污水或污染过的水、料，避免鹅啄食后造成拉稀或引发大肠杆菌病等（夏季尤其重要）。放牧进玉米地吃杂草的，要在晴天进行。禁喂施农药不足 10 天的青饲料和发霉变质的精饲料。

C. 粪污的处理：鹅粪污易被植物吸收，可即扫即销，转移利用。对当天不能销售的粪污可用贮粪池贮留或放入沼气池内发酵，然后再作销售。也可通过加入微生物发酵添加剂处理后转化成饲料再利用。

D. 加强防疫：由于鹅群居性强，易感染疾病，且病后治疗价值低。应加强鹅群疾病监测，制订免疫程序，提早预防。定期免疫种鹅群，特别是禽流感、副黏病毒病、鸭瘟、禽霍乱等病的免疫，保证鹅群健康，减少疾病发生。

E. 放牧卫生：雏鹅群放牧应选择阳光温和、地面干燥，无风或少风的中午和下午放牧。中午阳光太烈或天气闷热、下暴雨等不放牧。成鹅和种鹅的放牧则应根据体质、采食、天气等情况决定是全天放牧还是半天放牧。禁止在暴雨后的溪流、小河、水库里放牧，以防被洪水冲走或被水中夹杂的硬物碰撞而导致死伤。

F. 运输卫生：调进或调出鹅苗时，应对装载工具进行消毒，如用消特灵给运输车辆消毒。用紫外线或烈日暴晒消毒装鹅苗用的新纸箱和竹筐等。冬季运输鹅苗时应盖顶，以防寒风持久袭击雏鹅；夏季运鹅苗时要防中暑等病，适宜晚上运输。雏鹅运到目的地后，应先停 10 分钟左右再卸车，放入消毒好的育雏室休息，过半小时左右先潮脚、后给料，再给多维素饮水。注意观察暴饮暴食的雏鹅和不会饮水的雏鹅，及时处理。

②消毒工作要制度化　建立严格的消毒制度，定期对鹅舍及用具、环境进行消毒。消毒前先清扫冲洗，待干后，再用药物消毒。做

到三天一次小消毒，七天一次大消毒，控制微生物病原生长。如用0.3%新洁尔灭、0.1%消特灵、0.3%百毒杀等药物浸泡消毒料槽、水槽及喷洒场地或带鹅消毒等，但禁用干的生石灰或草木灰撒场消毒。

③免疫预防要制度化　根据当地的疫情，制订切实可行的防疫免疫程序，严格按疫苗的使用操作规程，按时做好免疫注射工作，及时合理地使用药物饮水或拌料喂服，将疫病扑灭在萌芽中。免疫程序可根据各鹅场和当地疫情进行制订，但制订后应严格执行。此外，可在鹅日粮中加入一些穿心莲、蒲公英、地枇杷、鱼腥草等中草药，预防鹅病的发生。

7. 养鹅场规划和设计有哪些要求？

（1）鹅场的选址

①鹅场应建在隔离条件良好的区域　鹅场周围3千米内无大型化工厂、矿场，2千米以内无屠宰场、肉品加工厂、其他畜牧场等污染源。鹅场距离干线公路、学校、医院、乡镇居民区等设施至少1千米以上，距离村庄至少100米以上。鹅场不允许建在饮用水源的上游或食品厂的上风向。

②水源充足，水活浪小　鹅日常活动与水有密切关系，洗澡、交配都离不开水。水上运动场是完整鹅舍的重要组成部分，所以养鹅的用水量特别大，要有廉价的自然水源，才能降低饲养成本。选择场址时，水源充足是首要条件，即使是干旱的季节，也不能断水。通常将鹅舍建在河湖之滨，水面尽量宽阔，水活浪小，水深为1～2米。如果是河流交通要道，不应选主航道，以免骚扰过多，引起鹅群应激。最好鹅场内建有深井，以保证水源和水质。

③交通方便，不紧靠码头　鹅场的产品、饲料及各种物资的进出，运输所需的费用相当大，因此要选在交通方便的地方建场，尽可能距离主要集散地近些，以降低运输费用，但不能在车站、码头或交通要道（公路或铁路）的附近建场，以免给防疫造成麻烦，而且，环境不安静，也会影响产蛋。

④地势高燥，排水良好　鹅场地势要稍高一些，且略向水面倾斜，最好有 5°～10°的坡度，以利排水；土质以沙质壤土最适合，雨后易干燥，不宜在黏性过大的土上建造鹅场，以防雨后泥泞积水。尤其不能在排水不良的低洼地建场，以免雨季到来时，鹅舍被水淹没，造成损失。

除上述四个方面外，还有一些特殊情况也要予以关注，如在沿海地区，要考虑台风的影响，经常遭受台风袭击的地方和夏季通风不良的山凹，不能建造鹅场；尚未通电或电源不稳定的地方不宜建场。此外，鹅场的排污、粪便废物的处理，也要通盘考虑，做好周密规划。

（2）鹅场的分区规划　具有一定规模的鹅场，一般可分为场前区（包括行政和技术办公室、饲料加工及料库、车库、杂品库、更衣消毒和洗澡间、配电房、水塔、职工宿舍、食堂等）、生产区（各种鹅舍）及隔离区（包括病、死鹅隔离、剖检、化验、处理等房舍和设施、粪便污水处理及贮存设施等）。

在进行场地规划时，主要考虑鹅群的卫生防疫和生产工艺要求，根据场地地势和当地全年主风向安排以上各区：①场前区应设在与外界联系方便的位置。外来人员只能在场前区活动，不得随意进入生产区；②生产区设计成各种日龄或各种商品性能的鹅各自形成一个分场，分场之间有一定的防疫距离，可用树林形成隔离带，各个分场实行全进全出制；③隔离区应设在全场的下风向和地势最低处，且与其他两区的卫生间距不小于 50 米。

鹅场分区规划如图 2-1 所示。

图 2-1　鹅场按地势、风向分区规划

（3）鹅场建筑布局　合理设计生产区内各种鹅舍建筑物及设施的排列方式、朝向、相互之间的间距和生产工艺的配套联系是鹅场建筑物布局的基本任务。布局的合理与否，不仅关系到鹅场生产联系和管理工作、劳动强度和生产效率，也关系到场区和每幢房舍的小气候状况，以及鹅场的卫生防疫效果。

①排列　生产区建筑物的排列形式，应根据当地气候、场地地形、地势、建筑物种类和数量，尽量做到合理、整齐、紧凑、美观。鹅舍群一般横向成排（东西）、纵向呈列（南北），称为行列式，即鹅舍应平行整齐呈梳状排列，不能相交。超过两栋以上的鹅舍群的排列要根据场地形状、鹅舍的数量和每栋鹅舍的长度，酌情布置为单列式、双列式或多列式。如果场地条件允许，应尽量避免将鹅舍群布置成横向狭长或纵向狭长状，因为狭长形布置势必造成饲料、粪污运输距离加大，饲养管理工作联系不便，道路、管线加长，建场投资增加。如将生产区按方形或近似方形布置，则可避免上述缺点。如果鹅舍群按标准的行列式排列与鹅场地形地势、当地的气候条件、鹅舍的朝向选择等发生矛盾时，可以将鹅舍左右错开、上下错开排列，但仍要注意平行的原则，不要造成各舍相互交错。例如，当鹅舍长轴必须与夏季主风向垂直时，上风向鹅舍与下风向鹅舍可左右错开呈"品"字形排列，这就等于加大了鹅舍间距，有利于鹅舍的通风；若鹅舍长轴与夏季主风方向所成角度较小时，左右列可前后错开，即顺气流方向逐列后错一定距离，也有利于通风。

②朝向　鹅舍的朝向应根据当地的地理位置、气候环境等来确定。适宜的朝向要满足鹅舍日照、温度和通风的要求。鹅舍建筑一般为矩形，其长轴方向的墙为纵墙，短轴方向的墙为山墙（端墙）。由于我国处在北半球，鹅舍应采取南向（即鹅舍长轴与纬度平行）。这样，冬季南墙及屋顶可最大限度地收集太阳辐射以利防寒保温，有窗式或开放式鹅舍还可以利用进入鹅舍的直射光起一定的杀菌作用；而夏季则避免过多地接受太阳辐射热，引起舍内温度增高。如果同时考虑当地地形、主风向及其他条件的变化，南向鹅舍可做一些朝向上的调整，向东或向西偏转 $15°\sim30°$。南方地区从防暑考虑，以向东偏转为好，而北方地区朝向偏转的自由度可稍大些。

③间距　传统的鹅舍需要设置陆上和水上运动场，这使得鹅舍之间必定有足够的间距。而完全舍饲的鹅舍，舍间间距必须认真考虑。鹅舍间距大小的确定主要考虑日照、通风、防疫、防火和节约用地。必须根据当地地理位置、气候、场地的地形地势等来确定适宜的间距。如果按日照要求，当南排舍高为 H 时，要满足北排鹅舍的冬季

日照要求，在北京地区，鹅舍间距约需 2.5H，黑龙江的齐齐哈尔地区约需 3.7H，江苏地区需 1.5～2H。若按防疫要求，间距为 3～5H 即可。鹅舍的通风应根据不同的通风方式来确定适宜间距，以满足通风要求。若鹅舍采用自然通风，间距取 3～5H 既可满足下风向鹅舍的通风需要，又可满足卫生防疫的要求；如果采用横向机械通风，其间距也不应低于 3H；若采用纵向机械通风，鹅舍间距可以适当缩小，1～1.5H 即可。鹅舍的防火间距取决于建筑物的材料、结构和使用特点，可参照我国建筑防火规范。若鹅舍建筑为砖墙、混凝土屋顶或木质屋顶并做吊顶，耐火等级为 2 级或 3 级，防火间距为8～10 米（3H）。

总的看来，鹅舍间距不小于 3～5H 时，可以基本满足日照、通风、卫生防疫、防火等要求。

（4）场内道路与排水 道路是鹅场的一个重要组成部分，是场内建筑物与建筑物之间、场内与场外之间联系的纽带。净道和污道决不能混用或交叉，以利卫生防疫。场外的道路不能与生产区的道路直接相通。场内道路应不透水，路面断面的坡度一般为 1%～3%，路面材料可根据具体条件修为柏油、混凝土、砖、石或焦渣路面。各种道路两侧，均应留有绿化和排水明沟所需面积。为减少投资，一般可在道路一侧或两侧设明沟，沟壁、沟底可砌砖、石，也可将土夯实做成梯形或三角形断面，再结合绿化护坡，以防塌陷。隔离区要有单独的下水道将污水排至场外的污水处理设施。

（5）场区绿化 鹅场植树、种草绿化，对改善场区小气候、净化空气和水质、降低噪声等有重要意义。因此，在进行鹅场规划时，必须规划出绿化地，其中包括防风林（在多风、风大地区）、隔离林、行道绿化、遮阳绿化、绿地等。防风林应设在冬季主风的上风向，沿围墙内外设置；隔离林主要设在各场区之间及围墙内外；隔离区的隔离林应按防风林设计；行道绿化是指道路两旁和排水沟边的绿化。

8. 鹅舍建筑设计有哪些基本要求？

鹅舍的建筑设计应遵循鹅的生物学特性和鹅场的实际生产工艺

（防寒保暖、通风良好、便于清洗消毒、保持安静、防止兽害等）进行。具体建筑设计要求如下：

（1）孵化室 孵化室是种鹅场的重要组成部分，应与外界保持可靠的隔离，应有专门的出入口，与鹅舍的距离至少应有150米，以免来自鹅舍的病原微生物横向传播。孵化室应具有良好的保温性能，外墙、地面要进行保温设计。孵化室应有换气设备，保证氧分压，使二氧化碳的含量低于0.01%。

（2）育雏舍 4周龄前的雏鹅绒毛稀少、体温调节能力差，故雏鹅舍要求温暖、干燥、空气新鲜且没有贼风。舍内可设保温伞，伞下每米^{2}可容25～30只雏鹅。采光系数为1∶10～15，南窗应比北窗大些。为防兽害，所有的窗户及下水道外出口应装有防兽网。育雏舍内应再分隔为若干小间或栏圈，地面最好用水泥或砖铺成，以便清洗和消毒。舍内地面应比舍外高20～30厘米，以便排水，保证舍内干燥。育雏舍的南向舍外可设雏鹅陆地运动场，运动场应平整、略有坡度，以便雏鹅进行舍外活动及作为晴天无风时的舍外喂料场。舍饲的雏鹅舍在每2个小间之间设1个浅水池，水深20～25厘米，供幼雏嬉水。育雏舍的建筑设计具体布置如图2-2、图2-3所示。

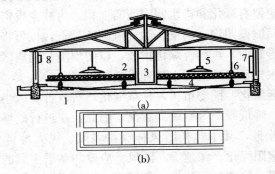

图2-2　网养雏鹅舍示意图

（a）剖面图　（b）平面图

1. 排水沟　2. 铁丝网　3. 门　4. 集粪池　5. 保温伞　6. 饮水器　7、8. 窗

（3）育成舍 育成舍常用以饲养5～30周龄的种雏鹅。此期尤其是后期鹅的生活能力较强，而且鹅是耐寒不耐热的动物，所以最基本的要求是夏季能通风防热，北方的冬季能防寒保暖，室内要保持干

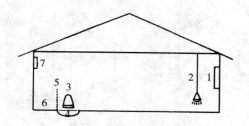

图 2-3 地面平养雏鹅舍示意图
1、7. 窗 2. 保温伞 3. 饮水器 4. 排水沟 5. 栅栏 6. 走道

燥，窗户可大一些，采光系数为 1：10。鹅舍面积按 4～5 只/米^{2}计。这一时期鹅群需要相对多的活动和锻炼，因此育成舍应在鹅舍的南向舍外设陆地运动场（兼作喂料场），面积是鹅舍的 1.5～2 倍，坡度一般为 20°～30°。运动场同水面相连，随时可以根据需要将鹅放到水上运动场去活动。水上运动场可利用天然无污染水域，也可用建造人工水池。人工水池的面积为鹅舍的 1.5～2 倍，水深 1～1.5 米。陆地和水上运动场周围均需建围栏或围网，围高 1～1.2 米。

（4）种鹅舍 种鹅舍对保温、通风和采光要求高，还需要补充一定的人工光照。窗与地面面积比要求为 1：10～12，如果在南方地区南窗应尽可能大些，离地 60～70 厘米以上大部分做成窗，北窗可小些，离地 100～120 厘米。舍内地面用水泥或砖铺成，并有适当坡度，饮水器置于较低处，并在其下面设置排水沟。较高处一端或一侧可设产蛋间、产蛋栏或产蛋箱，在地面上铺垫较厚的塑料或稻草供产蛋之用。鹅舍面积按大型品种 2～2.5 只/米^2、中小型品种 3～3.5 只/米^{2}计。种鹅必须有水面供其洗浴、交配，因此也应建有陆地和水上运动场，要求同育成鹅舍。水上运动场可以是天然的河流或池塘，也可挖人工水池，池深 0.5～0.8 米，池宽 2～3 米，用砖或石块砌壁，水泥抹面，墙面防止漏水。在水池和下水道连接处置一个沉淀井，在排水时可将泥沙、粪便等沉淀下来，以免堵塞排水道。

种鹅舍应建在靠近水面且地势高燥之处，要求通风良好。具体建筑和内部布置如图 2-4、图 2-5 所示。

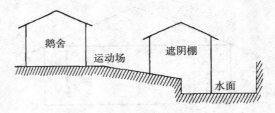

图 2-4　种鹅舍示意图

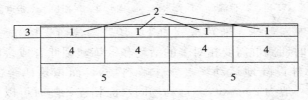

图 2-5　种鹅舍平面图

1. 鹅舍　2. 产蛋箱　3. 工具室　4. 运动场　5. 水池

（5）肉用仔鹅舍和填肥鹅舍　肉用仔鹅舍和填肥鹅舍结构相似，多采用完全舍饲的方式，分为地面或网上饲养，目前也有笼养的。其结构按鹅舍跨度的大小设为双列式或单列式，每列再隔出若干小栏，每小栏 15 米^{2}左右。采用网上饲养时棚架离地面 0.6～0.7 米，这类鹅舍窗户可以小些，采光系数为 1∶15。饲养密度一般为 4 只/米^{2}左右。

9. 养鹅常备哪些工具？

（1）育雏加温设备

①烟道　其热源来自于煤炉或热风炉，热源使烟道温度上升，从而为雏鹅供暖。烟道位于育雏室地面，分地下烟道、地上烟道和火墙烟道三种，均需在室内一端设灶门，一端设烟囱，室内设 3～5 条烟道，此加温方式温度平稳，地面干燥，节约电能，育雏容量大，成本低，特别适合于煤区或电源不足地区。

煤炉是育雏时最常用、最经济的加温设备（图 2-6）。类似火炉的进风装置，进气口设在底层，将煤炉的原进风口堵死，另装一个进气管，其顶部加一小块铁皮，通过铁皮的开启来控制火力调节温度。炉的上侧装一排气烟管，通向室外，管道在室内所经过的路径越长，热量利用越充分。此法多用来提高室温，采用煤炉时要确保排气烟管密封严实，并经常开启门窗，加强室内通风，防止一氧化碳中毒。

热风炉是以空气为介质，以煤或油为燃料的一种供热设备，其结构紧凑，热效率高，

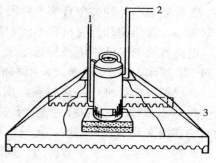

图 2-6　煤炉示意图
1. 进气孔　2. 排气孔　3. 铁皮炉门

运行成本低，操作方便，广泛运用于大规模育雏。使用时，点燃煤或油，随着火势逐渐加大，适当关小风机调节阀，开大自鼓风阀，强制鼓风，炉温迅速升高。待达到正常温度要求（70～90℃），即可将风机调节阀、自鼓风阀复至常规位，扳开关到自动。适时看火、加煤（油）、取渣，维持正常燃烧。若要停烧，停止加煤（油）即可。停止加煤（油）后，风机仍会适时开启，将炉内余热排尽，保证炉体不过热，设定温度之下仍可用强制鼓风维持炉体缓慢降温，直至较低温度（45℃以下）拉闸停炉。全自动型具有自动控制环境温度、进煤数量、空气输入、热风输出，自动保火、报警，高效除尘等性能特点。图2-7 为 GRF-10 龟式热风炉的示意图。

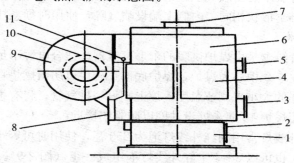

图 2-7　GRF-10 龟式热风炉
1. 炉座　2. 出渣口　3. 加煤口　4. 侧清烟　5. 前清烟　6. 炉体　7. 烟囱
8. 热风出口　9. 风机　10. 风机调节阀　11. 自鼓风阀

②育雏伞　各种类型育雏伞外形相同，都为伞状结构，热源大多在伞中心，仅热源和外壳材料不同，具体可根据当地实际择优选用。

电热育雏伞呈圆锥塔或棱锥塔形，上窄下宽，直径分别为30厘米和120厘米，高70厘米，采用木板、纤维板、金属铝薄板制成伞罩，夹层填玻璃纤维等隔热材料，用于保温。伞内壁有一圆电热丝，伞壁离地面20厘米左右挂一温度计以掌握温度，通过调节育雏伞离地面的高度来调节伞下温度，每只伞可育300～400只雏鹅（图2-8）。采用电热育雏伞加温可节省劳力，同时育雏舍内空气好，无污染，但耗电较多，经常断电的地方使用时受到限制，而且没有余热升高室温，故在冬季育雏时应有炉子辅助保温。

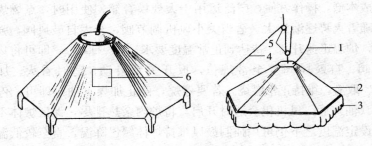

图2-8　电热育雏伞
1. 电线　2. 伞罩　3. 软围裙　4. 悬吊绳　5. 滑轮及滑轮线　6. 观察孔

燃气育雏伞是由燃气供暖的伞形育雏器，适合于燃气充足地区，与电热育雏伞形状相同，内侧上端设喷气嘴，使用时须悬挂在距地面0.8～1.0米。

煤炉育雏伞是由煤炉供暖的伞形育雏器，适合电源不足地区。伞罩为白铁皮，伞中心为煤炉，煤炉底部垫砖块以防引燃垫料，以调节煤炉进气孔的大小来调节温度，炉上端设一排气管，将有害气体导出室外，在距煤炉15厘米处设铁网以防雏鹅接近。

③红外线灯常用的红外线灯泡为250瓦，使用时可等距离在舍内排成一行，也可以3～4个红外线灯泡组成一组（图2-9）。雏鹅对温度要求较高，第一周灯泡离地面35～45厘米，随雏龄增大，对温度的要求逐渐降低，灯泡离地面的距离逐渐增大。一般使用3周后，灯泡离地面60厘米左右。在实际生产过程中，常根据环境温度、饲养

图 2-9　红外线灯围篱育雏

的密度进行调整，当雏鹅在灯下的分布比较均匀时，表示温度适中，距离合适；当雏鹅集中在灯下并扎堆时，表示温度不足，则需将灯泡的高度降低；当雏鹅远离热源，饮水量加大，表示温度过高，则提高灯泡高度或者关闭灯泡一段时间。利用红外线灯泡加温，保温稳定，室内干净，垫草干燥，管理方便，节省人工。但红外线灯耗电量大，灯泡易损坏，成本较高，供电不正常的地方不宜使用。

（2）饲养设备

①垫料　垫料要求干燥、吸水性好、无灰尘霉菌等，多为木屑、稻草和秸秆类，也可用玉米芯或碎报纸等。

②产蛋箱　种鹅场一般在鹅舍内分隔一小栏，铺以垫草用作产蛋。若需作产蛋个体记录，则可设自闭木制产蛋箱，箱底无木板，直接放置于地上，箱前设自闭小门，箱顶为活动盖板。一般产蛋箱宽60 厘米，深 75 厘米，高 70 厘米。

③护板　在保温伞周围用木板、纸板或围席作护板，高 45～50厘米，离保温伞边缘距离 70～90 厘米，随日龄的增加可逐渐拆除。

④箩筐和围条　自温育雏或装运雏鹅用的箩筐。一般箩筐筐盖直径 60 厘米、高 20 厘米，大筐直径 50～55 厘米、高 40 厘米，内可设小筐。围条一般用苇条编制成，长 15～20 米、高 62～70 厘米，育雏或抓鹅时使用。

⑤网板　多用于网上育雏或育肥，网板用铁丝或竹板制成，网眼大小为 1.25 厘米×1.25 厘米，若分群则可另设 50 厘米高的活动隔网。

⑥运输笼　用于运输肥鹅，直径 75 厘米、高 40 厘米，笼顶设直

径 35 厘米顶盖。

⑦喂料设备　常见的喂料设备有料盘、料桶、料槽和自动喂料系统。螺旋式喂料器由料盘、贮料桶与采食栅等部分组成（图 2-10）。一般料桶高 40 厘米，直径 20～25 厘米，料盘底部直径 40 厘米，边高 3 厘米。这种喂料器能盛放较多的饲料，并且饲料随鹅采食自动下行。为了防止鹅大口采食饲料时将饲料溅出而造成浪费，故设采食栅罩在料盘上。一般 30～50 只鹅配一个喂料器。

⑧饮水设备　养鹅用的饮水器式样较多（图 2-11），多为塑料制成，已形成规模化产品。最常见的是吊塔式饮水器、钟式饮水器。也可以用无毒的塑料盆或其他材料的广口水盆，但必须注意，在盆口上方加盖罩子（可用竹条、粗铁丝或塑料网制成），以防鹅在饮水时跳入水盆中洗澡，污染饮用水。

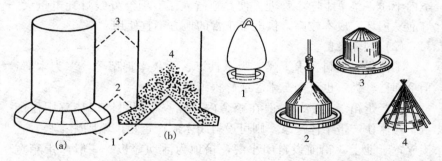

图 2-10　螺旋式喂料器
（a）立体图　（b）剖面图
1. 料盘　2. 采食栅　3. 贮料桶　4. 饲料

图 2-11　各种式样的饮水器
1. 钟式饮水器　2. 吊塔式饮水器
3. 铁皮饮水器　4. 陶钵加竹圈

（3）照明设备　包括白炽灯、荧光灯、照度计和光照控制器等。

①照度计　用于测定鹅舍内的光照强度。

②光照控制器　可利用定时器自编程序控制器来控制舍内光照时间，有些还可自动感应光照强度，天明则自动关灯，阴雨天则自动开灯，开关灯时通过电压自动调节光照的明暗程度，延长灯泡使用寿命，也不惊吓鹅群。

（4）通风设备

鹅舍通风可用自然通风和机械通风，后者需通风机。

①轴流式风机　该机多为 6 个叶片，叶片可以逆转以改变风向，而通风量却不减少。鹅舍内通风分横向和纵向通风，宜选用轴流式风机实现纵向通风。风机与湿帘降温系统共同使用还可达到蒸发降温目的。

②吊扇　直接安装于屋顶或内侧墙壁，作为自然通风时的辅助设备，一年四季都可使用。通过将气流直接冲向地面，改变鹅舍内垂直方向的温差，实现鹅舍内空气的循环。

(5) 孵化设备

①孵化器　主要有箱式立体孵化器、巷道式孵化器和智能孵化器等。

箱式立体孵化器采用集成电路控制系统，在我国应用较广，其类型多，按出雏方式分为下出雏、旁出雏、孵化出雏两用和单出雏等，也可按活动转蛋车分为八角式、跷板式和滚筒式。其中旁出雏和下出雏孵化器只能同机分批出雏，孵化量少，且初生雏污染未出雏胚蛋，不利于防疫，而孵化出雏两用类型可分批或整批入孵。单出雏孵化和出雏两机分开，分别放置于孵化室和出雏室（图 2-12），有利于卫生防疫，可整批或分批入孵。

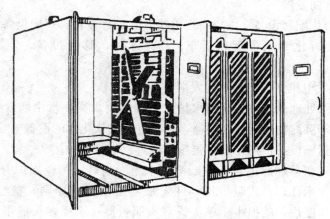

图 2-12　箱式立体孵化器

巷道式孵化器容量可达 8 万～10 万只，其孵化和出雏两机分开，分别放置于孵化室和出雏室，采用分批入孵和分批出雏。与箱式立体孵化器相比，巷道式孵化器占地面积小，箱体内温度呈梯度变化，控温加湿转蛋准确可靠，目前我国已能自行生产这种孵化器（图2-13）。

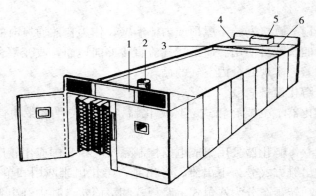

图 2-13　巷道式孵化器

1. 电控部分　2. 出气孔　3. 供湿孔　4. 压缩空气　5. 进气孔　6. 冷却水入口

智能孵化器能自动控制温度、湿度、风门和转蛋，还具有记忆查询、变温孵化和密码保护等功能，是今后孵化器的主要机型，并会向节能化方向发展。

②孵化配套设备　主要有发电机、水处理设备、运输设备、照蛋器、鹅蛋孵化专用蛋盘和蛋车、高压水枪、移盘设备、连续注射器等。

A. 发电机：用于停电时发电。

B. 水处理设备：孵化用水量大，水质要求高，水中所含矿物质等沉淀物易堵塞加湿器，须有过滤或软化水的设备。

C. 运输设备：用于运输蛋箱、雏盒、蛋盘、种蛋和雏鹅。

D. 照蛋器和照蛋箱：在纸箱或木箱内装灯，箱壁四周开直径3厘米孔；台式照蛋器，灯光眼与蛋盘蛋数相同，整盘操作，速度快，破损少；单头或双头照蛋器；手提多头照蛋灯，逐行照蛋，快速准确；照蛋车，光线通过玻璃板照在蛋盘内蛋上，由真空装置自动吸出无精蛋或死胚蛋。

E. 高压水枪：用于冲洗地面、墙壁和设备。

F. 其他设备：孵化专用蛋盘和蛋车、移盘设备、连续注射器、专用的雏鹅盒等。

（6）填饲机械 填饲机械通常分为手动填饲机和电动填饲机两类。

①手动填饲机 主要由料箱和唧筒两部分组成。填饲嘴上套橡皮软管，其内径为 1.5～2 厘米，管长为 10～13 厘米。手动填饲机结构简单，操作方便，适用于小型鹅场。

②电动填饲机 电动填饲机因推动填料的动力方式而分为螺旋推运式和压力泵式。前者利用小型电动机，带动螺旋推运器，推动饲料经填饲管填入鹅食管，适用于填饲整粒玉米，效率较高，多在生产鹅肥肝时使用。后者利用电动机带动压力泵，使饲料通过填饲管进入鹅食管，采用尼龙或橡胶制成的软管作填饲管，不易造成鹅咽喉和食管的损伤，也不必多次向鹅食管推送饲料，生产效率较高，适合于填饲糊状饲料，多用于烤鹅填饲。图 2-14 为卧式填饲机。

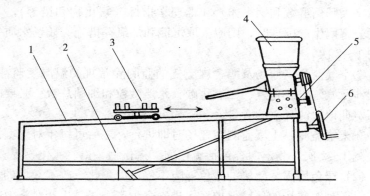

图 2-14 卧式填饲机

1. 机架 2. 脚踏开关 3. 固禽器 4. 饲喂漏斗 5. 电动机 6. 手摇皮带轮

10. 鹅集约化规模饲养方式主要有哪些？

（1）网上平养 在离地 50～60 厘米高的铁丝网或竹板网上，网眼为 1.25 厘米×1.25 厘米。采用此法养鹅,可节省大量垫料,减少鹅与粪便接触的机会,成活率较高,且污物可集中处理。

(2) 垫草平养 在干燥的地面上,铺垫洁净而柔软、并经铡切成 10 厘米的稻草,一般根据气温铺 5～10 厘米的厚度。

(3) 地面平养和网上平养结合 采用地面平养与网上平养相结合的养鹅方式,既能满足养殖要求,提高成活率,又可避免因长时间网上饲养引起鹅啄羽等不良现象。

(4) 笼养 笼养多见于鸡,在养鹅生产中未广泛使用,是今后值得探讨的课题。

11. 鹅场环境保护有哪些基本要求?

(1) 环境监测

①水质监测 水质监测应在选择鹅场时进行,主要根据水源而定。若用地下水,应测定感官性状(颜色、浊度和臭味等)、细菌学指标(大肠菌群数和蛔虫卵)和毒理学指标(氟化物和铅等),不符合无公害鹅生产标准时,则应采取沉淀和加氯等措施。鹅场水质每年检测 1～2 次。

②空气监测 鹅场及鹅舍内空气的监测除常规的温湿度监测外,还须涉及氨气、硫化氢、二氧化碳、悬浮微粒和细菌总数。必要时还须不定期地检测臭氧的含量。

③土壤监测 土壤监测在建场时即进行,之后可每年对土壤浸出液检测 1～2 次,测定内容包括硫化物、氯化物、铅、氮化物等。

(2) 绿色屏障 鹅场的绿色屏障不仅可以美化、改善鹅场的自然环境,而且对鹅场的环境保护、促进安全生产、提高生产经济效益有明显的作用。

(3) 鹅场的消毒 鹅安全生产企业或养殖场须建立严格的消毒制度。定期开展场内外环境消毒、鹅体表消毒、饮用水消毒等消毒工作。进出车辆和人员须严格消毒。常用的消毒药有氢氧化钠(火碱)、过氧乙酸、草木灰、石灰乳、漂白粉、石炭酸、高锰酸钾和碘酊等,不同的消毒药因性状和作用不同,消毒对象和使用方法不一致,药物残留时间也不尽相同，使用时要根据药物特性，保证消毒药安全、高效、低毒、低残留和对人畜无害。

（4）粪尿的处理　鹅场粪尿主要的出路在于作为有机肥用于农田。作为肥料利用，粪尿可用于农田，但被直接利用的部分毕竟有限，且长期堆积，其中的病原菌对人畜环境都有危害，因此，应采取一系列方法综合处理，如将粪尿腐熟堆肥，利用高温杀灭病原菌、用高温烘干作为复合肥料或饲料的原料，利用粪尿中的生物能生产沼气作为能源利用，且沼气发酵残渣可进一步作肥料和饲料、直接燃烧提供热能等。

（5）污水的处理　有物理处理、化学处理和生物处理几种方法。无论采用哪一种处理方法，都必须使处理后的粪尿污水低于或等于相关的国家标准与规定。

①物理处理　即利用污水的物理特性，用沉淀法、过滤法和固液分离法将污水中的有机物等固体物分离出来，经两级沉淀后的水可用于浇灌果树或养鱼。

②化学处理　即将鹅场污水用酸碱中和法进行处理后再加入胶体物质使污水中的有机物等相互凝结而沉淀，或直接向污水中加入氯化消毒剂生成次氯酸而进行消毒。

③生物处理　即利用污水生产沼气或用微生物分解氧化污水中的有机物达到净化的目的。

（6）尸体和垫料的处理　尸体或死胚腐败分解产生臭气，若为传染病死亡的鹅必须与垫料一起在焚烧炉中焚烧。孵化后的死胚可与粪尿一起堆肥作肥料。无论何种处理方法，运输死鹅或死胚的容器应便于消毒密封，以防在运送过程中污染环境。

（7）虫鼠害的防治　鹅场易于滋生或招引蝇蚊及牛虻等，这些昆虫是传播疾病的媒介，不利于生产，还可污染环境。鼠类在鹅场内可窃食饲料，咬坏器物，有时甚至破坏电路，影响生产的正常进行，鼠还是许多疾病的传播者，危害甚大。因此，鹅场要十分注重虫鼠害的防治，定期清除虫鼠害。此外，鹅场要加强管理，防止犬、猫等进入场内，以免咬伤鹅和传播疾病。

12. 如何确定鹅场的经营方向与规模大小?

有效确定鹅场的经营方向与规模大小的相关因素有:

(1) 自身发展需要 创建初期在确定鹅场的经营方向和养殖规模时,必须要考虑自身发展需要,以及生产能力与成本,不可盲目、不切实际地开展。

(2) 市场需求 市场是鹅场经营方向与规模大小的主要考虑因素,应在充分进行市场调研的情况下,制定适宜的养殖规模,确定经营方向。

(3) 饲料供应 在进行鹅场养殖时,需要掌握饲料供给情况,相同情况下,在饲料充足的地区可适当增加养殖规模,也可作为其经营方向的考虑因素之一。

(4) 防疫保障 对于禽类疾病高发地区,不适宜建立较大规模的鹅场,此外还需考虑自身的防疫能力,决定其养殖规模。

(5) 风险系数 在确定鹅场的经营方向与规模大小时,应充分考虑经营风险系数,这对于鹅场是否盈利及盈利多少至关重要。

13. 如何编制鹅场的生产经营规划?

(1) 鹅群周转计划 鹅群周转计划是各项计划的基础,是根据鹅场生产方向、鹅群的构成和生产任务编制的。只有制定出该计划,才能据此制定出引种、孵化、产品销售、饲料需要、财务收支等一系列计划。

鹅群周转环节可分为:孵化、雏鹅、中雏鹅(肉用仔鹅)、青年鹅、种鹅(蛋用、肉用)、成鹅淘汰等。

(2) 产品生产计划 种鹅可根据月平均饲养产蛋母鹅数和历年生产水平,按月制定产蛋率和产蛋数。肉用仔鹅则根据肉用仔鹅的只数和平均活重编制,应注意将副产品、淘汰鹅也纳入计划。

(3) 饲料需要计划 根据鹅群周转计划,算出各月各组别鹅的饲料需要量。编制该计划的目的是合理安排资金及采购计划。

（4）**雏鹅孵化（或引种）计划** 雏鹅孵化（或引种）计划是根据补充后备公母鹅、肥育鹅和出售雏鹅的需要编制的。

（5）**成本计划** 目的是控制费用支出，节约各种成本。

（6）**防疫计划** 鹅场在进行日常生产管理过程中，要依据自身特点和实际需要，制定适合本鹅场饲养需要的防疫计划，如疫苗免疫计划等。

（7）**销售计划** 为保证各类产品的畅销，需要做好市场调查工作，结合本场生产能力，制定月、季、年度的销售计划。不了解行情，盲目生产，常常会发生供过于求的情况。要深入了解消费者的消费心理和消费习惯，掌握市场行情变化的规律性，来安排生产和销售计划。

（8）**利润计划** 鹅场的利润计划受到多种因素的制约，如生产经营水平、饲养规模、饲料价格等。各场应根据自己的实际情况予以制定，要尽可能地将利润计划下达到各个生产人员，并与他们的经济效益挂钩，以确保利润的顺利实现。

（9）**其他计划** 除了上述基本计划以外，还应制订维修计划、设备更新计划、市场开拓计划、教育科研计划、财务计划等。其中尤以财务收支计划更为重要。整个养鹅场的活动最终以货币形式表现出来，即财务收支，企业是盈还是亏，盈亏多少是企业生死存亡之关键所在。现代企业都设置总会计师，与总畜牧师同等重要。

14. 养鹅成本包括哪些项目？

（1）**固定成本** 养鹅场必须有固定资产，如鹅舍、饲养设备、运输工具及生活设施等。这部分费用和土地租金、基建贷款的利息、管理费用等，组成固定成本。

（2）**可变成本** 也称为流动资金，是指生产单位在生产和流通过程中使用的资金，其特性是参加一次生产过程就被消耗掉，例如，饲料、兽药、燃料、垫料、雏鹅等成本。之所以叫可变成本就是因为它随生产规模、产品的产量而变。

（3）**常见的成本项目**

①工资 指直接从事养鹅生产人员的工资、奖金及福利等费用。

②饲料费　指饲养过程中耗用的饲料费用，运杂费也列入饲料费中。

③医药费　用于鹅病防治的疫苗、药品及化验等费用。

④燃料及动力费　用于养鹅生产的燃料费、动力费，水电费和水资源费也包括其中。

⑤折旧费　指鹅舍等固定资产基本折旧费。建筑物使用年限较长，15～20年折清；专用机械设备使用年限较短，7～10年折清。

⑥雏鹅购买费或种鹅摊销费　雏鹅购买费很好理解，而种鹅摊销费指生产每千克蛋或每千克活重需摊销的种鹅费用。

⑦低值易耗品费　指价值低的工具、器材、劳保用品、垫料等易耗品的费用。

⑧共同生产费　也称其他直接费，指除上述七项以外而能直接判明成本对象的各费用，如固定资产维修费、土地租金等。

⑨企业管理费　指场一级所消耗的一切间接生产费，销售部属场部机构，所以也把销售费用列入企业管理费。

⑩利息　指以贷款建场每年应交纳的利息。

虽然新会计制度不把企业管理费、销售费和财务费列入成本，而养鹅场为了便于核算每群鹅的成本，都把各种费用列入产品成本。

15. 如何提高养鹅的经济效益?

提高鹅场经济效益的举措很多，如选择优良品种、加强饲养管理和防疫、减少投入等方面。具体说来，在品种方面，选择适合本地区饲养的优良鹅品种，如扬州鹅、皖西白鹅、四川白鹅等；在饲养管理方面，对鹅的育雏期、育成期或育肥期的不同阶段，加强饲养管理；在养鹅投入与产出方面，在满足养鹅需要的基础上，尽量减少饲料成本，可适度进行种草养鹅或放牧，减少对鹅场硬件实施的投入等，不断提高养鹅产量（肉、蛋），最大程度发挥鹅种特性，努力提高鹅群成活率等；在疫病防控方面，严格制定好防疫措施和免疫计划，尽量减少鹅群损失，提高鹅群质量。总之，通过采取一系列的措施，全面加强鹅场运行管理，提高养鹅效益。

三、鹅品种与繁育技术

16. 鉴定鹅品种优良的指标有哪些？

鉴定鹅品种优良的指标主要有产肉性能、产蛋性能、繁殖性能、产绒性能、产肝性能和饲料转化率等方面，这些指标也是育种选择指标。

（1）肉用性能 要求鹅生长速度快，肥育性能好，肉的品质好，饲料报酬高，屠宰效率高。通常用的指标有：活重、屠体重（率）、半净膛重（率）、全净膛重（率）、胸肌重（率）、腿肌重（率）、皮脂率等。

（2）肉品质 畜禽产品的口味（肉品质）是畜禽产品消费的重要组成部分，主要包括的指标有：肉色、pH、系水率、干物质含量等。

（3）产蛋性能 主要指标有开产日龄、产蛋量、产蛋率、蛋重、母鹅存活率等。

（4）蛋的品质 主要的测定指标有蛋形指数、蛋壳强度、蛋壳厚度、蛋的密度、蛋黄色泽、蛋壳色泽、哈氏单位、血斑率和肉斑率等。

（5）产肥肝性能 肥肝是鹅的一种特殊产品。不同的鹅，肝内沉积脂肪的能力不同，大小也不一样，主要衡量指标有：肥肝重、料肝比等。

（6）产羽绒性能 羽绒是鹅的副产品，其主要衡量指标是：烫煺毛产量、活拔毛产量、含绒率等。

（7）繁殖性能 是鹅种质特性的重要性能之一，主要指标有：种蛋合格率、受精率、孵化率（出雏率）、健雏数、成活率、开产期体重和产蛋期体重等。

（8）**饲料转化比（率）**　是进行鹅养殖必须考虑的重要环节，主要包括产蛋期的料蛋比和肉用仔鹅耗料比。

17. 我国有哪些优良的地方鹅种？

（1）小型鹅品种
①太湖鹅（图3-1）

产地与分布：原产于江苏、浙江两省沿太湖的县、市，现遍布江苏、浙江、上海，在东北、河北、湖南、湖北、江西、安徽、广东、广西等地均有分布。

外貌特征：体型较小，全身羽毛洁白，体质细致紧凑。体态高昂，肉瘤姜黄色、发达、圆而光滑，颈长、呈弓形，无肉垂，眼睑淡黄色，虹彩灰蓝色，喙、跖、蹼呈橘红色，爪白色。公鹅喙较短，6.5厘米左右，性情温驯，叫声低，肉瘤小。

图3-1　太湖鹅

生产性能：成年体重公鹅4.33千克，母鹅3.23千克，体斜长分别为30.40厘米和27.41厘米，龙骨长分别为16.6厘米和14.0厘米。雏鹅初生重为91.2克，70日龄上市体重为2.32千克，棚内饲养可达3.08千克。成年公鹅的半净膛率和全净膛率分别为84.9%和75.6%；母鹅分别为79.2%和68.8%。太湖鹅经填饲，平均肝重为251～313克，最大达638克。母鹅性成熟较早，160日龄即可开产，一个产蛋期（当年9月至次年6月）每只母鹅平均产蛋60枚，高产鹅群达80～90枚，高产个体达123枚。平均蛋重135克，蛋壳色泽较一致，几乎全为白色，蛋形指数为1.44。公母鹅配种比例为1∶6～7。种蛋受精率在90%以上，受精蛋孵化率在85%以上，就巢性弱，鹅群中约有10%的个体有就巢性，但就巢时间短。70日龄肉用仔鹅平均成活率在92%以上。

②豁眼鹅（图 3-2）

产地与分布：又称豁鹅，因其上眼
睑边缘后上方豁而得名。原产于山东莱
阳地区，因集中产区地处五龙河流域，
故曾名五龙鹅。在中心产区莱阳建有原
种选育场。由于历史上曾有大批的山东
居民移居东北时将这种鹅带往东北，因
而东北三省现已是豁眼鹅的分布区，以
辽宁昌图饲养最多，俗称昌图豁鹅，在
吉林通化地区，称此鹅为疤拉眼儿鹅。
近年来，该品种在新疆、广西、内蒙
古、福建、安徽、湖北等地均有分布。

图 3-2　豁眼鹅

外貌特征：体型轻小紧凑，全身羽
毛洁白。喙、胫、蹼均为橘黄色，成年鹅有橘黄色肉瘤。眼三角形，
眼睑淡黄色，两眼上眼睑处均有明显的豁口，此为该品种独有的特
征。虹彩蓝灰色。头较小，颈细稍长。公鹅体型较短，呈椭圆形，有
雄相。母鹅体型稍长，呈长方形。山东的豁眼鹅有咽袋，腹褶者少
数，有者也较小；东北三省的豁眼鹅多有咽袋和较深的腹褶。雏鹅绒
毛黄色，腹下毛色较淡。

生产性能：初生重公鹅 70～78 克，母鹅 68～79 克；60 日龄体
重公鹅 1.39～1.48 千克，母鹅 1.28～1.42 千克；90 日龄体重公鹅
1.91～2.47 千克，母鹅 1.78～1.88 千克。平均体重成年公鹅 3.72～
4.44 千克，母鹅 3.12～3.82 千克；屠宰活重 3.25～4.51 千克的公
鹅，半净膛率为 78.3%～81.2%，全净膛率为 70.3%～72.6%；活
重 2.86～3.70 千克的母鹅，半净膛率为 75.6%～81.2%，全净膛率
69.3%～71.2%。仔鹅填饲后，肥肝平均重 324.6 克，最大 515 克，
料肝比为 41.3：1。母鹅一般在 210～240 日龄开始产蛋，年平均产
蛋 80 枚，在半放牧条件下，年平均产蛋 100 枚以上；饲养条件较好
时，年产蛋 120～130 枚。最高产蛋记录 180～200 枚，平均蛋重
120～130 克，蛋壳白色，蛋壳厚度为 0.45～0.51 毫米，蛋形指数为
1.41～1.48。公母鹅配种比例为 1：5～7，种蛋受精率为 85% 左右，

受精蛋孵化率为80%～85%。4周龄、5～30周龄、31～80周龄成活率分别为92%、95%和95%。母鹅利用年限为3年。

③籽鹅（图3-3）

产地与分布：中心产区位于黑龙江省绥化和松花江地区，其中肇东、肇源、肇州等地最多，黑龙江全省均有分布。该鹅种因产蛋多而称为籽鹅，具有耐寒、耐粗饲和产蛋能力强的特点。

外貌特征：体型较小，紧凑，略呈长圆形。羽毛白色，一般头顶有缨，又叫顶心毛，颈细长，肉瘤较小，颌下偶有咽袋，但较小。喙、胫、蹼皆为橙黄色，虹彩为蓝灰色。腹部一般不下垂。

生产性能：初生体重公雏89克，母雏85克；56日龄体重公鹅2.96千克，母鹅2.58千克；70日龄体重公鹅3.28千克，母鹅2.86千克；成年体重

图3-3 籽鹅

公鹅4.0～4.5千克，母鹅3.0～3.5千克。70日龄公母鹅半净膛率分别为80.19%和78.02%，全净膛率分别为71.30%和69.47%，胸肌率分别为12.39%和11.27%，腿肌率分别为21.93%和20.87%，腹脂率分别为0.34%和0.38%；24周龄公母鹅半净膛率分别为83.15%和82.91%，全净膛率分别为79.60%和78.15%，胸肌率分别为19.67%和19.20%，腿肌率分别为21.30%和18.99%，腹脂率分别为1.56%和4.25%。母鹅开产日龄为180～210天，一般年产蛋在100枚以上，多的可达180枚，蛋重平均131.1克，最大153克，蛋形指数为1.43。公母鹅配种比例为1∶5～7，喜欢在水中配种，受精率在90%以上，受精蛋孵化率在90%以上，高的可达98%。

④阳江鹅（图3-4）

产地与分布：中心产区位于广东省湛江地区阳江市，分布于邻近的阳春、电白、恩平、台山等地，在江门、韶关、南海、湛江等地及广西壮族自治区也有分布。

外貌特征：体型中等、行动敏捷。母鹅头细颈长，性情温驯；公鹅头大颈粗，躯干略呈船底形，雄性特征明显。从头部经颈向后延伸至背部，有一条宽1.5～2.0厘米的深色毛带，故又叫黄鬃鹅。在胸部、背部、翼尾和两小腿外侧有灰色毛，毛边缘都有宽0.1厘米的白色银边羽。从胸两侧到尾椎，有条葫芦形的灰色毛带。除上述部位外，均为白色羽毛。在鹅群中，灰色羽毛又分黑灰、黄灰、白灰等几种。喙、肉瘤黑色，胫、蹼为黄色、黄褐色或黑灰色。

图 3-4　阳江鹅

生产性能：成年体重公鹅4.2～4.5千克，母鹅3.6～3.9千克，70～80日龄仔鹅体重3.0～3.5千克。饲养条件好，70～80日龄体重可达5.0克。70日龄肉用仔鹅公母半净膛率分别为83.8%和83.4%。阳江鹅性成熟期早，公鹅70～80日龄就有爬跨行为，配种适龄为160～180日龄。母鹅开产150～160日龄，一年产蛋4期，平均每年产蛋量26～30枚。采用人工孵化后，年产蛋量可达45枚，平均蛋重145克，蛋壳白色，少数为浅绿色。公母鹅配种比例为1：5～6，种蛋受精率为84%，受精蛋孵化率为91%，成活率为90%以上。公母鹅均可利用5～6年。该品种鹅就巢性强，1年平均就巢4次。

⑤乌鬃鹅（图3-5）

产地与分布：原产于广东省清远市，故又名清远鹅。因羽毛大部分为乌棕色而得此名，也叫墨鬃鹅。中心产区位于清远市北江两岸。分布在粤北、粤中地区和广州市郊，以清远及邻近的花

图 3-5　乌鬃鹅

县、佛冈、从化、英德较多。

外貌特征：体型紧凑，头小、颈细、腿短。公鹅体型较大，呈橄榄核形；母鹅呈楔形。羽毛大部分呈乌棕色，从头顶部到最后颈椎有一条鬃状黑褐色羽毛带。颈部两侧的羽毛为白色，翼羽、肩羽、背羽和尾羽为黑色，羽毛末端有明显的棕褐色银边。胸羽灰白色或灰色，腹羽灰白色或白色。在背部两边，有一条起自肩部直至尾根的 2 厘米宽的白色羽毛带，在尾翼间未被覆盖部分呈现白色圈带。青年鹅的各部位羽毛颜色较成年鹅深。喙、肉瘤、胫、蹼均为黑色，虹彩棕色。

生产性能：初生重 95 克，30 日龄体重 695 克，70 日龄体重 2.85 千克，90 日龄体重 3.17 千克，料肉比为2.31：1。公鹅半净膛率和全净膛率分别为 87.4％和 77.4％，母鹅则分别为 87.5％和 78.1％。母鹅开产 140 日龄左右，一年分 4～5 个产蛋期，平均年产蛋 30 枚左右，平均蛋重 144.5 克，蛋壳浅褐色，蛋形指数为 1.49。公母鹅配种比例为 1：8～10，种蛋受精率为 87.7％，受精蛋孵化率为 92.5％，雏鹅成活率为 84.9％。

⑥伊犁鹅（图 3-6）

产地与分布：又称塔城飞鹅。中心产区位于新疆伊犁以及新疆西北部的各州及博尔塔拉一带。

外貌特征：体型中等，与灰雁非常相似，颈较短，胸宽广而突出，体躯呈水平状态，扁椭圆形，腿粗短。头部平顶，无肉瘤突起。颌下无咽袋。雏鹅上体黄褐色，两侧黄色，腹下淡黄色，眼灰黑色，喙黄褐色，胫、趾、蹼均为橘红色，喙豆乳白色。成年鹅喙象牙色，胫、蹼、趾肉红色，虹彩蓝灰色。羽毛可分为灰、花、白 3 种颜色，翼尾较长。

灰鹅头、颈、背、腰等部位羽毛灰褐色；胸、腹、尾下灰白色，并缀以深褐色小斑；喙基周围有一条狭窄的白色

图 3-6　伊犁鹅

羽环；体躯两侧及背部，深浅褐色相衔，形成状似覆瓦的波状横带；尾羽褐色；羽端白色；最外侧两对尾羽白色。花鹅羽毛灰白相间，头、背、翼等部位灰褐色，其他部位白色，常见在颈肩部出现白色羽环。白鹅全身羽毛白色。

生产性能：放牧饲养条件下，公母鹅 30 日龄体重分别为 1.38 千克和 1.23 千克，60 日龄体重 3.03 千克和 2.77 千克，90 日龄体重为 3.41 千克和 2.97 千克，120 日龄体重为 3.69 千克和 3.44 千克。8 月龄肥育 15 天的肉鹅屠宰，平均活重 3.81 千克，半净膛率和全净膛率分别为 83.6% 和 75.5%。平均每只鹅可产羽绒 240 克。母鹅一般每年只有一个产蛋期，出现在 3～4 月间，也有鹅分春秋两季产蛋。全年可产蛋 5～24 枚，平均年产蛋量为 10.1 枚，平均蛋重 156.9 克，蛋壳乳白色，蛋壳厚度为 0.6 毫米，蛋形指数为 1.48。公母鹅配种比例为 1：2～4。种蛋平均受精率为 83.1%，受精蛋孵化率为 81.9%。有就巢性，一般每年 1 次，发生在春季产蛋结束后。30 日龄成活率为 84.7%。

（2）中型鹅品种

①皖西白鹅（图 3-7）

产地与分布：中心产区位于安徽省西部丘陵山区和河南省固始一带，主要分布于皖西的霍邱、寿县、六安、肥西、舒城、长丰等地及河南的固始等地。

外貌特征：体型中等，体态高昂，气质英武，颈长呈弓形，胸深广，背宽平。全身羽毛洁白，头顶肉瘤呈橘黄色，圆而光滑无皱褶，喙橘黄色，喙端色较淡，虹彩灰蓝色，胫、蹼橘红色，爪白色，约 6% 的鹅颌下带有咽袋。少数个体头颈后部有球形羽束。公鹅肉瘤大而突出，颈粗长有力，母鹅颈较细短，腹部轻微下垂。

图 3-7　皖西白鹅

生产性能：初生重 90 克左右，30 日龄仔鹅体重可达 1.5 千克以上，60 日龄 3.0～3.5 千克，90 日龄达 4.5 千克，成年体重公鹅

6.12 千克、母鹅 5.56 千克。8 月龄放牧饲养且不催肥的鹅，其半净膛率和全净膛率分别为 79.0%和 72.8%。皖西白鹅羽绒质量好，尤其以绒毛的绒朵大而著称。平均每只鹅产羽毛 349 克，其中羽绒量为 40~50 克。母鹅开产日龄一般为 6 月龄，一般母鹅年产两期蛋，年产蛋量为 25 枚左右，3%~4%的母鹅可连产蛋 30~50 枚，群众称之为"常蛋鹅"。平均蛋重 142 克，蛋壳白色，蛋形指数为 1.47。公母鹅配种比例为 1：4~5。种蛋受精率为 88.7%，受精蛋孵化率为 91.1%，健雏率为 97.0%，平均 30 日龄仔鹅成活率高达 96.8%。母鹅就巢性强，一般年产两期蛋，每产一期，就巢 1 次，有就巢性的母鹅占 98.9%，其中一年就巢两次的占 92.1%。公鹅利用年限为 3~4 年或更长，母鹅为 4~5 年，优良者可利用 7~8 年。

②溆浦鹅（图 3-8）

产地与分布：产于湖南省沅江支流溆水两岸。中心产区位于溆浦县，分布在溆浦全县及怀化地区各县市，在隆回、洞口、新化、安化等地也有分布。

外貌特征：体型高大，体躯稍长，呈长圆柱形。公鹅头颈高昂，直立雄壮，叫声清脆洪亮，护群性强。母鹅体型稍小，性情温驯、觅食力强，产蛋期间后躯丰满，呈卵圆形。毛色主要有白、灰两种，以白色居多。灰鹅颈、背、尾灰褐色，腹部呈白色，皮肤浅黄

图 3-8 溆浦鹅

色；眼睛明亮有神，眼睑黄白，虹彩灰蓝色，胫、蹼都呈橘红色，喙黑色；肉瘤突起，呈灰黑色，表面光滑。白鹅全身羽毛白色，喙、肉瘤、胫、蹼都呈橘黄色；皮肤浅黄色；眼睑黄色，虹彩灰蓝色。母鹅后躯丰满，腹部下垂，有腹褶。有 20%左右的个体头顶有顶心毛。

生产性能：初生重 122 克，30 日龄体重 1.54 千克，60 日龄体重 3.15 千克。90 日龄体重 4.42 千克，180 日龄体重公鹅 5.89 千克，母鹅 5.33 千克。6 月龄公母鹅半净膛率分别为 88.6%和 87.3%，全净膛率分别为 80.7%和 79.9%。溆浦鹅产肝性能良好，成年鹅填饲

3周，肥肝平均重为627克，最大肥肝重1.33千克。母鹅7月龄左右开产，一般年产蛋30枚左右，平均蛋重212.5克，蛋壳以白色居多，少数为淡青色，蛋壳厚度为0.62毫米，蛋形指数为1.28。公鹅6月龄具有配种能力。公母鹅配种比例为1∶3～5。种蛋受精率为97.4%。受精蛋孵化率为93.5%。公鹅利用年限为3～5年，母鹅为5～7年。雏鹅30日龄成活率为85%。就巢性强，一般每年就巢2～3次，多的达5次。

③浙东白鹅（图3-9）

产地与分布：中心产区位于浙江省东部的奉化、象山、宁海等地，分布于鄞县、绍兴、余姚、上虞、嵊县、新昌等地。

外貌特征：体型中等，体躯长方形，全身羽毛洁白，约有15%左右的个体在头部和背侧夹杂少量斑点状灰褐色羽毛。额上方肉瘤高突，成半球形，随年龄增长，突起变得更加明显。无咽袋、颈细长。喙、胫、蹼幼年时呈橘黄色，成年后变橘红色。肉瘤颜色较喙色略浅。眼睑金黄色，虹彩灰蓝色。成年公鹅体型高大雄伟，肉瘤高突，鸣声洪亮，好斗逐人；成年母鹅腹宽而下垂，肉瘤较低，鸣声低沉，性情温驯。

图3-9　浙东白鹅

生产性能：初生重105克，30日龄体重1.32千克，60日龄体重3.51千克，75日龄体重3.77千克。70日龄仔鹅屠宰测定，半净膛率和全净膛率分别为81.1%和72.0%。经填肥后，肥肝平均重392克，最大肥肝600克，料肝比为44∶1。母鹅开产日龄一般在150天，一般每年有4个产蛋期，每期产蛋8～13枚，一年可产40枚左右。平均蛋重149克，蛋壳白色。公鹅4月龄开始性成熟，初配年龄160日龄，公母鹅配种比例为1∶6～7。种蛋受精率在90%以上，受精蛋孵化率达90%左右。公鹅利用年限3～5年，以第2、第3年为最佳时期。绝大多数母鹅都有较强的就巢性，每年就巢3～5次，一般连续产蛋9～11枚后就巢1次。

④四川白鹅（图3-10）

产地与分布：中心产区位于四川省温江、乐山、宜宾、永川和达县等地，分布于江安、长宁、高县和兴文等平坝和丘陵水稻产区。

外貌特征：体型稍细长，头中等大小，躯干呈圆筒形，全身羽毛洁白，喙、胫、蹼橘红色，虹彩蓝灰色。公鹅体型稍大，头颈较粗，额部有一呈半圆形的橘红色肉瘤；母鹅头清秀，颈细长，肉瘤不明显。

生产性能：初生雏鹅体重为71.10克，60日龄体重为2.48千克。6月龄公鹅半净膛率为86.28％，母鹅为

图3-10 四川白鹅

80.69％，6月龄公鹅全净膛率为79.27％，母鹅为73.10％。经填肥，肥肝平均重344克，最大520克，料肝比为42∶1。母鹅开产日龄为200～240天，年平均产蛋量为60～80枚，平均蛋重146克，蛋壳白色。公鹅性成熟期为180天左右，公母鹅配种比例为1∶3～4，种蛋受精率在85％以上，受精蛋孵化率为84％左右，无就巢性。

⑤马岗鹅（图3-11）

产地与分布：产于广东省开平县，分布于佛山、肇庆市各县。该鹅种是1925年自外地引入公鹅与阳江母鹅杂交，经在当地长期选育形成的品种，具有早熟易肥的特点。

外貌特征：具有乌头、乌颈、乌背、乌脚等特征。公鹅体型较大，头大、颈粗、胸宽、背阔；母鹅羽毛紧贴，背、翼、基羽均为黑色，胸、腹羽

图3-11 马岗鹅

淡白。初生雏鹅绒羽呈墨绿色，腹部呈黄白色；胫、喙呈黑色。

生产性能：成年体重公鹅为 5.0～5.5 千克，母鹅为 4.5～5.0 千克，60 日龄仔鹅体重 3.0 千克。全净膛率为 73%～76%，半净膛率为 85%～88%。母鹅开产日龄为 150 天左右，年产蛋量为 35 枚，平均蛋重 160 克，蛋壳白色。公母鹅配种比例为 1：5～6。利用年限为 5～6 年。就巢性较强，每年 3～4 次。

⑥扬州鹅（图 3-12）

产地与分布：产于江苏省扬州市。分布于江苏、安徽等地区。该鹅种是由扬州大学畜牧兽医学院联合扬州市农林局、畜牧兽医站及高邮、仪征、邗江畜牧兽医站等技术推广部门，利用国内鹅种资源协作攻关培育而成的新品种，利用皖西白鹅、四川白鹅与太湖母鹅杂交，经当地选育形成，具有遗传稳定，繁殖率高，早期生长快，耐粗饲，适应性强，肉质细嫩等特点。

外貌特征：头中等大小，高昂；前额有半球形肉瘤，瘤明显，呈橘黄色。颈匀称，粗细、长短适中。体躯方圆，

图 3-12　扬州鹅

紧凑。羽毛洁白、绒质较好，在鹅群中偶见眼梢或头顶或腰背部有少量灰褐色羽毛的个体。喙、颈、蹼橘红色（略淡）。眼睑淡黄色，虹彩灰蓝色。公鹅比母鹅体型略大，公鹅雄壮，母鹅清秀。雏鹅全身乳黄色，喙、胫、蹼橘红色。

生产性能：初生重 82 克左右，70 日龄仔鹅舍饲平均体重 3.45 千克，成活率为 96.5%；放牧补饲平均体重 3.52 千克左右，肉料比为 1：2.07，成活率为 93.3%。70 日龄仔鹅全净膛率为 67%～68%，半净膛率为 76%～78%；胸肌率为 7.5%～7.8%；腿肌率为 18%～20%。母鹅开产日龄一般为 218 天，68 周龄入舍母鹅产蛋量为 70～75 枚，平均蛋重 141 克，60 周龄入舍母鹅产蛋量为 58～62 枚。蛋壳白色，蛋形指数为 1.47。公母鹅配种比例为 1：6～7。种蛋受精率为

91%，出雏率为 87.2%。

⑦雁鹅（图 3-13）

产地与分布：原产于安徽省西部的六安地区，主要是霍邱、寿县、六安、舒城、肥西以及河南省的固始等地。分布于安徽省各地和江苏省的睢宁丘陵地区，后来逐渐向东南移，现在安徽的宣城、郎溪、广德一带和江苏西南的丘陵地区形成了新的饲养中心。在江苏分布区通常称雁鹅为"灰色四季鹅"。

外貌特征：体型中等，体质结实，全身羽毛紧贴。头部圆形略方，头上有黑色肉瘤，质地柔软，呈桃形或半球形

图 3-13 雁 鹅

向上方突出。眼睑呈黑色或灰黑色，眼球黑色，虹彩灰蓝色。喙黑色、扁阔。胫、蹼呈橘黄色，爪黑色。颈细长，胸深广，背宽平，腹下有皱褶。皮肤多数呈黄白色。成年鹅羽毛呈灰褐色和深褐色，颈的背侧有一条明显的灰褐色羽带，体躯的羽毛从上往下由深渐浅，至腹部呈灰白色或白色。除腹部白色羽外，背、翼、肩及腿羽皆为银边羽，排列整齐。肉瘤的边缘和喙的基部大部分有半圈白羽。雏鹅全身羽绒呈墨绿色或棕褐色，喙、胫、蹼均呈灰黑色。

生产性能：一般公鹅初生重 109.3 克、母鹅 106.2 克，30 日龄体重公鹅 791.5 克，母鹅 809.9 克。60 日龄体重公鹅 2.44 千克，母鹅 2.17 千克。90 日龄体重公鹅 3.95 千克，母鹅 3.46 千克。120 日龄体重公鹅 4.51 千克，母鹅 3.96 千克。成年体重公鹅 6.02 千克，母鹅 4.78 千克。成年公鹅半净膛率、全净膛率分别为 86.1% 和 72.6%，母鹅半净膛率、全净膛率分别为 83.8% 和 65.3%。一般母鹅开产在 8～9 月龄，一般母鹅年产蛋量为 25～35 枚，平均蛋重 150 克，蛋壳白色，蛋壳厚度为 0.6 毫米，蛋形指数为 1.51。公鹅 4～5 月龄有配种能力，公母鹅配种比例为 1：5。种蛋受精率在 85% 以上，受精蛋孵化率为 70%～80%。雏鹅 30 日龄成活率在 90% 以上。母鹅就巢性强，就巢率为 83%，一般年就巢 2～3 次。公鹅利用年限为 2

年，母鹅则为 3 年。

（3）大型鹅种——狮头鹅（图 3-14）

产地与分布：狮头鹅是我国唯一的大型鹅种，因前额和颊侧肉瘤发达呈狮头状而得名。原产于广东饶平县溪楼村，现中心产区位于澄海县和汕头市郊。在北京、上海、黑龙江、广西、石南、陕西等 20 多个省（自治区、直辖市）均有分布。

外貌特征：体型硕大，体躯呈方形。头部前额肉瘤发达，覆盖于喙上，颌下有发达的咽袋一直延伸到颈部，呈三角形。喙短，质坚实，黑色。眼皮突

图 3-14　狮头鹅

出，多呈黄色，虹彩褐色。胫粗蹼宽，橙红色，有黑斑，皮肤米色或乳白色，体内侧有皮肤皱褶。全身背面羽毛、前胸羽毛及翼羽呈棕褐色，由头顶至颈部的背面形成如鬃状的深褐色羽毛带，全身腹部的羽毛呈白色或灰色。

生产性能：成年体重公鹅为 8.85 千克，母鹅为 7.86 千克。在放牧条件下，公鹅初生体重 134 克，母鹅 133 克。30 日龄体重公鹅为 2.25 千克，母鹅为 2.06 千克。60 日龄体重公鹅为 5.55 千克，母鹅为 5.12 千克。70～90 日龄上市未经肥育的仔鹅平均体重，公鹅为 6.18 千克，母鹅为 5.51 千克，公鹅半净膛率为 81.9%，母鹅为 84.2%，公鹅全净膛率为 71.9%，母鹅为 72.4%。平均肝重 600 克，最大肥肝可达 1.4 千克，肥肝占屠体重达 13%，料肝比为 40：1。母鹅开产日龄为 160～180 天，第一个产蛋年产蛋量为 24 枚，平均蛋重 176 克，蛋壳乳白色，蛋形指数为 1.48。两岁以上母鹅，平均年产蛋量为 28 枚，平均蛋重 217.2 克，蛋形指数为 1.53。种公鹅配种一般都在 200 日龄以上，公母鹅配种比例为 1：5～6。鹅群在水中进行自然交配，种蛋受精率为 70%～80%，受精蛋孵化率为 80%～90%。母鹅就巢性强，每产完一期蛋就巢 1 次，全年就巢 3～4 次。母鹅可连续使用 5～6 年。在正常饲养条件下，30 日龄雏鹅成活率在 95% 以上。

18. 我国引进了哪些优良的外国鹅种？

（1）莱茵鹅（图 3-15） 原产于德

国莱茵州，是欧洲产蛋量最高的鹅种，现广泛分布于欧洲各国。我国江苏省南京市畜牧兽医站种鹅场，于 1989 年从法国引进莱茵鹅，在江苏兴化、高邮、金湖、洪泽、丹徒、建湖、六合、江浦、江宁、金坛、丹阳等地均有分布。

图 3-15 莱茵鹅

莱茵鹅体型中等偏小。初生雏背面羽毛为灰褐色，从 2 周龄到 6 周龄，逐渐转变为白色，成年时全身羽毛洁白。喙、胫、蹼呈橘黄色。头上无肉瘤，颈粗短。成年体重公鹅 5 000～6 000 克，母鹅 4 500～5 000克。仔鹅 8 周龄活重可达 4 200～4 300 克，料肉比为 2.5～3.0：1，莱茵鹅能适应大群舍饲，是理想的肉用鹅种。但产肝性能较差，平均肝重为 276 克。母鹅开产日龄为 210～240 天，年产蛋量为 50～60个，平均蛋重 150～190 克。公母鹅配种比例 1：3～4，种蛋平均受精率 74.9%，受精蛋孵化率 80%～85%。

（2）朗德鹅（图 3-16） 又称西南

灰鹅，原产于法国西南部靠比斯开湾的郎德省，是世界著名的肥肝专用品种。朗德鹅毛色灰褐，在颈、背都接近黑色，在胸部毛色较浅，呈银灰色，到腹下部则呈白色。也有部分白羽个体或灰白杂色个体。通常情况下，灰羽的羽毛较松，白羽的羽毛紧贴，喙橘黄色，

图 3-16 朗德鹅

胫、蹼为肉色。灰羽在喙尖部有一浅色部分。成年体重公鹅 7～8 千克，母鹅 6～7 千克。8 周龄仔鹅活重可达 4.5 千克左右。肉用仔鹅经填肥后，活重达到 10～11 千克，肥肝重量达 700～800 克。朗德鹅对人工拔毛耐受性强，羽绒产量在每年拔毛 2 次的情况下，可达350～450 克。母鹅性成熟期约 180 天，年平均产蛋 35～40 个，平均

蛋重 180～200 克。种蛋受精率不高，仅 65％左右，母鹅有较强的就巢性。

（3）埃姆登鹅 原产于德国西部的埃姆登城附近。19 世纪，经过选育和杂交改良，曾引入英国和荷兰白鹅的血统，体型变大，台湾地区已引种。埃姆登鹅全身羽毛纯白色，着生紧密，头大呈椭圆形，眼鲜蓝色，喙短粗，橙色有光泽，颈长略呈弓形，颌下有咽袋。体躯宽长，胸部光滑看不到龙骨突出，腿部粗短，呈深橙色。其腹部有一双皱褶下垂。尾部较背线稍高，站立时身体姿势：与地面成 30°～40°角度。雏鹅全身绒毛为黄色，但在背部及头部有不等量的灰色绒毛。在换羽前，一般可根据绒羽的颜色来鉴别公母，公雏鹅绒毛上的灰色部分比母雏鹅的浅些。成年体重公鹅 9～15 千克，母鹅 8～10 千克。60 日龄仔鹅体重 3.5 千克。肥育性能好，肉质佳，用于生产优质鹅油和肉。羽绒洁白丰厚，活体拔毛，羽绒产量高。母鹅 10 月龄左右开产，年平均产蛋 10～30 个，蛋重 160～200 克，蛋壳坚厚呈白色，公母鹅配种比例 1：3～4，母鹅就巢性强。

（4）图卢兹鹅 又称茜蒙鹅，是世界上体型最大的鹅种，19 世纪初由灰雁驯化选育而成。原产于法国南部的图卢兹市郊区，主要分布于法国西南部。图卢兹鹅体型大，羽毛丰满，具有重型鹅的特征。头大、喙尖、颈粗，中等长度，体躯呈水平状态，胸部宽深，腿短而粗。颌下有皮肤下垂形成的咽袋，腹下有腹皱，咽袋与腹皱均发达。羽毛灰色，着生蓬松，头部灰色，颈背深灰，胸部浅灰，腹部白色。翼部羽深灰色带浅色镶边，尾羽灰白色。喙橘黄色，腿橘红色。眼深褐色或红褐色。成年体重公鹅 12～14 千克，母鹅 9～10 千克，60 日龄仔鹅平均体重为 3.9 千克。产肉多，但肌肉纤维较粗，肉质欠佳。易沉积脂肪，用于生产肥肝和鹅油，强制填肥每只鹅平均肥肝重可达 1 000 克以上，最大肥肝重达 1 800 克。母鹅开产日龄为 305 天，年产蛋量 30～40 个，平均蛋重 170～200 克，蛋壳呈乳白色。公母鹅配种比例 1：1～2，母鹅就巢性不强，平均就巢数量约占全群的 20％。

（5）玛加尔鹅 又称匈牙利鹅，原产于匈牙利，它主要是由埃姆登鹅与巴墨鹅和意大利的奥拉斯鹅杂交育成的，生活力很强，为了提高本种的产蛋量，近几年又引入了莱茵鹅的血统。由于玛加尔鹅的饲养条件和所处理地理环境不同,它们的体型、毛色、生产性能等也出现了分化现象。平原地区的玛加尔鹅体型较大,羽毛一般为白色,喙、脚及蹼为橘黄色。成年体重公鹅达 7 千克,母鹅 6 千克;而多瑙河流域的玛加尔鹅体型较小,成年体重公鹅 6 千克,母鹅 5 千克。玛加尔鹅产肥肝性能较好,一般肥肝重 500~600 克,母鹅产蛋量可达 35~50 个,蛋重为 160~190 克,受精率、孵化率均较高。由于品系不同,部分母鹅有就巢性,影响产蛋量。

19. 鹅引种应注意哪些事项?

(1) **绝对不能盲目引种** 引种应根据生产或育种工作的需要,确定品种类型,同时要考察所引品种的经济价值。尽量引进国内已扩大繁殖的优良品种,可避免从国外引种的某些弊端。

(2) **注意引进品种的适应性** 选定的引进品种要能适应当地的气候及环境条件。每个品种都是在特定的环境条件下形成的,对原产地有特殊的适应能力。当被引进到新的地区后,如果新地区的环境条件与原产地差异过大时,引种就不易成功,所以引种时首先要考虑当地条件与原产地条件的差异状况;其次,要考虑能否为引人品种提供适宜的环境条件。考虑周到,引种才能成功。

(3) **引种前必须先了解引入品种的技术资料** 对引入品种的生产性能、饲料营养要求要有足够的了解,如是纯种,应有外貌特征、育成历史、遗传稳定性以及饲养管理特点和抗病力等相关的技术资料,以便引种后参考。

(4) **必须严格检疫** 绝不可以从发病区域引种,以防止引种时带进疾病。进场前应严格隔离饲养,经观察确认无病后才能入场。

(5) **必须事先做好准备工作** 如棚舍、饲养设备、饲料及用具等要准备好,饲养人员应作技术培训。

(6) **注意引种方法** 第一,引入品种数量不宜多,引入后要先进行 1~2 个生产周期的性能观察,确认引种效果良好时,再适当增加引种数量,并迅速扩大繁殖。第二,引种时应引进体质健康、发育正常、无遗传疾病、未成年的幼禽,因为这样的个体可塑性强,容易适应环境。第三，注意引种季节，最好选择在两地气候差别不大的季节进行引种，以便使引入个体逐渐适应气候的变化。从寒冷地带向热带地区引种，以秋季引种最好，而从热带地区向寒冷地区引种则以春末夏初引种最适宜。第四，做好运输组织工作安排，避开疫区，尽量缩短运输时间，减少途中损失。

20. 选择养鹅品种的基础原则是什么？

在选择养鹅品种时，应基于以下几个方面的原则：

（1）生产性能 依据自身养殖需要，选择生产性能优良的鹅品种。

（2）市场需求 依据本地区饮食习惯和市场消费需求，选择合适的优良鹅种。

（3）适应性 在选择鹅品种时，必须考虑鹅种养殖上的适应能力，尽量选择适合本地区饲养的鹅。

（4）经济效益 在进行鹅养殖时，经济效益是必须考虑的重要因素，鹅品种选择应符合其经济需要，有利于提高养殖效益。

21. 鹅繁殖特点有哪些？

（1）产蛋性 由于鹅生殖系统的特殊性以及蛋的形成机理，造成了鹅在家禽中产蛋性能较差，母鹅产蛋量少，由于品种间的差异，产蛋量一般在 25～100 个之间。

（2）季节性强 母鹅从当年秋季开始（9～10 月）至次年春末（4～5 月）为产蛋繁殖期。

（3）择偶性 公、母鹅有固定交配对象的习惯，这是导致鹅群受精率低的重要原因。

（4）就巢性 我国大多数鹅种都有很强的就巢性，在繁殖季节，一般母鹅每产一窝蛋（8～12 个）就停产，并表现出就巢性。在我国，四川白鹅、太湖鹅、豁眼鹅、籽鹅几乎没有就巢性，或一些个体表现出较弱的就巢性。

(5) 性成熟晚 鹅成活年龄可达 20～30 年以上。一般中小型鹅种从初生到性成熟要 7 个月左右，大型鹅种要 8～10 个月才达到性成熟。

22. 鹅的繁育方法有哪些?

鹅的繁育可分为纯种繁育和杂交繁育两种。

(1) 纯种繁育 纯种繁育是用同一品种的公母鹅进行配种繁殖，这种方式能保持一个品种的优良性状，有目的地系统选育，能不断提高该品种的生产能力和育种价值，所以，无论在种鹅场或是商品生产场都被广泛采用。但要注意，采用本品种繁育，容易出现近亲繁殖的缺点，尤其是规模小的养鹅场，鹅群数量小，很难避免近亲繁殖，而引起后代的生活力和生产性能降低，体质变弱，发病率、死亡率增多，种蛋受精率、孵化率、产蛋率、蛋重和体重都会下降。为了避免近亲繁殖，必须进行血缘更新，即每隔几年应从外地引进体质强健、生产性能优良的同品种种公鹅进行配种。

(2) 杂交繁育 不同品种间的公母鹅交配为杂交。由两个或两个以上的品种杂交所获得的后代，具有亲代品种的某些特征和性能，丰富和扩大了遗传物质基础和变异性，因此，杂交是改良现有品种和培育品种的重要方法。常用的杂交改良方法有级进杂交、导入杂交和育成杂交。

①级进杂交 级进杂交（又称改良杂交、改造杂交、吸收杂交）指用高产的优良品种公鹅与低产品种母鹅杂交，所得的杂种后代母鹅再与高产的优良品种公鹅杂交。一般连续进行 3～4 代，就能迅速而有效地改造低产品种。当需要彻底改造某个种群（品种、品系）的生产性能或者是改变生产性能方向时，常用级进杂交。

②导入杂交 导入杂交就是在原有种群的局部范围内引入不高于 1/4 的外血，以便在保持原有种群特性的基础上克服个别缺点。当原有种群生产性能基本上符合需要，局部缺点在纯繁下不易克服，此时宜采用导入杂交。

③育成杂交 指用两个或更多的种群相互杂交，在杂交后代中选

优固定，育成一个符合需要的品种。当原有品种不能满足需要，也没有任何外来品种能完全替代时常采用育成杂交。

23. 如何选择种鹅？

选择种鹅是进行纯种繁育和杂交改良工作必须首先要考虑的问题。优秀的种鹅应具备品种的稳定形态特征，体质健壮，适应性强，遗传稳定和生产性能优良。鹅选种通常采用的有两种方法：一是根据体型外貌和生理特征选择；二是根据记录资料选择。有条件时，尽可能将两种方法结合起来选择。

（1）根据体型外貌进行选择　外貌特征在一定程度上可反映出种鹅的生长发育和健康状况，并可作为判断生产性能的参考依据。体型外貌选择是常用的简单快速选种方法，选种一般分为初生雏鹅、育成期鹅、产蛋鹅三个阶段进行：

①雏鹅的选择　大小均匀，体重符合品种要求，绒毛整齐，富有光泽，腹部大小适中，脐部收缩良好，眼大有神，行动灵活，抓在手中挣扎有力。

②育成期的选择　种公鹅要求体型大，体质结实，各部结构发育均匀，肥度适中，头大适中，两眼有神，喙正常无畸形，颈粗而稍长，胸深而宽，背宽长，腹部平整，脚粗壮有力、长短适中、距离宽，行动灵活，叫声响亮。母鹅要求体重大，头大小适中，眼睛灵活，颈细长，体型长而圆，前躯浅窄，后躯宽深，臀部宽广。

③成年鹅的选择

公鹅的要求是：体型高大，体质健壮，头大脸阔，肉瘤大而光滑，眼明亮有神，喙部长而钝，颈粗稍长，胸宽深，背宽长，腹部平整，胫粗有力，两腿间距离较宽，鸣声高亢洪亮，雄壮威武，性欲旺盛。

母鹅的要求是：发育良好，面目清秀，喙短，眼睛饱满灵活，鸣声低而短，颈细中等长，两翅紧扣体躯，羽毛紧密而富光泽，体躯长而圆，前躯较浅窄，后躯深而宽，臀部圆阔，胫结实距离宽。

（2）根据记录资料进行选择　体型外貌与生产性能有一定相关，

但单凭外貌进行选择，常会发生差错，只有依靠科学的记录资料，才能作出比较正确的选择。必须记载的项目有：产蛋量、蛋重、蛋形指数、开产日龄、饲料消耗量、公鹅的受精率、种蛋的孵化率、雏鹅初生重、4周龄重、8周龄重、育成期末重、开产期重等，肝用品种还要测定种鹅后裔的肥肝重，毛用品种还要测定每年产毛量和含绒率等。

取得上述资料后，就可以从下述4个方面进行选择：①根据系谱资料选择；②根据本身成绩选择；③根据同胞成绩选择；④根据后裔成绩选择。

24. 鹅配种方法有哪些？

鹅配种的方法主要有：自然交配、人工辅助配种、人工授精等。

(1) 自然交配　是让公母鹅在适宜的环境中进行自行交配的一种配种方法。配种季节一般为每年的春、夏、秋初。自然交配有大群配种和小群配种两种方式。

①大群配种　一定数量的种公鹅按比例配以一定数量的种母鹅，让每只公鹅均可与群中的每只母鹅自由组合交配。种鹅群的大小视鹅舍容量或当地放牧群的大小，从几百只到上千只不等。大群配种一般受精率较高，尤其是放牧的鹅群受精率更高。这种配种方法多用于农村种鹅群或鹅的繁殖场。

②小间配种　这是育种场常用的配种方法。在一个小间内只放一只公鹅，按不同品种最适的配种比例放入适量的母鹅。公母鹅均编脚号或肩号。设有闭巢箱集蛋，其目的在于收集有系谱记录的种蛋。在鹅育种中，采用小间配种，主要是用于建立父系家系。也可用探蛋结合装产蛋笼法记录母鹅产蛋。探蛋是指每天午夜前逐只检查母鹅子宫内有无将产的蛋的方法。

(2) 人工辅助配种　在工作人员的帮助下，种鹅顺利完成自然交配过程的一种配种方式。一般要求先把公母鹅放在一起，让它们彼此熟悉，以利于以后的配种管理。生产上采用这种方法根据配种环境可以分为在陆地运动场辅助配种和在水中进行人工辅助配种。

(3) 人工授精　是工作人员通过对公鹅前期抚摸，诱导其射精，并将精液收集后注入母鹅生殖道内，从而达到其受精过程。

①鹅的采精方法　包括电刺激法、假阴道法、台禽诱禽法和按摩法等。

电刺激法：这是采用专用的电刺激采精仪产生的电流，刺激公鹅射精的一种采精方法。

假阴道法：采用台禽对公鹅诱情，当公鹅爬跨台禽伸出阴茎时，迅速将阴茎导入假阴道内而取得精液。

台禽诱禽法：首先将母鹅固定于诱情台上（离地 10～15 厘米），然后放出经调教的公鹅，公鹅会立即爬跨台禽，当公鹅阴茎勃起伸出交尾时，采精人员迅速将阴茎导入集精杯而取得精液。

按摩法：用手掌面紧贴公鹅背腰部，从翅膀基部向尾部方向有节奏地反复按摩，刺激公鹅产生性兴奋而取得精液。按摩法最为简便可行，成为最常采用的一种方法。

②鹅的输精方法　鹅的泄殖腔较深，阴道部不像母鸡那样容易外翻进行输精。所以，常规输精以泄殖腔输精法最为简便易行。

泄殖腔输精法是助手将母鹅仰卧固定，输精员用左手挤压泄殖腔下缘，迫使泄殖腔张开，再用右手将吸有精液的输精器从泄殖腔的左方徐徐插入，当感到推进无阻挡时，即输精器已准确进入阴道部，一般深入至 3～5 厘米时左手放松，右手即可将精液注入。实践证明效果良好。熟练的输精员可以单人操作。

一般认为，鹅的输精时间以每日上午 9：00～10：00 或下午 4：00～6：00 为好。

由于鹅的受精持续期比较短，一般在受精后 6～7 天受精率即急速下降。因此，要获高的受精率，以 5～6 天输精一次为宜。

鹅的每一次输精量可用新鲜精液 0.05 毫升，每次输精量中至少应有 3 000 万～4 000 万个精子。第一次的输精量加大 1 倍可获得良好的效果。

25. 鹅配种注意事项有哪些？

（1）配种年龄　鹅配种年龄过早，不仅对其本身的生长发育有不良影响，而且受精率低。我国鹅种性成熟较早，公鹅一般在5～6月龄，母鹅在7～8月龄达到性成熟。但应注意，对于早熟的小型品种，公母鹅的配种年龄可以适当提前。

(2) 配种比例 鹅的配种性比随品种类型不同而差异较大。在鹅群中，如果公鹅过多，容易因争母鹅而咬斗发生死亡，或因争配而导致母鹅淹死在水中；公鹅过少，影响蛋的受精率。因此公母鹅配种比例要适当。公母鹅配种比例一般为：小型鹅为1∶6～7，而大型鹅为1∶4～5。大型公鹅要少配母鹅，小型公鹅可多配母鹅；青年公鹅和老年公鹅要少配母鹅，体质强壮的公鹅可多配母鹅。配种比例除了因品种类型而异之外，尚受以下因素的影响。

①季节 早春和深秋，气候相对寒冷，性活动受影响，公鹅应提高2%左右（按母鹅数计）。

②饲养管理条件 在良好的饲养条件下，特别是放牧鹅群能获得丰富的动物饲料时，公鹅的数量可以适当减少。

③公母鹅合群时间的长短 在繁殖季节到来之前，适当提早合群对提高受精率极为有利。合群初期公鹅的比例可稍高些。大群配种时，部分公鹅会较长时期不分散于母鹅群中配种，需经十多天才合群。因此，在大群配种时将公鹅及早放入母鹅群中十分必要。

④种鹅的年龄 1岁的种鹅性欲旺盛，公鹅数量可适当减少。实践表明公鹅过多常常造成鹅群受精率降低。

此外，在鹅配种方面，还要注意克服公母鹅固定配偶交配的习惯。据观察，有的鹅群中有40%的母鹅和22%的公鹅是单配偶。克服这种固定配偶交配的办法是先将公鹅偏爱的母鹅挑出，拆散其单配偶，公鹅经过几天后就会逐渐和其他母鹅交配，也可采用控制配种法，每天让一公鹅与一母鹅轮流单配。

(3) 种鹅的利用年限 鹅是长寿家禽，种母鹅的繁殖年龄比其他家禽长。通常第一个产蛋年母鹅产蛋量低，第二年的母鹅比第一年的多产蛋15%～25%，第三年的比第一年的多产蛋30%～45%，4～6岁以后逐渐下降。所以鹅的利用年限一般为3～5年。一般种鹅群的组成比例为：1岁母鹅占25%，2岁母鹅占30%，3岁母鹅占25%，4岁母鹅占10%，5岁母鹅占10%。种公鹅利用年限一般为2～3年。

26. 怎样有效防止优良鹅种的退化？

保持优良鹅品种的优良特性，防止品种退化，可采用本品种选育、杂交繁育后的品系繁育等育种方法。这些方法都必须做到：

（1）**加强选种选配工作** 选种就是从鹅群中选择符合人们要求的优秀个体留作种用，同时把不良个体淘汰。选配就是有计划地选择公母配对，使之产生优良的后代。选种是育种的基本技术措施，选配是控制改良后代品质的一种强有力手段。选种和选配是互相联系、互相促进的。选种是选配的基础和先决条件，只有经过正确的选种，才能进行合理的选配；只有经过选配才能验证选种是否正确。所以，只有加强选种和选配工作，才能不断提高品种质量，防止退化。

（2）**开展品系繁育** 在育种实践中，品系繁育是培育品系和提高现有品种的一项重要措施。一般情况下，群中的优秀个体仅是少数的，采用品系繁育可以增强优秀个体对禽群的影响，使个体的优秀品质迅速扩散为群体所共有的特点，从而提高整个品种质量。同时，在品种内可以建立各具不同特点的品系，以增加品种内部的异质性，为品种内血缘更新创造条件，保持品种旺盛的生活力，成为品种不断发展的内部动力；另外，通过品系间杂交，产生具有经济价值的商品群和育成新品种。

（3）**不断进行血缘更新** 在一个场内，同一血缘的公鹅连续使用几代后，就会使近交的不良效应不断积累，导致品种退化。通过轮换使用公鹅或跟其他鹅场交换同品种、同类型、无血缘关系的公鹅或母鹅，使血缘不断更新，就可以减缓近交系数增加的速度，防止退化。

（4）**改善饲养管理条件** 饲养管理对提高畜牧生产来说是十分必要的。改善饲养管理条件，满足鹅的要求，就可以使性状的遗传潜力充分发挥出来，减轻环境造成的不利影响，促进品种性能不断提高。相反，饲养管理条件低劣，就会使后代受到遗传和环境的双重影响，导致品种退化。

此外，加强适应性锻炼，加强组织领导，建立良好的繁育体系，提高杂种优势的利用效果。利用专门化品系杂交可以获得显著的杂种优势。开展杂种优势利用，必须建立一套合理的组织机构，建立各种性质的种鹅场，确定其规模、经营方向、互相协作等关系，达到统一规划、分工合作、以提高杂种优势利用的效果。这样，就可以有效地防止鹅品种退化。

27. 怎样采集公鹅的精液?

(1) 准备工作 采精前先准备数支 1 毫升结核菌注射器、若干套集精器和若干套集精瓶，洗涤消毒好，干燥备用。另准备 65% 酒精 1 瓶。65% 酒精棉花球及消毒的镊子、剪子等，置于消毒好的瓷盘内并用消毒纱布盖上备用。

(2) 采精技术 采精可用一人操作或 2 人操作。如 1 人操作，将公鹅保定在特制的专门架子上，使呈水平站立姿势；如 2 人操作，则 1 人将公鹅固定于自己两腿间呈爬行姿势，使头向后，夹在臂下，尾部向外。采精以按摩法为常用方法。按摩方法如下：术者先用左手在公鹅背部顺翅羽根部向尾部抚摩数次，随即以左手贴于鹅尾部，并用拇指和其余 4 指夹着尾羽，再用右手拇指和食指在泄殖腔两侧，沿腹部柔软部分上下来回按摩，逐渐按摩挤压泄殖腔环，直到泄殖腔周围肌肉膨胀，呈向外突起为止。然后以左手拇指和食指紧贴于泄殖腔左右侧，两手拇指的食指交互有节奏地按摩充血突起的泄殖腔，很快公鹅的阴茎即勃起。在阴茎勃起的瞬间，一只手拇指和食指稍微向背侧方移动，在阴茎的上部轻轻挤压，使精液沿螺旋状阴茎的排精沟射出流下，另一只手迅速持集精器接取精液或用注射器迅速沿排精沟吸取精液。将按摩的手松开（停止按摩），让阴茎慢慢缩回。最后将精液注入集精瓶中，用盖盖好。

(3) 采精频率 公鹅一般情况下，每 2 天采精 1 次。如在配种量大的情况下，可连续采精 2~3 天，休息 1 天。

(4) 采精量 公鹅每次采精量平均为 0.3 毫升（0.1~1.3 毫升）。

28. 公鹅采精注意事项有哪些？

（1）采精用公鹅的选择　应选来自优良的鹅群，公鹅应是健康、发育良好、经检查生殖器发育正常的个体。

（2）采精前应进行采精训练　准备采精前至少1周与母鹅隔离饲养，最好单只饲养。训练期间，让公鹅熟悉采精环境，每天由采精技术熟练的人员进行采精按摩训练一次，使其逐渐形成性条件反射，一般2～3天多数个体就能射出精液，经一周训练性反射就基本稳定。采精人员一定要有耐心，小心谨慎地认真进行，不能伤害公鹅。切不可造成不良的条件刺激。

（3）器材的消毒　所有采精器材应严格消毒，烘干备用。

（4）采精时按摩力度要适当　力度过轻不能引起公鹅的性反射，过重会导致公鹅生殖器出血，造成精液污染。如发现公鹅生殖器出血，应停止采精3～4天。

（5）防止采精过程中排粪　采精过程中排粪的原因有二：一是按摩手势的部位不当，手指在按摩时挤压直肠引起排粪反射；二是采精前饱食，肠道内容物充满，直肠粪便多。所以采精应在至少停食3～4小时后进行。另外，集精杯接收精液时不能紧靠泄殖腔，这样，即使偶尔排出一点粪便，也不会造成精液被污染。确保精液不被污染是采精的重要技术要求。

（6）注意精液温度，防止冷刺激　采到的精液应注意保温，将集精瓶先用30～40℃的稀释液冲洗后再采精，采完精后将装有精液的集精瓶置于装有32℃温水的保温瓶内保温。如无保温措施，精液温度会急剧下降（主要在冬季），会对精子产生冷刺激，导致冷休克，精子活力大大下降，严重影响受精率。

29. 如何稀释和保存鹅精液？

（1）稀释液　稀释液的主要作用是为精子提供能源，保障精细胞的渗透平衡和离子平衡，稀释液中的缓冲剂可以防止乳酸形成时的有害作用。在精液的稀释保存液中添加抗菌剂可以防止细菌的繁殖。同时精液中加入稀释液还可以冲淡或螯合精液中的有害因子，有利于精子在体外存活更长的时间。常规输精时鹅精液的稀释倍数用1∶1、1∶2、1∶3的效果较好。实践表明，以 pH 7.1 的 Lake 液和 BPSE 液稀释效果最好。现将效果较好的几种稀释液配方列表 3-1。

表 3-1　常用精液稀释液的成分

成分	Lake 液	pH 7.1的Lake 缓冲液	pH 6.8的Lake 缓冲液	BPSE 液	BHPPK -2液	Brown 液	米 acphersor液	磷酸盐缓冲液	生理食盐液	新鲜鸡蛋黄液	新鲜牛奶
葡萄糖		0.600	0.600			0.500	0.150			4.250	
果糖	1.00			0.50	1.800						
棉子糖						3.864					
乳糖							11.000				
肌醇						0.220					
谷氨酸钠 (H$_2$O)	1.920	1.520	1.320	0.867	2.800	0.234	1.381				
氯化镁(6H$_2$O)	0.068	0.080	0.080	0.034		0.013	0.024				
醋酸镁(4H$_2$O)	0.857				0.430						
醋酸钠(3H$_2$O)	0.128	0.128	0.128	0.064							
柠檬酸钾						0.231					
柠檬酸钠 (2H$_2$O)						0.039					
柠檬酸						0.010			1.000		
氯化钙				0.065				1.456			
氯化钠				1.270					0.837		
磷酸二氢钾		5.8 毫升	9.0 毫升								
磷酸氢二钾 (3H$_2$O)		3.050	2.440								
1 摩尔/升氢氧化钠				0.195		2.235					
BES										1.5 毫升	199 毫升

注：①表中所列成分的单位标明"毫升"者，其数值均为加蒸馏水配成 100 毫升稀释液之用量。②表中所列成分的单位除标明"毫升"者外，其余均为克。③BES，即氨-二乙基（2-羟乙基）-2-二氨基乙烷磺酸。④每毫升稀释液加青霉素 1 000 国际单位、链霉素 1 000 微克。

（2）稀释方法 鹅精液稀释，一般在采精前将稀释液 0.4～1.0 毫升置于集精杯中，采精后与精液混合均匀即可。注意稀释液的温度应与精液相等。

（3）精液的保存 采精后 30 分钟内完成人工授精，受精效果最好，所以，鹅的输精都采用新鲜精液。如需扩大输精范围，提高公鹅利用率，则有必要进行精液保存。保存精液目前常用于研究。保存方法有低温保存和冷冻保存 2 种。①低温保存：将采得的精液稀释后，包装好，置于 5℃下保存。②冷冻保存：将采得的精液用稀释液按 1∶3 比例稀释，置于 5℃下冷却 2 分钟，加入 8％甘油或 4％二甲基亚砜（DMSO），在 5℃范围内平衡 10 分钟，然后用固体二氧化碳（干冰）或液态氮气（液氮）进行冷冻。冻后存放于液氮（－196℃）中。

30. 怎样进行鹅人工授精？

（1）输精时间 鹅的输精时间应安排在大多数母鹅产蛋以后。母鹅输精应在每天中午以后进行。母鹅输精以 5～7 天输精一次比较适宜，间隔时间超过 7 天，种蛋受精率将下降；如果少于 5 天，则浪费精液和人力。

（2）输精量 鹅每次输精 0.05 毫升，内含 5 000 万～7 500 万活动精子。

（3）输精方法 母鹅输精一般需要 2 人配合进行。助手坐在凳子上，将母鹅腹部向上，尾朝外置于双腿上，以双手拇指和食指分别握住左右腿，其余三指伸直，置于母鹅的泄殖腔两侧并压迫腹部，在下压腹部的同时，将双腿带向腹部以加重对母鹅后腹部的压力。输精员右手执吸了精液的输精器，左手拇指在母鹅泄殖腔上方近尾侧处轻轻向下按压，泄殖腔即向外翻出，露出两孔。然后，将输精器插入左侧孔（输卵管开口）内约 3 厘米，缓缓注入精液。助手慢慢松手，输卵管开口即可慢慢缩回泄殖腔，输精结束。

如果挤压母鹅腹部不能使输卵管开口外翻出泄殖腔，可采用由泄殖腔外将输精管直接插入输卵管开口的方法。具体方法是：将母鹅置于台架上或平地上，助手固定住母鹅两翅基部，并将尾放直，输精员左手携输精管，右手食指伸进泄殖腔，探摸输卵管开口。输卵管开口位于泄殖腔内 5 厘米深处的左下侧。然后将输精管插入泄殖腔，在左手食指引导下插入输卵管口，并用右手食指检查确实后，缓缓注入精液。拔出输精管及右手食指，在母鹅背部按摩几下，输精即结束。

31. 鹅人工授精注意事项有哪些？

（1）授精用母鹅的选择 应选来自优良鹅群的母鹅，母鹅应是健康、繁殖性能优良且正处于产蛋期、生殖器发育正常的个体。

（2）器材的准备与消毒 准备好进行鹅人工授精的所有器材，并对所有器材应严格消毒，烘干备用。

（3）其他注意事项

①授精时，如以手指探测法，必须剪短指甲，以免阴道受伤。如精液注入器受粪便污染须用棉花擦净，以防母鹅生殖道受病菌感染。

②精液稀释后应尽快使用完毕。

③阴道翻出后应迅速授精，翻出太久易使阴道微血管破裂，受污染而发炎。

32. 鹅人工授精常用哪些器具？

鹅的采精和输精常用的器具如图 3-17、图 3-18 所示，详细用具见表 3-2。

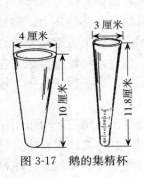

图 3-17　鹅的集精杯

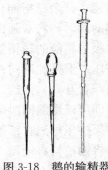

图 3-18　鹅的输精器

表 3-2　鹅人工授精用具

序号	名称	规格	用途
1	集精杯	5.8～6.5毫升	收集精液
2	刻度吸管	0.05～0.5毫升	输精用
3	刻度吸管	5～10毫升	贮存精液
4	保温瓶或杯	小、中型	保温精液
5	消毒盒	大号	消毒采精、输精用具
6	生物显微镜	400～1250倍	检查精液品质
7	载玻片、盖玻片、细胞计数板		检查精液品质
8	pH试纸		检查精液品质
9	注射器	20毫升	吸取蒸馏水及稀释液用
10	注射针头	12号	备用
11	生理盐水		稀释用
12	蒸馏水		稀释及冲洗器械用
13	温度计	100V	测水温用
14	干燥箱	小、中型	烘干用具
15	冰箱	小型低温	短期贮存精液用
16	分析天平	感量0.001克	配稀释液称量用
17	药物天平	感量0.01克	配稀释液称量用
18	电炉	400千瓦	加热
19	烧杯、毛巾、脸盆、消毒液等		消毒卫生用
20	试管架、瓷盘		放置器具

33. 怎样鉴别雏鹅的雌雄？

雏鹅的性别鉴定对于种鹅的生产具有重要的经济意义，雌雄分开后可分群饲养或将多余的公鹅及时淘汰处理，降低种鹅的饲养成本，节省开支。在生产中，多采用以下方法，从外观和形态上来鉴别。

（1）外形鉴别法　一般来讲，初生雄鹅体格较大，身躯较长，头较大，颈较长，嘴角较长而阔，眼较圆，翼角无绒毛，腹部稍平贴，站立的姿势比较直；初生雌鹅体格较小，身躯较短圆，头较小，颈较短，嘴角短而窄，眼较长圆，翼角有绒毛，腹部稍下垂，站立的姿势有点倾斜。

（2）**动作、声音鉴别法**　如果在大母鹅面前试着追赶雏鹅，低头伸颈发出惊恐鸣声的为雄雏；高昂着头，不断发出叫声的为雌雏。一般雄的鸣声高、尖、清晰；雌的鸣声低、粗、沉浊。

（3）**羽毛鉴别法**　有色泽羽毛的鹅，如灰羽鹅，雄的羽色总是比雌的羽色淡一些。有的鹅种，如英国的西英格兰鹅、美洲的移民鹅，具有自别雌雄的特征。移民鹅的初生公鹅，羽毛是奶油色（乳黄色），喙的颜色较浅；母鹅羽毛为浅黄色，喙的颜色较深。西英格兰鹅雌雏带有明显的灰色标志，雄雏则为全白色。

（4）**翻肛法**　将雏鹅握于左手掌中，用左手的中指和无名指夹住颈口，使其腹部向上，然后用右手的拇指和食指放在泄殖腔两侧，用力轻轻翻开泄殖腔。如果在泄殖腔口见有螺旋形的突起（阴茎的雏形）即为公鹅；如果看不到螺旋形的突起，只有三角瓣形皱褶，即为母鹅。

（5）**顶肛法**　左手握住雏鹅，以右手食指和无名指左右夹住雏鹅体侧，中指在其肛门外轻轻往上一顶，如感觉有小突起，即为公鹅。顶肛法比捏肛法难于掌握，但熟练以后速度较快。

（6）**捏肛法**　以左手拇指和食指在雏鹅颈前分开，握住雏鹅，右手拇指与食指轻轻将泄殖腔两侧捏住，上下或前后稍一揉搓，感到有一个芝麻粒或油菜籽大小的小突起、尖端可以滑动，根部相对固定，即为公鹅的阴茎；否则为母鹅。

34.　鹅人工授精的优点有哪些？

（1）可免除因雌雄体型差异太大而引起配种的困难。

（2）可提高配种概率，使每只母鹅皆有受精的机会。

（3）公鹅喜于水中配种，在无水环境下实施人工授精可提高受精率。

（4）可以减少公鹅数目，每只公鹅每次所采得的精液约可授精

15～25 只母鹅。

（5）鹅为季节性繁殖的家禽，在繁殖早期与末期受精率较低，采用人工授精可通过调整采精频率或授精次数提高受精率。

（6）可有效查知每只母鹅产蛋状况，及早淘汰产蛋数少或不产蛋鹅，以提高生产效率。

35. 如何有效检测精液品质？

（1）**外观检查** 主要检查精液的颜色是否正常。正常无污染的精液为乳白色、不透明的液体。混入血液呈粉红色，被粪便污染则为黄褐色，有尿酸盐混入时，呈粉白色棉絮状。过量的透明液混入，则见有水渍状。凡被污染的精液，精子会发生凝集或变形，不能用于人工授精。

（2）**精液量检查** 采用有刻度的吸管或注射器等度量器，将精液吸入，测量一次射精量。射精量随品种、年龄、季节、个体差异和采精操作熟练程度而有较大变化。公鹅平均射精量为 0.1～1.3 毫升。要选择射精量多、稳定正常的公鹅使用。

（3）**精子活力检查** 精子的活力是以测定直线前进运动的精子数为依据。所有精子都是直线前进运动的评为 10 分；有几成精子是直线前进运动的就评几分。具体操作方法是：于采精后 20～30 分钟内，取同量精液及生理盐水各 1 滴，置于载玻片一端，混匀后放上盖玻片。精液不宜过多，以布满载玻片而又不溢出为宜。在 37℃ 左右的镜检箱内，用 200～400 倍显微镜检查。呈直线运动的精子，有受精能力；进行圆周运动或摆动的精子均无受精能力。活力高、密度大的精液，在显微镜下精子呈漩涡翻滚状态。

（4）**精子密度检查** 有细胞计数法和精子密度估测法两种检查方法。

①细胞计数法 用细胞计数板计算精子数，具体操作方法是：先用红细胞吸管吸取精液至 0.5 刻度处，再吸入 3% 氯化钠溶液至 101 刻度处摇匀，排出吸管前 3 滴，然后将吸管尖端放在计数板与盖玻片的边缘，使吸管内的精液流入计算室内，在显微镜下计数精子（图

3-19）。计数5个方格应选位于一条对角线上或4个角各取1个方格，再加中央1方格，共5个方格。计算精子数时只数精子头部3/4或全部在方格中的精子（以黑头表示，图3-20）。最后按下列公式计算出每毫升精液的精子数：

$$C = \frac{n}{10}$$

式中　C——每毫升含有1亿个精子；

　　　n——5个方格中的精子总数（个）。

例如，现已检出5个方格中共计60个精子，问每毫升精液中有多少个精子？

解：$C = \frac{60}{10} = 6$（亿个/毫升），即每毫升精液中有6亿个精子。

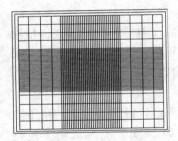

图3-19　计算室方格

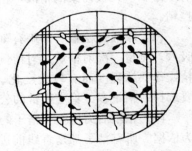

图3-20　计算精子方法
（只计头为黑色的精子数）

②密度估算法　在显微镜下观察，可根据精子密度分为密、中等、稀三种情况（图3-21）。

密是指在整个视野里布满精子，精子间几乎无空隙，每毫升精液有6亿～10亿个精子；中等是指在整个视野里精子间距明显，每毫升精液有4亿～6亿个精子；稀是指在整个视野里，精子间有很大的空隙，每毫升精液有3亿个以下的精子。

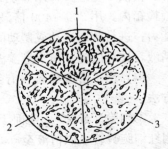

图3-21　精子密度
1.密　2.中等　3.稀

四、鹅人工孵化技术

36. 怎样选择合格的鹅种蛋？

公、母鹅按一定比例混群后配种或人工授精后所产的受精蛋称为种蛋，种蛋的品质是决定种蛋孵化率高低的关键因素，对雏鹅的品质、健康和成鹅的生产性能也有很大的影响。选择质量好的种蛋，并妥善管理，能提高入孵蛋的质量，防止疫病的传播，从而提高孵化率，并获得品质优良的雏鹅。鹅产蛋较少，种蛋的成本较高，把好种蛋质量关显得更重要。

（1）种蛋的来源与受精率 种蛋的选择，首先应考虑其来源问题，因为种蛋品质的好坏首先是由遗传和饲养管理决定的。种鹅群生产性能良好，遗传性能稳定是保证种蛋品质及其后代生产性能良好的基础，因此选择种蛋时，要求种蛋应来源于生产性能优秀和健康的鹅群。同时要求种鹅的饲养管理正常，日粮的营养物质全面，以保证胚胎发育时期的营养需求。引种前要了解当地的疫病情况，不要从有传染病的疫区引进种蛋。作育种用的种蛋，系谱要清楚。如果是采用杂交配套系生产的，应搞清制种代次。

受精率是影响孵化率的主要因素。如果母鹅过多，不能得到公鹅配种；公鹅过多，会产生争斗现象，这二者都会降低鹅群的产蛋率和受精率。在正常饲养管理条件下，若鹅群的公母比例适宜，则鹅种蛋的受精率较高，一般在 90％以上。

（2）种蛋的新鲜度 种蛋新鲜程度是指种蛋产出后到入孵的贮存时间长短。实践证明，种蛋保存时间越短，其新鲜度越好，胚胎生活力越强，孵化率越高。一般在 20℃左右的温度条件下，种蛋产出 7天内入孵为合适，3～5 天为最佳，逾期则孵化率逐渐下降。这是由于新鲜种蛋，蛋内的营养物质变化损失少，各种病原微生物入侵也少，胚胎存活力强，孵化率高，雏鹅成活率也高。新鲜蛋蛋壳干净，附有石灰质的微粒，好似覆有一薄层霜状粉末，没有光泽。陈蛋则蛋壳发亮，壳上有斑点，气室大，不宜用于孵化，即使孵化，也会出现孵化率降低，孵化期延长，雏鹅体质衰弱，育雏成活率低等问题。

（3）种蛋外观选择

①清洁度　种蛋蛋壳要保持清洁，如有粪便、污泥、饲料等脏物，容易被细菌入侵，引起种蛋腐败变质或携带病原微生物影响胚胎的发育，同时堵塞气孔，影响气体交换，使胚胎得不到应有的氧气和排不出二氧化碳，造成死胎，降低孵化率。防止种蛋污染，在种蛋收集时应注意两个问题：一是在室内铺足干净的垫料（如稻壳、稻草等）；二是种蛋的收集时间应放在凌晨4：00和上午6：00～7：00再次进行。轻度污染的种蛋可用砂纸或干布擦抹洁净并进行消毒后擦干即可作为种蛋入孵。

②蛋重与蛋形　蛋重应符合品种要求，过大过小的蛋孵化效果都不好，中小型鹅蛋重一般为125～170克，大型鹅蛋重一般为180～200克为宜。蛋形应呈椭圆形，大小头明显，不能过长过圆。凡畸形蛋（如细长、短圆、尖头、腰箍蛋等）一律不用于孵化，这些蛋孵化率低。评价蛋形用蛋形指数，即蛋的纵径与横径之比。鹅蛋的蛋形指数在1.4～1.5范围内，孵化率最高（88.2%～88.7%），健雏率最好（97.8%～100%）。

③蛋壳质量　蛋壳质地应致密均匀，表面光滑，颜色符合品种要求。蛋壳厚薄适度，厚度一般为0.4～0.5毫米。蛋壳过厚、过硬的"钢皮蛋"或蛋壳过薄、质地不均匀、表面粗糙的"砂壳蛋"均应剔除。因为如果蛋壳过厚，孵化时受热缓慢，蛋内水分不易蒸发，气体不易交换，出雏也困难；而蛋壳过薄，蛋内水分蒸发过快，也不利于胚胎发育。

（4）听音辨蛋　听音辨蛋的目的主要是剔除破蛋。方法为：一只手拿两个蛋，靠腕关节及手指的颤动使蛋边转动边互相敲击或两手各抓一个蛋互相敲击，完整无损的蛋其声清脆，破蛋发出沙沙声，钢皮蛋，声音特别响。破蛋在孵化过程中，蛋内水分蒸发过快和细菌乘隙而入，危及胚胎的正常发育，因此孵化率很低，应剔除。

（5）照蛋透视　照蛋透视的目的是挑出裂纹蛋和气室破裂、气室不正、气室过大的陈蛋以及大血斑蛋。方法是用照蛋灯或专门的照蛋设备，在灯光下观察。凡裂纹蛋、砂壳蛋、钢皮蛋、陈蛋、气室异位蛋、散黄蛋、血斑蛋、肉斑蛋、双黄蛋等均应剔除。

（6）剖视抽查　多用于外购种蛋。抽检时，将打开的蛋倒在衬有黑纸（或黑绒）的玻璃板上，检查内容物性状及受精率。检查内容物性状时见到黏壳、气室异位、蛋白膜破裂、系带断脱、蛋白稀薄、蛋白或蛋黄上有异物、寄生虫、上皮碎屑、血块或气室边缘有淡红色的圈等现象，如外购的种蛋检出上述现象较多，则不宜作为种蛋。

37. 如何科学地保存鹅种蛋？

种蛋保存的好坏直接影响到孵化率的高低和雏鹅的成活率。因此，种蛋的保存除了要有专门的保存种蛋的蛋库外，同时也应提供适宜的保存条件。

（1）温度　温度是种蛋保存最重要的条件。禽胚胎发育的临界温度为 23.9℃，超过这个温度胚胎就会恢复发育。温度过低虽然胚胎发育处于静止休眠状态，但胚胎的活力下降，-2℃时胚盘死亡。一般认为种蛋适宜的保存温度是 $13\sim16$℃，如果保存期超过 5 天，$10\sim11$℃的保存温度最好。

（2）湿度　较理想的保存种蛋的相对湿度是 $70\%\sim80\%$，这种湿度和鹅蛋的含水率比较接近，蛋内水分不会大量蒸发，湿度太低，蛋内水分大量蒸发，会影响孵化效果，若湿度过高又会使蛋发霉变质。

（3）翻蛋　鹅蛋的蛋黄比重较轻，总是浮在蛋白的偏上部。为了防止胚盘和蛋壳粘连，影响种蛋品质，在种蛋保存期内要定期翻蛋。一般认为，保存时间在 1 周内可以不必翻蛋，超过 1 周每天最少翻动一次，翻动蛋位角度在 90 度以上。

（4）通风　保存种蛋的房间，要保持通风良好，清洁，无特别气味，无阳光直射，无冷风直吹。要将种蛋码放在蛋盘内，蛋盘置于蛋盘架上，并使蛋盘四周通气良好。堆放化肥、农药或其他有强烈刺激性物品的地方，不能存放种蛋，以防这些异味经气体交换进入蛋内，影响胚胎发育。

(5) 保存时间　种蛋保存时间愈短，对提高孵化率愈有利。在适当的条件下，保存时间一般不应超过 7 天。长时间保存时即使保存条件适宜，孵化效果也受影响。在可能的条件下，种蛋越早入孵越好，尽量不超过 14 天。在气温适宜的春、秋季，保存时间可相对放长；在严冬酷暑，保存时间应相对缩短。

38. 鹅种蛋包装和运输过程中应注意哪些事项？

包装种蛋最好使用专门制作的纸箱。纸箱要求强度好，四壁有孔可通气。先把种蛋放在蛋托上，大头超上，然后一层层的再放入纸箱中，装箱时必须装满，如果没有蛋箱，也可用木箱或竹筐装运。装蛋时，每层蛋间和蛋的空隙间用木屑或谷壳填充防震。不论使用什么工具包装，尽量使大头向上或平放，排列整齐，以减少蛋的破损。

运输过程中要避免日晒雨淋和防止因剧烈颠簸而影响种蛋品质。因此，在夏季运输时，要有遮阳和防雨设备；冬季运输应注意保温，以防受冻。运输工具要求快速平稳，安全运送。装卸时轻装轻放，严防剧烈震动，剧烈震动可招致气室移位；蛋黄膜破裂，系带折断。种蛋运到后，应立即开箱检查，剔除破损蛋，进行消毒，尽快入孵。

39. 种蛋入孵前如何消毒？

蛋产出母体时会被泄殖腔排泄物污染，接触到产蛋箱垫料和粪便时，蛋被进一步污染。种蛋受到污染不仅影响其自身的孵化，而且污染孵化设备，传播各种疾病。因此在种蛋产出后及入孵前均应进行消毒，种蛋的消毒方法常用的有下列几种：

(1) 甲醛熏蒸消毒法　将浓度为 40％甲醛（福尔马林）溶液与高锰酸钾按一定比例混合放入适当的容器中，甲醛气味会急剧产生，通过熏蒸来消毒。每米^3 空间用 30 毫升福尔马林和 15 克高锰酸钾，熏蒸 20～30 分钟，要求室内温度 20～24℃、相对湿度 75％～80％。熏蒸后应充分通风。

（2）新洁尔灭消毒法 将 5％的新洁尔灭溶液加水 50 倍即成 0.1％的溶液，用喷雾器喷洒在种蛋表面或将溶液加热至 40～45℃，在溶液中浸泡 3 分钟，即可达到消毒效果。新洁尔灭溶液能在几分钟里杀灭葡萄球菌、伤寒沙门氏菌和大肠杆菌。

（3）百毒杀喷雾消毒法 百毒杀是含有溴离子的双链四级铵化合物，对细菌、病毒、霉菌等均有消毒作用，没有腐蚀性和毒性。孵化机与种蛋的消毒，可在每 10 升水中加入 50％的百毒杀 3 毫升，喷雾或浸渍。

（4）高锰酸钾或碘液浸泡消毒 可用 0.2％高锰酸钾溶液或 0.1％碘浸泡种蛋 1 分钟，取出沥干。碘液配置方法：取碘片 10 克，溶于 15 克碘化钾中，再溶于 1 000 毫升水中，再加入 9 000 毫升水，即成 0.1％的碘溶液。种蛋保存前不能用溶液浸泡法消毒，用此法会破坏胶护膜，加快蛋内水分蒸发，细菌也容易进入蛋内。故仅用于种蛋入孵前消毒。

（5）紫外线消毒法 其消毒原理是它可以抑制病原微生物内 DNA 的复制并可产生臭氧而起到消毒作用。将种蛋放在紫外线灯下 40 厘米处，开灯照射一分钟。最好在蛋下向上也照射一分钟。此法的主要缺点是不能大量消毒种蛋，而且种蛋正反面都要照射，操作起来比较麻烦。

40. 鹅种蛋的孵化条件有哪些？

鹅胚胎发育大部分是在母体外完成的，因此要想获得理想的孵化效果，就必须根据胚胎发育的特点，提供适宜的孵化条件以满足胚胎发育的要求。孵化条件主要包括温度、湿度、通风、翻蛋和晾蛋等几个方面。

（1）温度 温度是种蛋孵化的首要条件。只有在适宜的温度条件下，才能保证种蛋中各种酶的活动及正常的物质代谢，胚胎才能正常发育，才能孵化出雏鹅。鹅胚胎生长发育适宜的温度范围为 36.5～

38.2℃。孵化温度偏高，胚胎发育偏快、成熟早、出壳时间提前，导致雏鹅软弱，成活率低，若温度超过 42℃，胚胎很快死亡。孵化温度偏低，胚胎发育变慢，出壳时间推迟，不利于雏鹅生长发育，若温度低于 35℃，经 30 小时胚胎会大批死亡。因此，在孵化过程中，应根据种蛋来源、孵化季节、孵化机类型等因素，制订合理的施温方案。

胚胎发育的时期不同，对孵化温度要求也不一样。孵化前期，胚胎物质代谢慢，本身产生热量少，需要较高的孵化温度，一般温度控制在 37.8～38℃；孵化中期，随着胚龄增大，物质代谢日渐增强，特别是孵化后期，脂肪代谢加强，产生热量多，此时提供的孵化温度要较低，一般控制在 37.5～37.8℃；孵化后期一般温度控制在 37～37.3℃。

（2）湿度 水蒸气有传导热的作用，在相同温度下，湿度不同，胚胎所感受的温度也不同。湿度对鹅胚胎发育也有很大影响，湿度过低，蛋内水分蒸发过多，胚胎与壳膜发生粘连；湿度过高，则影响蛋内水分蒸发。湿度过高、过低，均会对孵化率和雏鹅健康产生不良影响。适宜的孵化湿度可使胚胎初期受热均匀，后期散热加强，这样既有利于胚胎发育，同时又有利于破壳出雏。在孵化过程中，应特别注意防止高温高湿和高温低湿情况的发生。

孵化机内的相对湿度应保持在 55％～65％，出雏时为 65％～75％。整批孵化时，应掌握"两头高、中间低"的原则，即孵化前期胚胎要形成羊水和尿囊液相对湿度高些，一般为 55％～60％；孵化中期，随着胚胎的生长发育，要排出多余的羊水、尿囊液及代谢产物，相对湿度应低一点，可保持在 50％～65％；在出雏前 3～4 天和出雏时，为了有适当的水分和空气中的二氧化碳结合生成碳酸，使蛋壳中的碳酸钙通过化学反应转化为碳酸氢钙而变软、变脆，有利于胚胎破壳，并防止绒毛和壳膜粘连，相对湿度保持在 65％～70％。可用干湿球温度计测定孵化湿度。孵化湿度是否正常，可根据气室大小、胚胎失重多少和出雏情况判断。

（3）通风 鹅胚胎在发育过程中必须不断吸入氧气，排出二氧化碳。气体交换量随着胚龄的增长而增多。在正常通风情况下，要求孵化器内氧气含量为 21%，二氧化碳在 0.5% 以下。当氧气低于 21% 时，每下降一个百分点，孵化率下降 5%。当二氧化碳在 0.5% 以上时，胚胎发育迟缓，死亡率增加，并出现胎位不正或畸形等，达到 2% 以上就会使孵化率急剧下降，如果达 5% 时，孵化率可降至零。通风量的大小会影响机内湿度的变化，通风量过大，机内湿度降低，胚胎内水分蒸发加快；通风量过小，机内湿度增加，气体交换缓慢，而影响孵化率。因此通风时要根据孵化机内通风孔位置、大小和进气孔开启程度，以控制空气的流速和路线。要合理处理好温度、湿度和通风三者的关系，通风不良时，空气不流畅，湿度就大；通风过度时，温度、湿度都难以保持。冬季或早春孵化时，机内温度与室温的温差较大，冷热空气对流速度增快，故应控制通风量；夏季机内温度与室温温差小，冷热空气交换的变化不大，就应注意加大通风量。

（4）翻蛋 蛋黄含脂肪多，相对密度小，常常在蛋白上面，而胚胎又位于蛋黄上方，孵化过程中如长期不翻蛋，胚胎就会与壳膜发生粘连。翻蛋的目的就是改变胚胎位置，使胚胎受热均匀，防止与壳膜粘连，有助于胚胎运动和改善胚胎血液循环，同时也增加了卵黄囊、尿囊血管与蛋黄、蛋白的接触，有利于营养物质的吸收和水的平衡。机械孵化一般每 2 小时翻蛋 1 次，孵化的第 1 至第 16 天必须翻蛋，尤其是孵化的第一周最为重要。翻蛋的角度以水平位置为标准，前俯后仰各 45°。平面孵化器孵化或桶孵时，采用手工翻蛋，昼夜翻蛋次数不少于 6 次，否则将影响孵化效果。翻蛋时要注意轻、稳、慢，防止引起蛋黄膜、血管的破裂，以及尿囊绒毛膜与壳膜分离使胚胎死亡。胚胎移至雏箱时应停止翻蛋。

（5）晾蛋 鹅胚胎发育到中期以后，由于脂肪代谢增强而产生大量的生理热。因此，定时晾蛋有助于蛋的散热，促进气体交换，提高血液循环系统机能，增加胚胎调节体温的能力，又可防止机内出现超温，对提高孵化率有良好的作用。而且晾蛋时，可促进蛋壳及蛋壳膜的收缩和扩张，加大蛋壳和蛋壳膜的通透性，促进水分代谢和气体交换，从而增强胚胎的活力。

晾蛋的方法归纳起来可分 3 种：一种为机外晾蛋。从孵化 8～10 天或 15～16 天起将蛋盘移出机外，每次放晾至蛋温降到 30℃ 左右，晾后在蛋面上洒些温水；另一种为机内晾蛋。从第一天到第二天起，每日降低机温 2 次，每次降至 32～35℃，然后恢复正常孵化温度，每次 30 分钟左右；第三种为逐期降温。从孵化初期的 37.8℃降至孵化末期的 37.0℃，不采用晾蛋的措施。

41. 目前常用的鹅种蛋人工孵化方法有哪些？

鹅种蛋的孵化方法一般分自然孵化、传统孵化和机械孵化三种。

(1) 自然孵化 是利用母鹅的就巢性（抱窝）孵化种蛋。

(2) 传统孵化 主要是在人工帮助下采取的帮助种蛋孵化的技术，主要方法有炕孵化法、缸孵化法、桶孵化法等。

(3) 机器孵化 又称电气孵化，主要采用以电源为动力，通过机器进行孵化的方法。

42. 传统人工孵化鹅蛋的方法有哪些？

(1) 炕孵化法 炕孵化法多用于东北、华北等地区。前期孵化器具是用土坯砌成，像北方冬季保暖用的土炕。炕面铺一层麦秸或稻草，其上再加芦席，四周设隔条，炕下设有炕口，有烟囱通向室外，以供烧柴草给温之用。种蛋入孵前须烫蛋或晒蛋并烧炕加温，待炕温恒定时，将种蛋分上下两层放在炕席上并盖棉被。

根据室温和胚龄来调节炕孵的温度。在实际操作中，往往要通过烧炕次数、烧炕时间、火力大小、增减覆盖物、翻蛋、移蛋、晾蛋等措施来调节孵化的温度、湿度和换气。同样也要灵活掌握"看胎施温"原则。采用炕孵法，一般要分批入孵，并将"新蛋"靠近热源一边，而后随着胚龄的增长而逐步改变入孵位置，使胚龄大的胚蛋移至远离热源的一端。

(2) 缸孵化法 缸孵主要分布于长江中下游各省。前期孵化器具是用稻草和黏土缸，中间放置铁锅，上层放竹编的箩筐，内盛种蛋，盖上稻草编成的缸盖保温，下层是缸炕，设有炕口。热源是用木炭作燃料供温，通过控制炭火的大小、炕门的开闭和缸盖的揭盖，并每天定时换篓，把篓内上下、内外的种蛋位置相互对调，以调节温度、湿度和换气。胚蛋一般在缸内给温孵化至 13～14 日龄时，可改为上摊进行孵化。

（3）桶孵化法 桶孵多用于我国华南、西南地区，有孵桶、网袋、孵谷、炉炕和锅等设备。孵桶为圆柱形水桶，也可用竹篾编织成圆形无底竹篓，外表再糊粗厚草纸数层或外涂一层泥，再用砂纸内外裱光。桶高约 90 厘米，直径 60～70 厘米。网袋用以装蛋，由麻绳编织，网眼约 2 厘米×2 厘米，外缘穿一根网绳，便于翻蛋时提起和铺开。网长约 50 厘米，口径 85 厘米。孵谷要求饱满，炒热备用，以利保温，也有以秕谷、稻谷和沙子代替谷粒的。

（4）摊床孵化法 前期通过炕孵、桶孵和缸孵后，种蛋即可移至摊床孵化至出雏。摊床孵化法的器具为木制框架，配备有棉絮、毯子、单被、席子、絮条等。摊床由 1～3 层木制长架构成，一般均架于孵化室内的上部，下面也可以设置孵化机具。摊分上摊、中摊和下摊。摊与摊的距离为 80 厘米，摊长与屋长相等。上、中摊应比下摊窄一些，便于人站在下摊边条上进行操作，一般下摊宽 2.2 米，中摊宽 2 米。上摊只在蛋多时才使用。各摊底层均由芦苇（或细竹条）编成，以稻草铺平，其上放一层席子。摊边或蛋周围设隔条，有利于保温。

用摊床孵化可以通过多种途径来调节温度：在摊床四周的蛋（边蛋）易散热，蛋温较低，摊床中间的蛋（心蛋）不易散热，温度较高，可以通过翻蛋过程，将两者的位置置换，达到蛋温趋于平衡；刚上摊时，可摆放双层，排列紧密，随着胚蛋的温度上升，上层可放稀些，然后四周的蛋放双层，继而全部放平，即通过调整蛋的排列层数和疏密来调节蛋温；当蛋温偏低时，可加覆盖物，蛋温上升较快时，可减少覆盖物，甚至可将覆盖物掀起晾蛋降温；可以通过控制门窗和气窗来调节蛋温。

摊床温度的调节，应根据心蛋与边蛋存在温差的特点来进行，应掌握"以稳为主，以变补稳，变中求稳"的原则，也就是说，为使蛋温趋于一致，要"以稳为主"，即以保持心蛋适温平衡为主；但心蛋保持适温时，边蛋蛋温必然偏低，此时要通过互换心蛋、边蛋的位置使蛋温趋于平衡、均匀。当升温达到要求时，又要适时采取控制措施，不使温度升得过高，达到"变中求稳"的目的。

摊床孵化要注意"三看"。一看胚龄：随着胚龄的增长，其自发温度日益增强，覆盖物应由多到少，由厚到薄，覆盖时间由长到短。二看气温与室温：冬季及早春气温和室温较低，要适当多盖，盖的时间也要长一点；夏季气温高，要少盖一点，盖的时间也要短一点。三看上一遍覆盖物及蛋温：应根据蛋温的高低情况，适时增减覆盖物，如上一遍温度升得快、升得高，则下一遍就少盖一点；如上一遍温度升得慢，温度低，则下一遍就要多盖一点；如上一遍温度适宜，下一遍就维持原样。

（5）平箱孵化法　该方法具有设备简单、取材容易等特点，分为用电与不用电两种，适宜于农村使用。该方法吸取了电孵机中的翻蛋结构，但孵化率欠稳定。制作平箱可利用土坯、木材、纤维板等原料，外形似一个长方形箱子，一般高157厘米，宽与深均为96厘米，箱板四周填充保温材料（如废棉絮、泡沫塑料等）。箱内设转动式的蛋架，共分7层，上下装有活动的轴心。上面6层放盛蛋的蛋筛，筛用竹篾编成，外径76厘米，高8厘米。底层放一空竹匾，起缓冲温度的作用。平箱下部为热源部分，四周用土坯砌成，底部用3层砖防潮，内部四角用泥抹成圆形，使之成为炉膛，热源为木炭。正面留一椭圆形火门，高25～30厘米，宽约35厘米，并用稻草编成门塞，热源部分和箱身连接处放一块厚约1.5毫米的铁板，在铁板上抹一层薄草泥，以利散热匀温。

通常情况下每台可孵蛋600枚。当蛋入箱后，将门关紧并塞上火门，让温度慢慢上升，直至蛋温均匀为止。入孵后，应每隔2小时转筛1次（转筛角度为180°，目的是使每筛的蛋温均匀），并注意观察温度，当眼皮贴到蛋感到有热度时，可进行第1次调筛（调筛的目的是使上、下层的蛋温能在一天内基本均匀）；当蛋温达到眼皮有烫的感觉时，可进行第二次调筛及翻蛋（翻蛋可调节边蛋与心蛋的温度，并可使蛋得到转动）；蛋温达到明显烫眼皮时，进行第三次调筛及第二次翻蛋。当中间筛蛋温达到要求时说明蛋温已均匀。应按照"看胎施温"的原则来调节温度。

43. 如何进行嘌蛋孵化雏鹅?

（1）嘌蛋运输设备　嘌蛋的主要用具包括蛋筐和覆盖物。蛋筐多数采用竹篾编制而成，其底面直径140厘米，顶面直径130厘米，高18～22厘米，筐面和顶面大小相同，周围的孔隙又可便于通风散热。通常来说，覆盖物主要有棉絮、被单、毯子和塑料布等。另外，还应备有喷壶、塑料桶、温度计等用具。

（2）运送胚龄　运送胚龄的大小应主要根据路途远近来确定，胚龄越大，胚蛋越容易管理，通常以到达目的地时恰好即将出壳为宜。一般来说，鹅胚蛋的启嘌胚龄以23～24天为宜，最早可提至胚龄17天时。如果过早启嘌，易影响孵化率；启嘌过晚，则很可能造成途中出雏，使运输难度增大和工作量增加。在启嘌前，还要经过照蛋检查，将死胚蛋及发育不良的胚蛋剔除，然后装筐启运。

（3）运输方法　嘌蛋在运输过程中，可采取火车、汽车、飞机等运输工具进行托运，但要注意运输过程中的保温、防震、防潮等方面的细节。

（4）嘌蛋的管理　嘌蛋的管理主要因季节而异。在运送途中应注意防止剧烈震荡或颠簸，以防胚蛋被打破，还应严防雨淋和暴晒，并保证温度适宜。在摆放蛋筐时，要注意平稳、牢靠，不可倾斜，以防因蛋筐的倾倒、堆积而造成胚蛋破损。冬季和早春气温低，嘌蛋的管理主要是保温。在夏季，因气温高，所以要注意散热。到达目的地后，如尚未出雏，可将胚蛋放入孵化器或按摊床出雏管理继续孵化。如果雏鹅在途中出壳，则一定要做好保温、助产和护理等工作。

（5）嘌蛋孵化　如果运输后的嘌蛋还没有孵出，在进行必要的消毒处理后，可采取保温、助产孵化措施，以顺利完成雏鹅出雏的工作。

44. 机器孵化法主要操作程序有哪些?

机器孵化法管理方便，温度容易控制，胚蛋破损率低，劳动强度小，效率高，便于消毒，孵化技术容易掌握，且孵化效果好。其主要操作程序有：

（1）孵化前准备 机器孵化是用电力供温，仪表测温，自动控温，机器翻蛋与通风，因此得有专用的发电设备或备用电源，防止发生临时停电事故，电压不稳定的地方应配置稳压器。在正式开机入孵前，要熟悉和掌握孵化机的性能，对孵化机进行运转检查、消毒和温度校对。根据设备条件、种蛋来源、雏鹅销售、饲养能力等具体情况制订孵化计划，尽量把各批孵化工作中费时的工作错开，如入孵、验蛋、出雏等不集中在同一天进行。

（2）种蛋入孵 一切准备工作做好后即可上蛋正式开始孵化。种蛋入孵分为分批入孵和整批入孵两种方式。分批入孵一般每隔3天、5天或7天入孵一批种蛋，同时出雏苗；整批入孵是一次把孵化机装满，大型孵化厂多采用整批入孵。小型孵化厂多为7天入蛋一批，机内温度保持恒温37.8℃（室温23.9～29.4℃），排气孔和进气孔全部打开，每2小时转蛋一次，各批次的蛋盘应交错放置，有利于各批蛋受热均匀。入孵时间最好是在下午4：00以后，这样可以赶上白天大批出雏，工作比较方便。

一般在冬季和早春时种蛋的温度较低，最好在入孵前放到22～25℃的环境下进行预热，使蛋逐渐达到室温后再入孵，这样可防止因种蛋直接从贮蛋室（15℃左右）直接进入孵化机中而造成结露现象，降低孵化率。

（3）照蛋和翻蛋 照蛋是利用蛋壳的透光性，通过阳光、灯光透视所孵的种蛋。照蛋的用具设备，可因地制宜，就地取材，可采用方形木箱或铁皮圆筒，在木箱或铁皮圆筒上开孔，其内放置电灯泡。将蛋逐个朝向空口，对光转动进行照检。目前，多采用手持照蛋器，也可自制简便照蛋器。照蛋时将照蛋器孔对准蛋的大头进行逐个点照，顺次将蛋盘种蛋照完为止。此外，还有装上光管和反光镜的照蛋框，将蛋盘置于其上，可一目了然地检查出无精蛋和死胚蛋。为了增加照蛋的清晰度，照蛋室需保持黑暗，最好在晚上进行。照蛋之前，如遇严寒天气应加热，将室温升至28～30℃，照蛋时要逐盘从孵化器取出。照蛋操作应敏捷准确，如操作过久会使蛋温下降，影响胚胎发育而推迟出雏。

在孵化过程中应对入孵种蛋进行 3 次照检。第一次照检的时间为入孵后的 5～7 天。此次照检的目的是剔出无精蛋和中死蛋（血环蛋）。如发现种蛋受精率低，应尽快通知养鹅场及时调整公母鹅比例和改善种鹅群的饲养管理。第二次照检为入孵后的 14～16 天。此次照检可将死胚蛋和漏检的无精蛋剔出，如此时尿囊膜已在蛋的小头"合拢"，则表明胚胎的发育是正常的，孵化条件的控制也合适。第三次照检可结合转盘进行，主要剔除死胚胎。由于种蛋照检多采用手工操作，费时费工，因此，第二次照检可抽查少部分蛋，检视胚胎发育是否正常。

（4）落盘 种蛋在出雏前两天进行最后一次照检，将死胚蛋剔除后，把发育正常的蛋转入出雏机继续孵化，称之"落盘"。落盘时，如发现胚胎发育普遍迟缓，应推迟落盘时间。落盘后应注意提高出雏机内的温度和增大通风量。

（5）出雏 在孵化条件掌握适宜的情况下，孵化期满即出壳。出雏期间不要经常打开机门，以免降低机内温度、湿度，影响出雏整齐度，一般每 2 小时拣雏一次即可。已出壳雏鹅应待绒毛干燥后分批取出，并将空壳拣出以利继续出雏。在出雏末期，对已啄壳但无力出雏的弱雏，可进行人工破壳助产。助产要在尿囊血管枯萎时方可施行，否则易引起大量出血，造成雏鹅死亡。雏鹅拣出后即可进行雌雄鉴别和免疫。出雏完毕后，出雏机、出雏盘和水盘应及时清洗、消毒，以供下次出雏时使用。

（6）孵化记录 孵化过程中应做好孵化记录，一般需要记录入孵蛋数、无精蛋数、照检情况、出雏情况（健雏数、弱雏数、死雏数）等记录，以便于了解孵化是否正常，及时对一些不合理的地方进行调整，以达到最高、最好的出雏情况，提高利润。

45. 孵化机在孵化前如何调试和消毒？

（1）检修机器 为避免在孵化中发生机械、电气、仪表等故障，使用前要全面检查，包括电热丝、风扇、电动机、密闭性能，控制调节系统和温度计等。无论是新孵化机还是用过的孵化机，都应检查。

（2）校正仪表 检修完毕后，即可接通电源，检查仪表情况。机器运转时，先观察风扇转向是否正确，然后倾听有无机械杂音，再检查控温系统、控湿系统、报警系统等工作是否正常。

（3）消毒 清理孵化机后，将孵化机温度升至 28℃以上，用消毒液（福尔马林、高锰酸钾等）对孵化机外进行彻底消毒，在孵化机内主要采取熏蒸消毒，将消毒液放在孵化机的中央，关闭孵化机门及通风孔，关闭熏蒸 2 小时即可。消毒完毕后打开机门和通风孔，充分放出气体就可使用。

46. 怎样掌握孵化温度？什么叫"看胎施温"？

所谓"看胎施温"，就是在人工孵化过程中，使用灯光照蛋，检查胚胎发育是否符合相应胚龄的特征（主要是几个关键日龄，即头照、二照和三照），其目的在于判断孵化条件是否合适，以便发现问题，查明原因，及时采取措施。另外还可将无精蛋、死胚蛋等及时挑出以免影响孵化率。鹅场可通过以下方面掌握孵化温度：

（1）根据眼皮测量施温 眼皮感觉测定蛋的温度比较方便，人的正常体温在 37℃左右，同孵化鹅蛋的温度相似，若眼皮感到蛋凉，说明温度偏低；若感到烫眼，说明温度过高。通常是用胚蛋的锐端来接触眼皮，因为大头有气室会影响测定胚蛋温度的准确性。测定人从室外进入孵化室内后，约等 20 分钟方可进行眼皮测温。

（2）根据看胎情况施温 主要是看胚蛋的"起珠""合拢""封门"情况，判断温度的高低，并据此调整所给的温度。

（3）根据室温变化施温 孵化人员要根据室温的变化，相应调整施温方案。一般来说"早春要偏高，夏季要偏低"。室温每上升或下降 10℉（5.6℃），机内温度约下降或上升 0.5℉（0.28℃）。

（4）根据孵化时间施温 在孵化过程中，胚胎的产热逐步增加，孵化温度要逐渐降低，到出雏时止。简单地说，孵化前、中、后期，每期减 1℉（0.56℃），到出雏机内再减 0.5℉（0.28℃）。

（5）根据孵化机性能施温 平箱孵化机的施温要比立体式孵化机

略高，1～5 天箱温约 38.6℃，6～9 天 38.3℃，10～16 天为 37.2～37.8℃。平箱孵化机在翻蛋时已经起到晾蛋作用，故不要再单独晾蛋。

47. 怎样计算相对湿度？

干湿球温度计是由两个刻度相同的温度计固定在铁架或木板上，其中一个温度计的球部用脱脂纱布包裹，纱布的一端放在距球部不小于 3～4 厘米的玻璃杯内，杯中装有蒸馏水，水分沿纱布上升而湿润球部周围，即是湿球。另一温度计不包纱布称为干球。

在计算相对湿度时，要在风速固定、气压不变的前提下，将湿球温度计纱布湿润后，悬挂在被测处约 10 分钟后，先读湿球温度再读干球温度。记下读数，查表计算相对湿度。仪器上的干球与湿球温度之间有一个圆筒，上面印有相对湿度表。用时先在圆筒上端找出干湿球温度差这一竖行，再根据圆筒两侧标明的所测温度的水平线与这一竖行的相交点，即可直接读出相对湿度的百分数。

48. 孵化过程中如何翻蛋和晾蛋？

（1）翻蛋

①翻蛋的功能　促进胚胎运动，保持正常胎位；有利于胚胎营养物质的吸收；防止胚胎与壳膜粘连；可使种蛋受热与通风更加均匀，有利于胚胎的生长发育，提高孵化率。

②翻蛋的方法　人工翻蛋与机器转动翻蛋相结合的方法。

（2）晾蛋

①晾蛋的目的　鹅蛋因含有较多脂肪，在孵化 14 天后就要产生大量余热，此时蛋温急剧增高，对氧气需要量增大，由于它们本身蛋重较大，而蛋表面积相对较小，散热能力差，常要通过晾蛋才能降温散热，晾蛋是孵化后期保持胚胎正常温度的主要措施。晾蛋还可以促进气体交换，刺激胚胎发育。

②晾蛋的方法　常用的晾蛋方法有：机器内晾蛋、机器外晾蛋

两种。

49. 怎样掌握孵化过程中的通风换气?

(1) 通风作用　胚胎在发育过程中,不断进行气体交换,吸收氧气,排出二氧化碳,孵化过程中通风换气,可以不断提供胚胎需要的氧气,及时排出二氧化碳,还可起到均匀机内温度,驱散余热、减少交叉污染等作用。

(2) 通风风向　孵化器通风装置提供的新鲜空气远比实际需要量多,只要通风系统运转正常,正确控制进出气孔,孵化不会出现异常。一般来说,孵化机通风口一般在上方,风向为由外至内,此外还有通气孔可以打开。

(3) 通风风速　通风与温度、湿度的控制有密切的关系,通风风速不宜过大,防止造成孵化箱内温度、湿度变化剧烈。通常在实际情况下,通风的风速一般在孵化前期开 1/4～1/3,中期开 1/3～1/2,后期全开。

50. 鹅种蛋适宜的孵化条件是什么?

(1) 温度　鹅蛋孵化期内的给温标准为:1～28 天,控制在 37.8℃(100°F),给温范围 37.2～38.3℃(99.0～101°F);29～31 天(落盘直至出壳),温度控制不超过 37.2℃(99°F),给温范围 36.7～37.2℃(98.0～99.0°F)。孵化过程控温标准受多种因素影响,随季节、气候、孵化方法和入孵日龄不同而略有差异,应在给温范围内灵活掌握。

(2) 相对湿度　一般孵化初期湿度为 65%～70%,孵化中期可降低到 60%～65%,孵化后期提高到 65%～75%。前期湿度高有利于胚蛋吸收热量以及胚胎中羊水和尿囊液的形成;孵化中期,胚胎要排除羊水和尿囊液,可适当降低湿度;后期湿度高有利于胚胎散热和雏鹅出壳。分批入孵,因孵化器内同时有不同胚龄的胚蛋,相对湿度应维持在 55%～65%,出雏时增至 65%～80%。自动调节湿度的孵化机，入孵湿度可掌握在 60%～65%，出雏湿度在 65%～75%。

（3）通风 通风换气的程度随着胚胎发育时期不同而异。初期物质代谢低，需要氧气较少，胚胎只通过蛋黄囊血液循环系统利用蛋黄内的氧气。孵化中期，胚胎代谢作用逐渐加强，对氧气的需要量增加。尿囊形成后，通过气室、气孔利用空气中的氧气。孵化后期，胚胎从尿囊呼吸转为利用肺呼吸，每昼夜需氧量为初期的 110 倍以上。因此孵化器内的通风量，应按胚龄的大小，开启通气孔，孵化前期开 1/4～1/3，中期开 1/3～1/2，后期全开。如分批孵化，孵化机内有两批以上的蛋，而外界气温不是很低，可以全部打开通气孔。此外，调节通风量还应考虑孵化器内温度和湿度状况以及室内情况等。

（4）翻蛋 入孵时种蛋在蛋盘的放置要平放或大头向上立放或斜立放，不可以小头向上。入孵第一周每 2 小时翻蛋 1 次，以后每天 4～6 次，一直到孵化第 28 天移盘后停止翻蛋。翻蛋角度较鸡蛋为大，向每侧翻蛋的角度应大于 45°，一般控制在 45°～55°。翻蛋时动作要轻、稳、慢。一般来讲，翻蛋角度大，翻蛋次数宜少；翻蛋角度小，翻蛋次数宜多些。相对而言，第 1～2 周翻蛋更为重要，尤其是第一周。

（5）晾蛋 晾蛋就是采取措施在一定的时间降低鹅蛋温度。从 17 天起每天应进行两次晾蛋，每天上午和下午各进行一次晾蛋，晾蛋的时间随季节、室温、胚龄而异，通常 20～30 分钟，早期及寒冷季节晾蛋时间不宜过长。

51. 鹅胚胎发育不同日龄的外部特征是什么？

（1）1～2 天 胚盘重新开始发育，器官原基出现，雏形隐约可见，但肉眼很难辨清。照蛋时蛋黄表面有一颗颜色稍深、四周稍亮的圆点，俗称"鱼眼珠"或"白光珠"。

（2）3～3.5 天 血液循环开始，卵黄囊血管区出现心脏，开始跳动，卵黄囊、羊膜和浆膜开始生出。照蛋时，可见卵黄囊的血管区形状很像樱桃，俗称"樱桃珠"。

（3）4.5～5 天 胚胎头尾分明，内脏器官开始形成，尿囊增大到肉眼可见。卵黄由于蛋白水分的继续渗入而明显扩大。照蛋时可见胚胎及伸展的卵黄囊血管，形状似一只蚊子，俗称"蚊虫珠"。卵黄颜色稍深的下部似月牙状，又称"月牙"。

(4) 5.5～6 天 胚胎头部明显增大，并与卵黄分离，各器官和组织都已具备，脚、翼、喙的雏形可见。尿囊迅速生长，从脐部向外凸出，形成一个有柄的囊状。卵黄囊血管所包围的卵黄达 1/3。羊水增加，胚胎已能自由地在羊膜腔内。照蛋时蛋黄不易跟随着转动，俗称"钉壳"。胚胎和卵黄囊血管形状像一只小蜘蛛，故又称"小蜘蛛"。

(5) 6.5～7 天 胚胎头弯向胸部，四肢开始发育，已具有：鸟类外形特征，生殖器官生成，公母已定。尿囊与浆膜、壳膜接近，血管网向四下发射，如蜘蛛足样。照蛋时可明显看到胚胎黑色的眼点，俗称"起珠""单珠""起眼"。

(6) 8 天 胚胎的躯干部增大，口部形成，翅与腿可按构造区别，胚胎开始活动，引起羊膜有规律的收缩。卵黄囊包围的卵黄在一半以上，尿囊增大迅速。照蛋时可见头部及增大的躯干部形似"电话筒"，一端是头部，另一端为弯曲增大的躯干部，俗称"双珠"。可以看到羊水。

(7) 9 天 胚胎已出现明显的鸟类特征，颈伸长，翼、喙明显，脚上生出趾，呈水禽结构样。卵黄增大达最大，蛋白重量相应下降。照蛋时，由于羊水增多，胚胎活动尚不强，似沉在羊水中，俗称"沉珠"。正面已布满扩大的卵黄和血管。

(8) 10 天 胚胎的肋骨、肺、肝和胃明显，四肢成形，趾间有蹼。用放大镜可以看到羽毛原基分布于整个体躯部分。照蛋时，正面可见胚胎在羊水中浮动，俗称"浮珠"；卵黄扩大到背面，蛋转动时两边卵黄不易晃动，俗称"边口发硬"。

(9) 11～12 天 胚胎眼裂呈椭圆形，脚趾上现爪，绒毛原基扩展到头、颈部，羽毛突起明显，腹腔愈合，软骨开始骨化。尿囊迅速向小头伸展，几乎包围了整个胚胎。气室下边血管颜色特别鲜明，各处血管增加。照蛋时转动蛋，两边卵黄容易晃动，俗称"晃得动"。接着背面尿囊血管迅速伸展，越出卵黄，俗称"发边"。

（10）**14～15 天** 胚胎的头部偏向气室，眼裂缩小，喙具一定形状，爪角质化，全部躯干覆以绒羽。照蛋时，尿囊血管继续伸展，在蛋的小头合拢，整个蛋除气室外都布满了血管，俗称"合拢"。

（11）**16 天** 胚胎各器官进一步发育，头部和翅上生出羽毛，腺胃可区别出来，下眼睑更为缩小，足部鳞片明显可见。照蛋时，血管开始加粗，血管颜色开始加深。

（12）**17 天** 胚胎嘴上可分出鼻孔，全身覆有长的绒毛，肾脏开始工作。小头蛋白由一管状道（浆羊膜道）输入羊膜囊中，发育快的胚胎开始吞食蛋白。照蛋时，血管继续加粗，颜色逐渐加深。左右两边卵黄在大头端连接。

（13）**18 天** 胚胎头部位于翼下，生长迅速，骨化作用急剧。小头蛋白不进入羊膜囊中，胚胎大量吞食稀释的蛋白，尿囊中有白色絮状排泄物出现。由于蛋白水分蒸发，气室逐渐增大。照蛋时，小头发亮的部分随着胚胎日龄的增加而逐渐缩小。

（14）**19～21 天** 胚胎的头部全在翼下，眼睛已被眼睑覆盖，横着的位置开始改变，逐渐与长轴平行。卵黄与蛋白显著减少，羊膜及尿囊中液体减少。照蛋时，小头发亮的部分逐渐缩小，蛋内黑影部分则相应增大，说明胚胎身体在逐日增长。

（15）**22～23 天** 胚胎嘴上的鼻孔已形成，小头蛋白已全部输入到羊膜囊中，蛋壳与尿囊极易剥离。照蛋时，以小头对准光源，看不到发亮的部分，俗称"关门"、"封门"。

（16）**24～26 天** 喙开始朝气室端，眼睛睁开。吞食蛋白结束，煮熟胚蛋观察胚胎全身已无蛋白粘连，绒毛清爽，卵黄已有少量进入腹中。尿囊液浓缩。照蛋时可以看到气室朝一方倾斜，这是胚胎转身的缘故，俗称"斜口""转身"。

（17）**27～28 天** 胚胎两腿弯曲朝向头部，颈部肌肉发达同时大转身，颈部及翅突入气室内，准备啄壳。卵黄绝大部分已进入腹中，尿囊血管逐渐萎缩，胎膜完全退化。照蛋时，可见气室中有黑影闪动，俗称"闪毛"。

（18）**29～30 天** 胚胎的喙进入气室，开始啄壳见嘌，卵黄收净，可听到雏的叫声，肺呼吸开始。尿囊血管枯萎。少量雏鹅出壳。

起初是胚胎喙部穿破壳膜，伸入气室内，称为"起嘴"，接着开始啄壳，称"见嘌""啄壳"。

(19) **30.5～31 天**　出壳。

52. 孵化过程中如何检查分析孵化效果？

在整个孵化过程中，要经常检查胚胎发育情况，以便及时发现问题，不断改善种鹅营养和管理条件及种蛋孵化条件，从而提高孵化率和雏鹅的品质。孵化效果检查的方法主要有照蛋检查、胚蛋剖检、胚蛋失重、出雏情况检查等四项。

(1) 照蛋检查　照蛋是利用胚蛋内各部分对光的不同通透和折射特征来判别胚胎发育情况的生物学检查方法，照蛋应在黑暗环境中进行，此方法简单，效果好，生产中最为常用。

(2) 胚蛋失重检查　在孵化过程中，由于蛋内水分蒸发，胚蛋逐渐减轻，其失重多少，与孵化器中的相对湿度大小有关，同时也受其他因素的影响。蛋的失重一般在孵化开始时较慢，以后迅速增加。

(3) 出壳检查　雏是发育完全的胚胎。对雏鹅出壳情况进行检查，也是一种看胎。出壳时间在30.5天左右，出壳持续时间（从开始出壳到全部出壳为止）约40小时，死胎蛋的比例在10%左右，说明温度掌握得当或基本正确。死胎蛋超过15%，二照胚胎发育正常，出壳时间提前，弱雏中有明显胶毛现象，说明二照后温度太高。如果死胎蛋集中在某一胚龄时，说明某天温度太高。出壳时间推迟，雏鹅体软肚大，死胎比例明显增加，二照时发育正常，说明二照后温度偏低。出雏后蛋壳内胚胎残留物（主要是废弃的尿囊、胎粪、内壳膜）如有红色血样物，说明温度不够。

(4) 死胎蛋的解剖和诊断　如果在孵化过程中没有照蛋，当出雏时发现孵化成绩下降，或者在照蛋中发现死胎蛋，但原因不清，可以通过解剖进行诊断。随意取出一些死胎蛋，煮熟后剥壳观察。如果部分蛋壳被蛋白粘住，表明尿囊没有"合拢"，是16日龄前的毛病；如果整个蛋壳都能剥落，表明尿囊"合拢"良好，是后期出的毛病；如果出雏时温度偏高，常出现"血嘌"（即啄壳部位瘀血，是由于鹅受热而啄破尚未完全枯萎的尿囊血管出血所致）；如果头照出现"三代珠"（即"起珠"快慢不一，弱蛋多），要从1～7日温度上找原因。

53. 怎样鉴别无精蛋、死胚蛋和活胚蛋？

（1）发育正常的活胚蛋 头照时正常胚蛋应达到"起珠"，气室边缘界限清楚，蛋身泛红，下部色泽尤深，可见明显的放射状血管网及其中心的活动黑点，胚胎时刻在活动。二照时正常胚蛋应已"合拢"，即尿囊血管在锐端合拢，包围整个胚蛋（除气室外），在强光刺激下可见胎动，气室大小适中，边缘平齐清楚。三照时活胚蛋的气室显著增大，边缘的界线更加明显，除可见到粗大的血管外，全部发暗，蛋的小头部分无发亮透光部分。

（2）弱胚蛋 头照时弱胚蛋发育迟缓，血管网扩布面小，血管也较细，色淡。二照时胚蛋小头淡白（尿囊未合拢），三照时弱胎蛋小头有部分发亮，气室边缘弯曲度小。

（3）无精蛋 除蛋黄呈淡黄色朦胧浮影外，气室和其余蛋身透亮，旋转孵蛋时，可见扁圆形的蛋黄浮动飘转，速度较快。

（4）死胚蛋 头照气室边缘界限模糊，看不到正常的血管，有血环、血点或灰白色凝块，胚胎不动，有时散黄。二照气室显著增大，边界不明显，蛋内半透明，无血管分布，中央有死胚团块，随转蛋而浮动，无蛋温感觉。三照死胚蛋气室更增大，边界不明显，蛋内发暗，混浊不清，气室边界有血管。小头色浅，蛋不温暖。

54. 哪些原因可导致胚胎死亡？

造成鹅种蛋胚胎死亡的原因主要有以下几个方面：

（1）种蛋的品质不良 鹅在产蛋的过程中，由于受到外在或内在因素的干扰，造成鹅种蛋的质量不好，这会造成鹅胚胎在发育过程中死亡。

（2）孵化机的性能不良 鹅种蛋在入孵过程中，由于孵化机本身性能不好，或在入孵前存在运行隐患没有查出，造成机器不能正常运行，可导致种蛋胚胎死亡。

（3）孵化技术不精 孵化技术人员没有严格按照孵化程序操作或技术不到位等原因，也可造成胚胎死亡。

（4）细菌感染 由于种蛋消毒不彻底或孵化机消毒不完全，使得种蛋被细菌感染，造成胚胎死亡。

（5）突发事件 停电、停水、机器出现故障等突发事件，也可造成发育过程中的鹅胚胎死亡。

55. 影响鹅种蛋孵化率的因素有哪些？

一般情况下，孵化厂遇到孵化效果不理想时，常从孵化技术、操作管理上找原因，很少或根本不去追究孵化技术以外的因素。事实上，孵化成绩的好坏受多种因素的影响。影响孵化成绩的三大因素是：种鹅质量、种蛋管理和孵化条件。第一、二因素共同决定入孵前种蛋质量，是提高孵化率的前提。只有入孵来自优良种鹅、喂给营养全面饲料、精心管理的健康种鹅的种蛋，并且种蛋管理适当，孵化技术才有用武之地。

（1）遗传因素 由于鹅种类、品种（系）的遗传结构不同，种蛋的孵化效果也有差异。一般产蛋性能好的鹅孵化率较高，产肉性能好的鹅孵化率较低，近交系数提高1%，孵化率下降0.4%。

（2）营养水平 鹅蛋的养分是由母鹅将日粮中养分分解转化而成，胚胎的生长发育必须靠蛋中的养分，特别是日粮中的维生素、微量元素等更为重要，否则，会导致受精率降低，胚胎出现畸形、死亡等，孵化后期无力破壳，体弱、先天营养不足的死胚明显增加。

（3）年龄 孵化率随母鹅产蛋日龄的增加而降低，青年鹅产的蛋比老年鹅产的蛋孵化率高。

（4）管理水平 鹅舍的环境状况如温度、湿度、通风、垫草等均与孵化率有关。若通风不良，垫料潮湿、脏污又不及时更换或种蛋不及时收集等，导致种蛋较脏，从而影响孵化率。种鹅圈养运动不足，母鹅过肥，饲养密度过大以及放水面积不足等均会影响公母鹅性行为。因此，必须实行科学管理，为种鹅提供良好的环境条件。

五、鹅营养与饲料

56. 鹅饲料中主要需要哪些营养物质？各有何功能？

鹅饲料均由蛋白质、脂肪、碳水化合物、维生素、矿物质及水等组成，各种营养物质的作用不同。

（1）蛋白质的功能　蛋白质不仅是构成鹅体组织的重要成分，也是组成酶、激素、抗体等功能物质的主要原料之一，关系到鹅体整个新陈代谢的正常运行，是维持生命、进行生产所必需的营养物质。如果饲料中缺少蛋白质，雏鹅表现为生长缓慢；种鹅表现为体重逐渐下降消瘦，产蛋率下降甚至停止产蛋；鹅的抗病力降低，容易继发各种传染病，甚至引起死亡。

氨基酸是蛋白质的基本组成单位。饲料蛋白质被鹅采食后，必须在各种酶的作用下，最终分解成氨基酸，然后才能被鹅吸收和利用。因此，饲料蛋白质的品质主要取决于其氨基酸组成。根据各种氨基酸在鹅体内的合成数量和速度，可以把氨基酸分为必需氨基酸和非必需氨基酸两大类。鹅需要的必需氨基酸有 11 种，它们是：赖氨酸、蛋氨酸、色氨酸、苏氨酸、组氨酸、亮氨酸、异亮氨酸、苯丙氨酸、精氨酸、缬氨酸和甘氨酸。在这些必需氨基酸中，往往有一种或几种必需氨基酸在鹅常用饲料中的含量低于鹅的需要量，而且由于它们的不足，限制了鹅对其他氨基酸的利用，并影响到整个日粮的利用率，因此，把这类氨基酸称为限制性氨基酸，主要有蛋氨酸、赖氨酸、苏氨酸、精氨酸和异亮氨酸，需要从日粮中补充。

日粮中蛋白质水平过低，会严重影响种公鹅精液品质和种蛋的孵化率、受精率，以及雏鹅生长和遗传潜力的发挥。正常情况下，成年鹅饲料粗蛋白质含量控制在 18% 左右为宜，这一水平的粗蛋白质含量能提高鹅的产蛋性能和配种能力。雏鹅日粮中粗蛋白质含量达到20％左右就能满足需要。

(2) 脂肪的功能 脂肪在鹅体内的作用是提供能量，其热能比相同重量的碳水化合物高2.25倍。饲料中每克脂肪含能量39.29千焦。饲料中所含的脂类物质除用作能量外，还提供几种不饱和脂肪酸如亚油酸、亚麻酸等。如果脂类物质缺乏将导致代谢紊乱，表现为皮肤病变、羽毛无光泽且干燥、生长缓慢和繁殖力下降等。在肉鹅的日粮中添加1％～3％的油脂可满足其高能量的需要，同时也能提高能量的利用率和抗热应激的能力。

(3) 碳水化合物的功能 碳水化合物包括淀粉、糖和粗纤维，是鹅保持体温、生命活动的主要能量来源。碳水化合物的主要作用是供给热能并能将多余部分转化为体脂肪。碳水化合物由碳、氢、氧三种元素组成，为机体活动能源的主要来源，也是体组织中糖蛋白、糖脂的组成部分。饲料中每克碳水化合物含能量17.15千焦。碳水化合物包括淀粉、糖类和粗纤维，鹅对粗纤维有较强的消化能力，粗纤维可供给鹅所需要的部分能量。肉用仔鹅日粮中纤维素含量以5％～7％为宜。碳水化合物的主要来源是植物性饲料如谷实类、糠麸类、多汁饲料等。

(4) 维生素的功能 维生素虽然不是能量的来源，也不是构成组织的主要物质，但它是鹅正常生长、繁殖、生产以及维持健康所必需的营养物质，其作用主要是调节、控制代谢。

①脂溶性维生素

维生素A：又称视黄醇或抗干眼醇。主要来源于青绿多汁饲料中的类胡萝卜素和维生素A制剂等。维生素A能促进雏鹅的生长发育，维持上皮组织结构健全，增进食欲，增强对疾病的抵抗力，增加视色素，保护视力，参与性激素形成。缺乏维生素A时鹅生长发育缓慢，种鹅的产蛋率和蛋的孵化率下降，雏鹅步态不稳，眼、鼻出现干酪样物质。维生素A过量可引起中毒。鹅的最低需要量为每千克日粮中含维生素A 1 000～5 000国际单位。

维生素D：又称钙化醇。维生素D参与钙、磷代谢，促进肠道对钙、磷的吸收和在体内的存留，提高血液钙、磷水平，促进骨的钙化，有利于骨骼生长。饲料中维生素 D 缺乏时雏鹅生长发育不良，腿畸形，患佝偻病，母鹅产蛋量和蛋的孵化率都会下降，蛋壳薄而脆。维生素 D 过量时，可使大量钙从鹅的骨组织中转移出来，导致组织和器官普遍退化、钙化，生长停滞，严重时，死于血毒症。一般在每千克日粮中补充维生素 D 200～300 国际单位，即可满足鹅的需要。

维生素 E：又称生育酚。主要来源于小麦、苜蓿粉和维生素 E 制剂。主要功能是促进性腺发育和生殖能力，参与核酸代谢及酶的氧化还原，有抗氧化、解毒和保护肝脏、增强机体对疾病抵抗力的作用。缺乏维生素 E 时母鹅繁殖功能紊乱；公鹅睾丸退化，种蛋受精率、孵化率下降，胚胎退化；雏鹅脑软化，肾退化，患白肌病及渗出性素质病，免疫力下降。一般，在每千克日粮中补充维生素 E 50～60 毫克即可满足鹅的需要。

维生素 K：又称凝血维生素。主要来源于青绿多汁饲料、鱼粉和维生素 K 制剂。维生素 K 催化肝脏中凝血酶原及凝血素的合成。由于鹅血液中无血小板维持血凝功能，需外源供给维生素 K。维生素 K 能维持正常的凝血时间，维生素 K 缺乏时鹅易患出血症，凝血时间延长。呈现紫色血斑，生长缓慢；种蛋孵化率降低。一般在每千克日粮中添加维生素 K 2～3 毫克即可满足鹅的需要。

②水溶性维生素

维生素 B_1（硫胺素）：又名抗神经炎素。主要来源于酵母、谷物、青绿饲料、肝、肾等动物产品和维生素 B_1 制剂中。主要功能是控制鹅体内水分的代谢，参与能量代谢，维持神经组织和心脏的正常功能，维持肠蠕动和消化道内脂肪的吸收。维生素 B_1 缺乏时可导致鹅食欲减退，消化不良，发育不全，引起多发性神经炎，生殖器官萎缩并产生神经性紊乱，频繁痉挛，繁殖力降低或丧失。通常在每千克日粮中添加维生素 B_1 1～2 毫克即可满足鹅的需要。

维生素 B_2（核黄素）：主要来源于酵母粉、豆科植物、小麦、麸皮、米糠和动物性饲料及维生素 B_2 制剂。主要功能是作为辅酶参与碳水化合物、脂类和蛋白质的代谢，能提高饲料利用率，是 B 族维生素中最为重要而极易缺乏的一种。如果饲料中缺乏，仔鹅生长缓慢，腿部瘫痪，行走困难，跗关节着地，脚趾向内弯曲成拳状，皮肤干燥而粗糙；种鹅产蛋量减少，种蛋孵化率降低，孵化过程中死胚增加。

泛酸（维生素 B_3）：泛酸是辅酶 A 的成分，主要是参与蛋白质、氨基酸、碳水化合物、脂肪的代谢。缺乏泛酸时容易导致鹅生长缓慢，羽毛松乱，眼睑黏着，嘴角、眼角和肛门周围出现结痂，胚胎死亡率较高，易患皮肤病。泛酸很不稳定，与饲料混合时易受破坏，常用泛酸钙作添加剂。糠麸、小麦、青饲料、花生饼、酵母中含泛酸较多，玉米中含量较低。在每千克日粮中添加泛酸 10～30 毫克即能满足鹅的需要。

胆碱（维生素 B_4）：胆碱是卵磷脂的组成部分，为合成乙酰胆碱和磷脂的必需物，能刺激抗体生成。缺乏胆碱时鹅生长迟缓、骨粗短，雏鹅共济失调，脂肪代谢障碍，易发生脂肪肝。鹅体内不能通过蛋氨酸合成胆碱，完全依赖于外源供给。因此，鹅对胆碱的需求比哺乳动物大。胆碱主要来源于鱼类产品等动物性饲料、大豆粉、氯化胆碱制剂等。

烟酸（维生素 B_5）：烟酸又称尼克酸，是辅酶 I 和辅酶 II 的成分，与能量和蛋白质代谢有关。主要功能是作为辅酶参与碳水化合物、脂类和蛋白质的代谢，可维持皮肤和消化器官的正常功能。烟酸缺乏时成年鹅骨粗短，关节肿大等，雏鹅口腔和食管上部发炎，羽毛粗乱，成鹅脱羽，产蛋率及蛋的孵化率下降。一般需将化学合成制剂添加入饲料中。在每千克日粮中添加烟酸 50～70 毫克即能满足鹅的需要。

吡哆醇（维生素 B_6）：在鹅体内的主要功能是作为辅酶参与蛋白质、脂肪、碳水化合物的代谢。吡哆醇严重缺乏时可导致鹅抽筋、盲目跑动，甚至死亡，部分缺乏时使产蛋率和蛋的孵化率下降，雏鹅生长受阻，易患皮肤病。一般饲料原料如糠麸、苜蓿、干草粉和酵母中含量丰富，且又可在体内合成，故很少有缺乏现象。每千克日粮中含维生素 B_6 1～2 毫克即能满足鹅的需要。

生物素（维生素 B_7）：又称维生素 H。以辅酶的形式广泛参与碳水化合物、脂类和蛋白质的代谢。生物素缺乏时，鹅一般表现为发育不良，生长停滞，蛋的孵化率降低，骨骼畸形，爪、嘴及眼周围发生皮炎。生物素主要来源于青绿多汁饲料、谷物、豆饼、干酵母以及生物素制剂等。一般在每千克日粮中添加生物素 $25\sim100$ 毫克即能满足鹅的需要。

叶酸（维生素 B_{11}）：主要功能是参与蛋白质和核酸的代谢，与维生素 C、维生素 B_{12} 共同参与核蛋白代谢，促进红细胞、血红蛋白及抗体的生成。缺乏叶酸，易引起鹅贫血、生长慢、羽毛蓬乱、骨粗短、蛋的孵化率降低。叶酸主要来源于动物性饲料、豆饼等，必须通过日粮提供叶酸。通常在每千克日粮中添加叶酸 $1\sim2$ 毫克即能满足鹅的需要。

维生素 B_{12}（钴胺素）：与核酸、甲基合成代谢有关，直接影响蛋白质代谢。是一个结构最复杂、唯一含有金属元素（钴）的维生素。它主要是促进红细胞的形成和维持神经系统的完整，作为辅酶参与多种代谢。维生素 B_{12} 缺乏时雏鹅生长速度减慢，母鹅产蛋率下降，种蛋孵化率降低，脂肪沉积于肝脏并出现出血症状，称为脂肪肝出血综合征。维生素 B_{12} 主要来源于动物性蛋白质饲料和维生素 B_{12} 制剂。维生素 B_{12} 在鹅体内不能合成，一般在每千克日粮中添加 $5\sim10$ 毫克即能满足鹅的需要。

维生素 C：又名抗坏血酸。参加氧化—还原反应和胶原蛋白的合成，与血凝有关，增强机体的抗病力，对于降低应激效果较好。鹅体内能合成维生素 C，且青绿饲料中含有丰富的维生素 C，故一般不会出现维生素 C 缺乏。但当鹅处于应激状态时，如高温、患病、饲料变化、转群、接种疫苗时应增加维生素 C 的用量，有助于增强鹅的抗应激能力。

（5）矿物质的功能 鹅体内矿物质含量仅占鹅体重的 $3\%\sim4\%$，但却是鹅的正常生长、繁殖和生产中所必不可少的营养物质。矿物质不仅是骨骼、肌肉、羽毛等体组织的主要组成成分，而且也是蛋壳等的重要原料，同时对调节鹅体内渗透压、维持酸碱平衡和神经肌肉正常兴奋性具有重要作用。另外，一些矿物元素还参与鹅体内血红蛋白、甲状腺素等活性物质的形成，对维持机体正常代谢具有重要作用。通常占动物体重 0.01% 以上的元素称为常量元素，包括钙、磷、钠、氯、钾和硫等元素。占动物体重 0.01% 以下的元素称为微量元素，主要包括铁、铜、锰、锌、碘、钴、硒、铬等。当某种必需元素缺少或不足时，会导致动物体内物质代谢的严重障碍，并降低生产力，甚至引起死亡；但某些必需元素过量时又能引起机体代谢紊乱，甚至中毒死亡。

①鹅需要的常量元素

钙和磷：钙和磷是鹅需要量最多的两种矿物质元素，占体内矿物质总量的 65%～70%。钙和磷主要以磷酸盐、碳酸盐形式存在于各种器官、组织、血液、骨骼和蛋壳中，其中钙约占体重的 2%，磷约占体重的 1%。钙除构成骨骼和蛋壳外，对维持神经和肌肉的正常生理活动起着重要作用。一般认为，生长鹅日粮中的钙磷比约为 2：1，其中钙为 0.8%～1.0%，有效磷为 0.4%～0.5%；产蛋鹅约为6：1，其中钙为 2.5%～3.0%，有效磷为 0.4%～0.5%。鹅容易发生钙、磷缺乏症，雏鹅缺钙时出现软骨症，关节肿大，骨端粗大，腿骨弯曲或瘫痪，有时胸骨呈"S"形；成年产蛋鹅缺钙时，蛋壳变薄，软壳和畸形蛋增多，产蛋率和孵化率下降。鹅缺磷时，往往表现食欲不振，生长缓慢，饲料利用率降低。钙、磷过多对发育不利，钙过多会阻碍磷、锌、锰、铁、碘等元素的吸收，如与脂肪酸结合成钙皂排出则降低脂肪的吸收率。磷过多会降低镁的利用率，一般谷物等植物饲料中总磷含量虽高，但大部分为植酸磷，有效磷很少，难以吸收利用。

钠、钾和氯：钠主要分布在细胞外，大量存在于体液中，对传导神经冲动和营养物质吸收起重要作用。钾主要分布在肌肉和神经细胞内，细胞内钾与许多代谢有关。氯在细胞内外均有，其主要功能是作为电解质维持体液的渗透压，调节酸碱平衡，控制水的代谢，可为各种酶提供有利于发挥作用的环境或作为酶的活化因子。三者中任何一种元素缺乏均表现出生长速度缓慢，采食量下降，饲料利用率低，生产力下降。植物性饲料中含有的钾足够满足鹅正常生长所需要的量。钠和氯在植物性饲料中含量较少，动物性饲料中稍多，但一般都不能满足鹅的需要，因此在饲粮中必须补充适量的食盐，但日粮中含盐量过大将造成鹅的盐中毒，如一些不合格的鱼粉中食盐含量较多，日粮中添加这些鱼粉很容易引起食盐中毒，一般添加 0.25%～0.5% 为宜。

镁和硫：镁主要存在于骨骼中，约占 70%，其余存在于体液、软组织和蛋壳中。镁缺乏时，鹅出现肌肉痉挛，步态蹒跚，生长受阻，种鹅产蛋量下降。常用的植物性饲料中含镁丰富，一般不会缺乏。每千克日粮中含镁 500～600 毫克即能满足鹅的生长、生产和繁殖的需要。如食入过量的钾或过量的钙、磷，均会影响镁的吸收和利用。

硫在鹅体内约占 0.15%，大部分以含硫氨基酸的形式存在于蛋白质中，以角蛋白的形式构成鹅的羽毛、喙、蹼、爪等的主要成分。硫在蛋白质的合成、碳水化合物的代谢和许多激素及羽毛的形成过程中均发挥重要作用。日粮中含硫氨基酸缺乏时，鹅表现食欲减退，易引起掉毛、啄羽等。日粮中缺硫时可补充蛋氨酸、羽毛粉、硫酸钠等含硫物质。

②鹅需要的微量元素

锰：锰与骨骼生长、蛋壳强度和繁殖性能有关，在碳水化合物、脂类、蛋白质和胆固醇代谢及维持大脑正常代谢中起重要作用。锰不足时，雏鹅生长发育受阻，骨粗短，成年鹅的产蛋率和蛋的孵化率下降。每千克日粮含锰 40～80 毫克即能满足鹅的需要，缺乏时可添加硫酸锰。

锌：锌对鹅的生长发育和繁殖性能影响较大，是鹅体内多种酶的成分。锌缺乏时雏鹅食欲不振、生长缓慢，关节肿大，羽毛、皮肤生长不良，有时出现啄羽、啄肛等怪癖，免疫力下降等；种鹅产蛋下降，孵化时出现畸胚。但锌过量时会引起鹅食欲下降，羽毛脱落，停止产蛋。每千克日粮中含锌 40～80 毫克即可满足鹅的需要。饲料中缺乏时可添加硫酸锌。

铜和铁：铜和铁共同参与血红蛋白和肌红蛋白的形成。如果日粮中缺铜就会出现鹅贫血、生长缓慢、被毛品质下降、骨骼发育异常、产蛋率下降、种蛋孵化过程中胚胎死亡多等症状。一般情况下日粮中不会缺乏铜，铜的主要补充形式是硫酸铜。饲料中含铁量丰富，鹅一般不会缺铁，每千克日粮中含铁 40～60 毫克即可满足鹅的生长、生产和繁殖的需要。但铁元素过多时，则易引起磷、铜和维生素 A 吸收率降低，出现缺乏症。缺乏铁最主要的表现是贫血。目前铁的主要补充形式是在日粮中添加硫酸亚铁。

碘：碘是甲状腺的组成成分，调节体内代谢和维持体内热平衡，对繁殖、生长发育、红细胞生成和血液循环起调控作用。缺碘会引起甲状腺肿大，幼鹅生长受阻，骨骼和羽毛生长不良；成年种鹅产蛋量下降，种蛋受精率和孵化率降低。每千克日粮中含碘 20 毫克即可满足鹅的需要。缺乏时一般多添加碘化钾或碘酸钙。

硒：硒参与谷胱甘肽过氧化物酶的组成，保护细胞膜结构完整和功能正常，有助于各类维生素的吸收，还能与维生素 E 协同作用。日粮中缺硒时，幼鹅常表现精神沉郁，食欲不振，生长迟缓，渗出性素质病，肌肉营养不良或白肌症，胰脏变性、纤维化、坏死等；种母鹅产蛋率下降、种蛋受精率降低及早期胚胎死亡等。硒是毒性很强的元素，可引起中毒。每千克日粮中含硒 0.15～0.30 毫克即能满足鹅的需要。一般通过补充亚硒酸钠预防和治疗缺硒症。

钴：钴主要存在于肝、脾和肾脏中，是维生素 B_{12} 的组成成分之一。维生素 B_{12} 是血红蛋白和红细胞生成过程中所必需的物质。因此，钴对骨骼的造血机能有着重要的作用，如果钴缺乏，就会发生恶性贫血。每千克日粮中含钴 1～2 毫克即可满足鹅的需要。

(6) 水的功能　水是鹅体的重要组成成分，是鹅维持生命和生长、生产所必需的营养素。一切生理活动都离不开水，水是进入鹅体一切物质的溶剂，参与体内物质代谢、营养物质的吸收、运输及废物的排出等，还能协助调节体温、维持鹅体正常形态、润滑组织器官等。

鹅体水分来源于饮水、饲料含水和代谢水。据测定，鹅吃 1 克饲料要饮水 3.7 克，在气温 12～16℃时，成年鹅平均每天饮水 1 000 毫升。民间有"好草好水养肥鹅"的说法，表明水对鹅的重要性。由于鹅是水禽，一般养在靠水的地方，在放牧中也常饮水，不容易发生缺水的现象，如果采用舍集约化饲养，则要注意保证饮水的需要。鹅缺水的危害比缺料更大，如饮水不足，雏鹅食欲下降，影响饲料的消化和吸收，生长受阻，代谢紊乱，严重缺水时，可引起死亡；种鹅产蛋减少，受精率和孵化率降低。

57. 鹅常用蛋白质饲料有哪些？各有什么特点？

蛋白质饲料通常是指干物质中粗纤维含量在 18％以下、粗蛋白质含量为 20％以上的饲料。这类饲料营养丰富，易于消化。

（1）植物性蛋白质饲料 植物性蛋白质饲料是以豆科作物籽实及其加工副产品为主。常用作鹅饲料的植物性蛋白质饲料包括豆类籽实、饼粕类和部分糟渣类饲料，以及某些谷实的加工副产品等。蛋白质含量在 30％～45％，适口性好，含赖氨酸多，是鹅常用的优良蛋白质饲料。

①豆粕（饼） 大豆采用浸提法提油后的加工副产品称为豆粕，豆饼是压榨提油后的副产品，粗蛋白质含量在 43.76％；生豆饼含胰蛋白酶抑制因子等好多有害物质。所以在使用时一定要饲喂熟豆饼。

②菜籽粕（饼） 是菜籽榨油后的副产品，粗蛋白质含量在 35.79％左右，营养价值不如豆粕。由于其含有硫代葡萄糖苷，在芥子酶的作用下，可分解为异硫氰酸盐和唑烷硫酮等有害物质，严重影响菜籽粕的适口性，导致甲状腺肿大，激素分泌减少，使生长和繁殖受阻。还有辛辣味，适口性不好，所以饲喂时最好经过浸泡、加热，或采用专门的解毒剂进行脱毒处理。用量应控制在日粮的 5％～8％。

③花生仁粕（饼） 是花生榨油后的副产品。花生饼含脂肪高，在温暖而潮湿的地方容易腐败变质产生剧毒的黄曲霉毒素，因此不宜久存，用量为日粮的 5％～10％。

④棉仁粕（饼） 是棉籽脱壳榨油后的副产品，粗蛋白质含量一般在 43.6％，最高可达 40％。因含有棉酚毒素，不宜过多饲喂，日粮中不要超过 8％。

⑤植物蛋白粉 是制粉、酒精等工业加工业采用谷实、豆类、薯类提取淀粉后的蛋白质含量很高的副产品。可作饲料的有玉米蛋白粉、粉浆蛋白粉等。粗蛋白质含量因加工艺不同而差异很大，含量为 25％～60％。

⑥啤酒糟 是酿造啤酒的副产品，粗蛋白质含量丰富，达 26％

以上，啤酒糟含有一定量的酒精，饲喂要注意喂给量，喂量要适度，有人称啤酒糟是"火性饲料"。

⑦玉米胚芽粕（饼）　玉米胚芽粕（饼）是玉米胚芽湿磨浸提玉米油后的产物。粗蛋白质含量为 20.8%，适口性好，价格低廉，是一种较好的饲料。

⑧玉米干酒糟及其可溶物（DDGS）　DDGS 即玉米干酒糟及其可溶物，由 DDG 和 DDS 组成。DDG 是将玉米酒精糟作简单过滤，滤渣干燥，滤清液排放掉，只对滤渣单独干燥而获得的饲料，其中浓缩了玉米中除了淀粉和糖的其他营养成分，如蛋白、脂肪、维生素等。DDS 是发酵提取酒精后的稀薄残留物中的酒精糟的可溶物干燥处理的产物，其中包含了玉米中一些可溶性物质，发酵中产生的未知生长因子、糖化物、酵母等。DDGS 是世界公认的优质蛋白质饲料，蛋白质含量达 30%左右。粗蛋白质含量在 28%～33%。

（2）动物性蛋白质饲料　动物性蛋白质饲料包括鱼粉、蚕蛹粉、肉骨粉、血粉、酵母蛋白粉、肠衣粉等。

①鱼粉　蛋白质含量达 48.59%以上，是鹅的优质蛋白质饲料，一般用量在 2%～5%，使用时要注意：一是用量不要过大；二是注意是否掺假；三是注意食盐含量；四是注意是否霉变。

②肉粉与肉骨粉　是屠宰场的加工副产品。经高温、高压、消毒、脱脂的肉骨粉含有 47.71%的优质蛋白质，且富含钙、磷等矿物质及多种维生素，是鹅的很好的蛋白质和矿物质饲料，用量可占日粮的 5%～10%。

③血粉　是屠宰场的另一种下脚料。蛋白质含量为 80%～82%，但血粉加工所需的高温易使蛋白质的消化率降低。血粉有特殊的臭味，适口性差，用量不宜过多，一般为日粮的 1%～3%。

④羽毛粉　各种禽类羽毛，经高压蒸汽水解、晒干、粉碎即为羽毛粉。含粗蛋白质 83%以上，但蛋氨酸、赖氨酸、组氨酸、色氨酸等偏少，使用时要注意氨基酸平衡问题，应该与其他动物性饲料配合使用。在雏鹅羽毛生长过程中可搭配 2%左右的羽毛粉，以利于促进羽毛的生长，预防和减少啄癖的发生。

⑤蚕蛹粉和酵母粉　含粗蛋白质很多，在 60%以上，质量好。

但易受潮变质，影响饲料风味，用量为日粮的 4%～5%。饲用酵母粉虽不属于动物性饲料，但其蛋白质含量接近动物性饲料，所以常将其列入动物性蛋白质饲料类。风干的酵母粉含水分 5%～7%，粗蛋白质 51%～55%，粗脂肪 1.7%～2.7%，无氮浸出物 26%～34%，灰分（主要是钙、钾、镁、钠、硫等）8.2%～9.2%，含有大量的 B 族维生素、维生素 A_1 和维生素 D 及酶类、激素等。它不仅营养价值高，还是一种保护性饲料，在育雏期适当搭配一些饲用酵母粉有利于促进雏鹅的生长发育。

鹅常用蛋白质饲料的营养成分见表 5-1。

表 5-1　鹅常用蛋白质饲料的营养成分

类　别	名　称	水分（%）	粗蛋白质（%）	粗脂肪（%）	粗纤维（%）	代谢能（兆焦/千克）	钙（%）	磷（%）
动物性蛋白质饲料	鱼粉	8.14	48.59	8.77	0.7	13.82	5.48	2.84
	蚕蛹	79.62	11.27	0.66	0		0.02	1.1
	虾糠	10.84	19.14	1.41				
	骨肉粉	9.1	47.1	7.88	2.2	6.99	10.14	4.63
植物性蛋白质饲料	大豆	11.36	44.27	12.92	8.42	8.57	0.25	0.56
	蚕豆	13.72	24.51	1.36	8.02	8.44	0.24	0.43
	豌豆	13.50	22.90	1.20	6.10	10.88	0.08	0.40
	豆饼	13.87	43.76	5.46	5.17	10.46	1.43	0.84
	菜籽饼	11.4	35.79	8.12	9.24	6.78	1.007	0.347
	棉仁饼	12.9	42.6	4.86	9.77	8.99	0.27	0.8
	棉籽饼	12.9	20.65	1.22	20.59	7.42	0.75	0.63

58. 鹅蛋白质供应不足会产生什么后果？

蛋白质供应不足对鹅的健康、生产性能和产品品质均会产生不良影响。鹅体内储备蛋白质的能力有限，必须经常通过日粮供给适当数量和品质的蛋白质，否则很快会出现氮的负平衡，其后果主要表现为以下几方面：

（1）鹅生长发育受阻 日粮中如果缺乏蛋白质，雏鹅蛋白质合成代谢障碍而使体蛋白沉积减少甚至停滞，因而生长速度明显减慢，甚至停止生长。

（2）降低疾病抵抗力 蛋白质的缺乏使得鹅体内不能形成足够的血红蛋白，同时血液中免疫抗体数量也会减少，使鹅的抗病能力减弱，容易感染各种疾病。

（3）消化机能紊乱 日粮蛋白质缺乏会影响胃肠黏膜及其分泌消化液的腺体组织蛋白的更新，从而影响消化液的正常分泌，引起消化功能紊乱。

（4）生产性能下降 鹅毛、鹅蛋、鹅肉的基本成分均为蛋白质，故日粮中缺乏蛋白质时，将严重影响鹅生产潜力的发挥，产品数量会减少，品质也会明显下降。

59. 鹅常用能量饲料有哪些？各有什么特点？

凡饲料干物质中粗纤维含量小于或等于18％、粗蛋白质小于20％的均属于能量饲料，特点是消化率高，产生的热能多，粗纤维含量为0.5％～12％，粗蛋白质含量为8％～13.5％。这类饲料不包括禾谷籽实类、糠麸类、块根块茎类及油脂类等。

（1）谷实类饲料 谷实类饲料基本属于禾本科植物成熟的种子，是鹅所需要能量的主要来源，包括玉米、小麦、大麦、燕麦、稻谷和高粱等。干物质的消化率为70％～90％，粗纤维3％～8％，粗脂肪2％～5％，粗灰分1.5％～4％，粗蛋白质8％～13.5％，必需氨基酸含量少，磷的含量为0.31％～0.45％，但多以植酸磷的形式存在，利用率较低，钙的含量低于0.1％。这些饲料一般都缺乏维生素A和维生素D，但多富含B族维生素和维生素E。

①玉米 玉米是重要的能量饲料之一，含代谢能高，为14.3兆焦/千克，粗纤维少，适口性好，是配合饲料的主要原料之一。玉米中含蛋白质少，一般仅为7.5％～8.84％，而且蛋白质的质量较差，色氨酸和赖氨酸不足，钙、磷等矿物质的含量也低于其他谷实类饲料。玉米含有丰富的淀粉，粗脂肪亦较高，是高能量的饲料。一般在

鹅的日粮中占 40%～70%，贮存时含水量应控制在 14% 以下，防止霉变。黄玉米含胡萝卜素较多，还含有叶黄素，对保持蛋黄、皮肤和脚部的黄色具有重要作用，可满足消费者的喜好。

②小麦　小麦营养价值高，适口性好，易消化，含能量较高，粗蛋白质含量为 9.86%，为禾谷籽实之首，B 族维生素含量丰富。缺点是黏性大，粉料中用料若过大，则黏嘴，降低适口性，维生素 A、维生素 D 缺乏。由于小麦价格较高，一般不作饲料使用，如在肉鹅的配合饲料中使用小麦，一般用量为日粮的 10%～30%。

③大麦　大麦的适口性好，在鹅的日粮中用的较普遍。粗蛋白质含量为 10.45%，维生素 B 族品质优于其他谷物。大麦皮壳粗硬，难以消化吸收，应破碎或发芽后饲喂。饲喂效果逊于玉米和小麦，通常占鹅日粮的 15%～30%。

④稻谷　稻谷的适口性好，为鹅常用饲料，但代谢能低，为 8.12 兆焦/千克，粗蛋白质含量为 8.2%，粗纤维含量高（约为 9.04%）。稻谷含优质淀粉，适口性好，易消化，但缺乏维生素 A 和维生素 D，饲养效果不及玉米。在水稻产区稻谷是常用的养肉鹅饲料，可占日粮的 10%～50%。

⑤高粱　蛋白质含量与玉米相当，但品质较差，其他成分与玉米相近。高粱含单宁较多，味苦、适口性差，而且还能降低蛋白质、矿物质的利用率。在鹅的日粮中应限制使用，不宜超过 15%。

⑥燕麦　粗蛋白质含量为 9%～11%，含赖氨酸较多，但粗纤维含量也高，达到 10%，不宜在雏鹅和种鹅中过多使用。

⑦糙米　粗蛋白质含量 6.8%，适口性好，取材容易，易消化吸收。常用作开食料。

⑧碎米　碎米是碾米厂筛出来的细碎米粒，淀粉含量高，纤维素含量低，粗蛋白质含量约为 8.53%，易于消化，价格低廉，是农村养肉鹅的常用饲料。为常用的开食料，在日粮中可占 30%～50%。但应注意，用碎米作为主要能量饲料时，要相应补充胡萝卜素。

（2）糠麸类饲料　糠麸类饲料是稻谷制米和小麦制粉后的副产品，具有来源广，质地松软、适口性好、价格较便宜等优点。

①米糠　米糠是稻谷加工的副产品，是稻谷加工成白米时分离出

来的种皮、糊粉层和胚及部分胚乳的混合物。粗蛋白质含量在 12% 左右，粗脂肪含量高达 16.5%，不饱和脂肪酸含量较高，极易氧化酸败变质，不宜久存，尤其在高温高湿的夏季，极易变质，应慎用。

②小麦麸　小麦麸又称麸皮，为小麦加工的副产品，是小麦制面粉时分离出来的种皮、糊粉层和少量的胚与胚乳的混合物。粗蛋白质含量较高，为 12.68%，粗纤维含量为 10.11%，质地疏松，体积大，具有轻泻作用；钙少磷多，在鹅的日粮中占 5%～25%。

③次粉　又称四号粉，是面粉加工时的副产品，营养价值高，适口性好。粗蛋白质含量为 13.6%～15.4%。与小麦相同，多喂时也会产生黏嘴现象，用量为日粮的 10%～20%。

（3）油脂类　油脂是油和脂的总称，在室温下呈液态的称为"油"，呈固态的称为"脂"。油脂是高热能来源，具有热能效应；是必需脂肪酸的重要来源之一；能促进色素和脂溶性维生素的吸收；油脂的热增耗低，可减轻鹅热应激。饲料中添加油脂，除本身自有的特性外，还可以改善饲料适口性，提高采食量；防止产生尘埃。

鹅常用能量饲料的营养成分见表 5-2。

表 5-2　鹅常用能量饲料的营养成分

类　别	名　　称	水分（%）	粗蛋白质（%）	粗脂肪（%）	粗纤维（%）	代谢能（兆焦/千克）	钙（%）	磷（%）
谷实类	玉米	11.4	8.84	4	1.68	14.30	0.085	0.31
	高粱	11.5	8.95	4.2	3.93	13.35	0.06	0.26
	稻谷	12.2	8.2	1.78	9.04	8.12	0.23	0.83
	碎米	15.03	8.53	3.5	1.32	12.55	0.12	0.02
	秕谷	11.5	5.6	2.0	23.9			
	小麦	13.29	9.86	1.85	1.77	12.63	0.05	0.79
	大麦	11.6	10.45	1.9	5.0	12.13	0.14	0.35
糠麸类	麸皮	14.05	12.68	3.75	10.11	7.45	0.17	0.61
	米糠	12.4	14.05	17.6	7.35	11.38	0.23	1.14
	统糠	11.2	8.75	8.6	21.7			
	大麦糠	13.0	15.40	3.20	5.70	9.54	0.03	0.48
	玉米皮	11.41	9.5	4.55	7.74	7.37	0.09	0.17

60. 鹅需要哪些维生素？缺乏时有哪些症状？

鹅需要的维生素分为脂溶性维生素和水溶性维生素，脂溶性维生素包括维生素 A、D、E、K；水溶性维生素包括 B 族维生素和维生素 C。其主要的维生素缺乏症如表 5-3。

表 5-3　鹅的维生素典型缺乏症

维生素名称	典型缺乏症状
维生素 A	夜盲症，生长受阻，骨骼异常
维生素 D	骨骼软化、喙变软，产软壳蛋，产蛋率和孵化率下降
维生素 E	繁殖机能下降，白肌病，渗出性素质病
维生素 K	身体不同部位有出血现象，蛋壳有血斑，胚胎常因出血而死亡
维生素 B_1	多发性神经炎
维生素 B_2	卷爪麻痹症，产蛋率、孵化率下降，胚胎死亡率增加
烟酸	口腔炎、皮炎，羽毛蓬乱，生长缓慢，下痢，骨骼异常，产蛋率和孵化率下降
泛酸	雏鹅生长受阻，羽毛生长不良，产蛋率与孵化率下降
维生素 B_6	羽毛粗糙，下痢，种蛋孵化率降低
维生素 B_{12}	雏鹅生长缓慢，种蛋孵化率降低
叶酸	种蛋孵化率降低
生物素	喙及眼周围发生皮炎，胫骨粗短症，生长缓慢，种蛋孵化率降低
维生素 C	皮下、肌肉、肠道黏膜出血，抵抗力和抗应激能力下降

61. 鹅常用哪些矿物质饲料？各有何特点？缺乏时有哪些症状？

矿物质饲料是补充动物矿物质的饲料，是鹅生长发育、新陈代谢所必需的。

（1）常量元素矿物质饲料

①钙源饲料　常用石粉、贝壳粉、蛋壳粉、石膏、沙砾等。

石粉：由天然石灰石粉碎而成，主要成分为碳酸钙，钙含量

32.7%，用量控制在日粮的 2%～7%。最好与骨粉 1∶1 的比例配合使用。

贝壳粉：贝壳粉为各种贝类外壳经加工粉碎而成的粉状或粒状产品。含有 94% 的碳酸钙（约 38% 的钙），鹅对贝壳粉的吸收率尚可，特别是下午喂颗粒状贝壳，有助于形成良好的蛋壳。用量可占日粮的 2%～7%。

蛋壳粉：是禽蛋加工厂的副产品。

石膏：有预防啄羽、啄肛的作用，用量为日粮的 1%～2%。

沙砾：沙砾本身没有营养作用，补给沙砾有助于鹅的肌胃磨碎饲料，提高消化率。饲料中可以添加沙砾 0.5%～1%。粒度以绿豆大小为宜。

②磷源饲料　常用骨粉、磷酸钙盐。

骨粉：以家畜的骨骼为原料，经蒸汽高压蒸煮、脱脂、脱胶后干燥、粉碎过筛制成，一般为黄褐色或灰褐色。基本成分为磷酸钙，含钙量约为 28.98%，磷约为 13.59%，钙磷比为 2∶1，是钙磷较为平衡的矿物质饲料。用量可占日粮的 1%～2%。

磷酸钙盐：由磷矿石制成或由化工厂生产的产品。常用的有磷酸氢钙，还有磷酸一钙（磷酸二氢钙），它们的溶解性要高于磷酸三钙，动物对其中的钙、磷的吸收利用率也较高。日粮中磷酸氢钙或磷酸钙可占日粮的 1%～2%。

③食盐　食盐是鹅必需的矿物质饲料，能同时补充钠和氯，化学成分为氯化钠，其中含钠 39%，氯 60%，另有少量钙、磷、硫等。食盐有促进食欲、保持细胞正常渗透压、维持健康的作用。一般用量为日粮的 0.3%～0.5%。

（2）微量元素矿物质饲料

①含铁饲料　最常用的是硫酸亚铁、氯化铁、氯化亚铁等。

②含铜饲料　如碳酸铜、氯化铜、氧化铜等。

③含锰饲料　常用硫酸锰、碳酸锰、氧化锰、氯化锰等。

④含锌饲料　常用的有硫酸锌、氧化锌、碳酸锌、葡萄糖酸锌、蛋氨酸锌等。

⑤含钴饲料　常用的有硫酸钴、碳酸钴和氧化钴。

⑥含碘饲料　比较安全常用的含碘化合物有碘化钾、碘化钠、碘酸钠、碘酸钾和碘酸钙。

⑦含硒饲料　常用的有硒酸钠、亚硒酸钠。有毒，需要严格控制用量，一般为每千克日粮中添加 0.1 毫克。

鹅常用矿物质饲料的营养成分见表 5-4。

表 5-4　鹅常用矿物质饲料的营养成分

饲料类别	饲料名称	钙（%）	磷（%）
矿物质饲料	骨粉	28.98	13.59
	贝壳粉	39.23	0.23
	蛋壳粉	40.08	0.11
	碳酸钙	36.59	1
	磷酸氢钙	24.3	13.8
	石粉	32.7	0.10

（3）鹅常见的矿物元素缺乏症　见表 5-5。

表 5-5　鹅的矿物元素典型缺乏症

矿物元素名称	主要缺乏症
钙、磷	软骨症、产软壳蛋，啄癖
钾、钠、氯	食欲降低、生产力下降，啄癖
硫	羽毛生长缓慢
锰	滑腱症
硒	渗出性素质病，肌肉营养不良，繁殖性能障碍

62. 鹅常用哪些青绿多汁饲料？青绿多汁饲料有何特点？

（1）鹅常用的青绿多汁饲料　包括叶菜类、根茎类、瓜果类、水草类、树叶类及栽培牧草和野草（表 5-6、5-7）。

表5-6　鹅常用青绿多汁饲料名称及其营养成分

饲料名称	水分（%）	代谢能（兆焦/千克）	粗蛋白质（%）	粗纤维（%）	钙（%）	磷（%）
白菜	95.1	0.25	1.1	0.7	0.12	0.04
苦荬菜	9.03	0.54	2.3	1.2	0.14	0.04
苋菜	88.0	0.63	2.8	1.8	0.25	0.07
甜菜叶	89.0	1.26	2.7	1.1	0.06	0.01
莴苣叶	92.0	0.67	1.4	1.6	0.15	0.08
胡萝卜秧	80.0	1.59	3.0	3.6	0.40	0.08
甘薯	75.0	3.68	1.0	0.9	0.13	0.05
胡萝卜	88.0	1.59	1.1	1.2	—	0.02
南瓜	90.0	1.42	1.0	1.2	0.04	0.02
三叶草	88.0	0.71	3.1	1.9	0.13	0.04
苕子	84.2	0.84	5.0	2.5	0.20	0.06
紫云英	87.0	0.63	2.9	2.5	0.18	0.07
黑麦草	83.7	—	3.5	3.4	0.10	0.04
狗尾草	89.9	—	1.1	3.2	—	—
苜蓿	70.8	1.05	5.3	10.7	0.49	0.09
聚合草	88.8	0.59	5.7	1.6	0.23	0.06

表5-7　人工栽培的青绿多汁饲料及特点

名称	生长特性和产量	栽培技术要点
紫花苜蓿	适宜温暖半干旱气候，耐寒性强，除低洼地外各种土壤都可种植。产量为50~60吨/公顷	北方、华北地区和长江流域分别在4~7月份、3~9月份和9~10月份播种较为适宜；条播行距为20~30厘米，播种深度为1.5~2.0厘米，播种量为12千克/公顷；返青和每次刈割后及时追施磷、钾肥，注意防寒
白三叶	适宜温带地区。喜温暖湿润气候，再生性好，是一种放牧性牧草；耐酸性土壤、耐潮湿、耐寒性差。产量为45~60吨/公顷	播种期春秋均可，南方宜秋播但不晚于10月中旬；条播撒播均可。行距为30厘米，播深为1~1.5厘米，播种量为4.5~7.5千克/亩；苗期注意中耕除草；可以与多年生黑麦草混播

（续）

名称	生长特性和产量	栽培技术要点
多年生黑麦草	喜温暖湿润气候，喜肥土壤，适宜温度20℃。60～75吨/公顷	南方以9～11月份播种为宜，也可在3月下旬播种；条播行距为15～30厘米，播深为1.5～2.0厘米，播种量为15～25千克/公顷；适当施肥灌水可以提高产量，夏季灌水有利越夏。苗期及时清除杂草和采种
无芒草	喜冷凉干燥气候，耐旱、耐湿、耐碱，适应性强，各种土壤均能生长。65～86吨/亩（干草4.5～6吨/公顷）	北方寒冷地区宜春播或夏播，华北、黄土高原及长江流域秋播；条播撒播均可。行距为30～40厘米，播深为2～4厘米，播种量为15～30千克/公顷；利用3～4年后切断根茎，疏松土壤以恢复植被
苦荬菜	喜温暖湿润气候，耐寒抗热，适宜各种土壤。可刈割多次。45～110吨/公顷	南方2月底至3月播种，北方4月上、中旬播种。条播或穴播。行距为25～30厘米，穴播行株距为20厘米，覆土2厘米；播种量为7.5千克/公顷；需肥量大，株高40～50厘米即可收割
苋菜	喜湿，不耐寒，适应范围广，高产、适口性好。45～90吨/公顷	南方从3月下旬至8月份都可播种，北方春播为4月中旬至5月上旬，夏播6～7月份；条播和撒播均可，行距为30～40厘米，覆土1～2厘米。幼苗期及时中耕除草
牛皮菜	喜湿润、肥沃、排水良好的土壤，耐碱，适应性广，病毒少。60～75吨/公顷	南方8～9月份，北方3月上旬至4月中旬播种；苗床育苗条播或撒播。覆土1～2厘米，苗高20～25厘米移栽；直播条播或点播，行距为25～30厘米，覆土2～3厘米，播种量为15～25千克/亩；经常中耕除草，施肥浇水

（2）青绿多汁饲料特点

　　青绿饲料营养成分全面，蛋白质含量较高，富含各种维生素，钙和磷的含量亦较高，适口性好，消化率较高，来源广，成本低。青绿多汁饲料包括青绿饲料和多汁饲料两大类。常用的鹅青绿饲料有各种蔬菜、人工栽培的牧草和野生无毒的青草、水草、野菜和树叶等。不同种类和不同生长期的青绿饲料其营养成分有较大的变化。鲜嫩的青绿饲料含木质素少，含水量高，利于消化，适口性好，种类多，来源广，利用时间长，含有较多的胡萝卜素与某些B

族维生素，干物质中粗蛋白质含量较丰富，粗纤维较少，消化率较高，有利于鹅的生长发育。随着青绿饲料的生长，水分含量减少，粗纤维增加，适口性较差，故应尽量以幼嫩的青绿饲料喂鹅。多汁饲料如块根、块茎和瓜类等，尽管它们富含淀粉等高能量物质，但因在一般情况下水分含量很高，单位重量鲜饲料所能提供的能值较低。在养鹅生产中，通常的精料与青绿饲料的重量比例是：雏鹅1：1，仔鹅1：1.5，成年鹅1：2。

使用青绿多汁饲料时，应注意是否施用过农药，以免造成中毒；同时，要适当控制用量，因这类饲料含水量高，体积大，采食过多，会降低饲料的干物质浓度。

63. 鹅常用饲料添加剂有哪几类？

目前市场上鹅专用的饲料添加剂很少，大多是家禽用饲料添加剂，而对饲料添加剂的分类众说纷纭，存在很多分类方法。从使用者的角度来说，可以分为三类：营养性饲料添加剂、药物饲料添加剂、改善饲料质量添加剂。药物饲料添加剂和改善饲料质量添加剂也可统称为非营养性添加剂。

营养性饲料添加剂，是指用于补充基础日粮营养成分不足，以使日粮达到营养成分平衡的少量或者微量物质，包括氨基酸添加剂、维生素添加剂、矿物质添加剂等。

药物饲料添加剂，是指为预防、治疗动物疾病而掺入载体或者稀释剂的兽药的预混物，包括驱虫剂类、抑菌促生长类、中草药添加剂等。

改善饲料质量添加剂，是指为保证或者改善饲料品质、提高饲料利用率而掺入饲料中的少量或者微量物质，包括抗氧化剂、脂肪抑制剂、防霉剂、调味剂等。

64. 鹅常用的营养性添加剂包括哪些？

鹅常用的营养性添加剂包括氨基酸添加剂、维生素添加剂、微量元素添加剂。

（1）氨基酸添加剂　鹅的必需氨基酸最主要的有赖氨酸、蛋氨酸和色氨酸。由于饲料中氨基酸的含量差别很大，因此，很难规定一个统一的添加比例，具体添加比例和添加物要根据饲料中的营养浓度、饲养实践和市场产品性质确定。

（2）维生素添加剂　目前可用作饲料用的维生素添加剂有许多种。凡是青绿饲料供应充足的地方，一般不会发生维生素缺乏症。但添加维生素制剂饲养效果更佳，尤其是圈养的专业户，更应重视维生素制剂的添加问题。

（3）微量元素添加剂　目前在饲料中缺乏、添加之后在生产上能发挥作用的微量元素有铁、锌、铜、锰、硒、碘、钴等，在使用前首先就了解饲料中的含量，再结合饲养标准确定添加的种类和数量。

65. 鹅非营养性添加剂包括哪些？各有何作用？

鹅的非营养性添加剂种类较多，其主要类别及作用如下：

（1）药物饲料添加剂　为预防和治疗动物疾病，以及有目的地调节其生理机能而掺入载体或稀释剂的兽药混合物，其主要作用是刺激鹅的生长，改善饲料利用率，提高动物生产能力，增进动物健康。

（2）饲用酶制剂　是通过特定生产工艺加工而成的含单一酶或混合酶的工业产品。其主要作用是补充鹅体内酶源的不足，增加动物自身不能合成的酶，从而促进鹅对养分的消化、吸收，提高饲料的利用率，促进生长。

（3）饲用益生素　是根据微生态学原理将生物体正常微生态系中的有益菌经特殊培养而得到的菌体或其代谢产物的制剂。其主要作用是维持肠道菌群的生态平衡，抑制有害细菌的生长，产生非特异性免疫调节因子，增强机体免疫功能；合成多种消化酶，提高饲料转化率。

（4）饲用酸化剂　提高饲料酸度的一类物质，包括单一酸化剂（有机酸化剂和无机酸化剂）和复合酸化剂。其主要作用是降低胃肠道 pH，提高消化酶活性，改善肠道微生物区系，增强抗应激和免疫功能，促进矿物质和维生素的吸收。

(5) 中草药添加剂 中草药作为饲料添加剂，具有毒副作用小、不易在产品中残留等特点。由于其种类繁多，故作用不一。总体来说具有营养作用、增强免疫作用、激素样作用、维生素样作用、抗应激作用和抗微生物作用等。

(6) 饲料保藏添加剂 为了减少饲料在贮存期间的损失，保证其品质和人、畜的安全而使用的有利于饲料保藏的制剂。目前应用较多的是防霉剂和抗氧化剂，防止饲料贮存期间发生霉变和营养成分被氧化。

(7) 其他非营养性添加剂 主要包括诱食剂、调味剂、着色剂、饲料黏结剂、抗结块剂、乳化剂等。

66. 鹅绿色饲料添加剂包括哪些？

绿色饲料添加剂是指无污染、无残留、抗疾病、促生长的天然添加剂。饲料添加剂的绿色性是相对的，不是绝对的，因为随着时间、地点和用量等条件的改变，会发生绿色与非绿色、安全与非安全、禁止与允许的倒位现象，因此判定某种添加剂是否为绿色添加剂，首先必须符合国家法律规定，其次结合科学技术、生产力发展水平等具体情况，绝不能简单地认为凡是天然物或天然物中提取物便是绿色安全产品，人工化学合成物便是非绿色非安全产品。

绿色饲料添加剂通常包括微生态制剂、酶制剂、酸化剂、生物活性肽、糖萜素等。微生态制剂等前已述及，生物活性肽是由2～10个氨基酸残基组成的低肽混合物，具有易消化吸收、促进能量代谢和矿物质吸收、无过敏反应、抗氧化功能、免疫功能等特性。糖萜素是由糖类、配糖体和有机酸组成的天然生物活性物质，是一种棕黄色、无灰微细状结晶，有效化学成分稳定，与其他饲料添加剂不存在颉颃作用，无任何配伍禁忌，具有安全、无毒、稳定以及促进生长、提高机体免疫力的优点，可以安全替代抗生素药物，使畜禽产品达到安全无残留，以生产出动物源性的绿色食品。

67. 鹅饲养标准如何？

鹅饲养标准是根据鹅的不同品种、性别、年龄、体重、生产目的与水平，以及养鹅实践中积累的经验，结合能量与物质代谢试验和饲养试验的结果，科学地规定一只鹅每天应该给予的能量和各种营养物质数量。鹅饲养标准的种类很多，大概可分为两类。一类是国家规定和颁布的饲养标准，称为国家标准。如我国的饲养标准、美国饲养标准、苏联的饲养标准、法国的饲养标准等。另一类是大型育种公司或某高等农业院校或研究所，根据各自培育的优良品种或配套系的特点，制定的符合该品种或配套系营养需要的饲养标准，或作为推荐营养需要量（参考），称为专用标准。部分鹅的饲养标准及推荐标准见表 5-8、表 5-9 和表 5-10。

表 5-8　美国 NRC（1944）鹅的饲养标准

营养成分	0～4 周龄	4 周龄以上	种鹅
代谢能（兆焦/千克）	12.13	12.55	12.30
粗蛋白质（%）	20	15	15
赖氨酸（%）	1	0.85	0.60
蛋氨酸＋胱氨酸（%）	0.60	0.50	0.50
色氨酸（%）	0.17	0.11	0.11
苏氨酸（%）	0.56	0.37	0.40
精氨酸（%）	1.00	0.67	0.80
甘氨酸＋丝氨酸（%）	0.70	0.47	0.50
组氨酸（%）	0.26	0.17	0.22
异亮氨酸（%）	0.60	0.40	0.50
亮氨酸（%）	1.60	0.67	1.20
苯丙氨酸（%）	0.54	0.36	0.40

（续）

营养成分	0～4周龄	4周龄以上	种鹅
缬氨酸（%）	0.62	0.41	0.50
维生素A（国际单位）	1 500	1 500	4 000
维生素D（国际单位）	200	200	200
维生素E（国际单位）	10	5	10
维生素K（毫克/千克）	0.50	0.50	0.50
维生素B_1（毫克/千克）	1.80	1.30	0.80
维生素B_2（毫克/千克）	3.80	2.50	4
泛酸（毫克/千克）	15	10	10
烟酸（毫克/千克）	65	35	20
维生素B_6（毫克/千克）	3	3	4.50
生物素（毫克/千克）	0.15	0.10	0.15
胆碱（毫克/千克）	1 500	1 000	500
叶酸（毫克/千克）	0.55	0.25	0.35
维生素B_{12}（毫克/千克）	0.009	0.003	0.003
钙（%）	0.65	0.60	2.25
有效磷（%）	0.30	0.30	0.30
铁（毫克/千克）	80	40	80
镁（毫克/千克）	600	400	500
锰（毫克/千克）	55	25	33
硒（毫克/千克）	0.10	0.1	0.10
锌（%）	40	35	65
铜（毫克/千克）	4	3	0.40
碘（毫克/千克）	0.35	0.35	0.30
亚油酸（%）	1	0.80	1

表 5-9　法国鹅饲养标准

营养成分	0～3 周龄	4～6 周龄	7～12 周龄	种鹅
代谢能（兆焦/千克）	10.87～11.70	11.29～12.12	11.29～12.12	9.20～10.45
粗蛋白质（%）	15.8～17.0	11.6～12.5	10.2～11.0	13.0～14.8
赖氨酸（%）	0.89～0.95	0.56～0.60	0.47～0.50	0.58～0.66
蛋氨酸＋胱氨酸（%）	0.79～0.85	0.56～0.60	0.48～0.52	0.42～0.47
色氨酸（%）	0.17～0.18	0.13～0.14	0.12～0.13	0.13～0.15
苏氨酸（%）	0.58～0.62	0.46～0.49	0.43～0.46	0.40～0.45
钙（%）	0.75～0.80	0.75～0.80	0.65～0.70	2.60～3.00
有效磷（%）	0.42～0.45	0.37～0.40	0.32～0.35	0.32～0.36
氯（%）	0.13～0.14	0.13～0.14	0.13～0.14	0.12～0.14
钠（%）	0.14～0.15	0.14～0.15	0.14～0.15	0.12～0.14

表 5-10　我国鹅的饲养标准推荐表

营养成分	0～3 周龄	4～6 周龄	7～10 周龄	后备鹅	种鹅
代谢能（兆焦/千克）	11.00	11.70	11.72	10.88	10.45
粗蛋白质（%）	20	17	16	15	16～17
赖氨酸（%）	1.0	0.70	0.60	0.60	0.80
蛋氨酸＋胱氨酸（%）	0.75	0.60	0.55	0.55	0.60
钙（%）	1.20	0.80	0.76	1.65	2.60
有效磷（%）	0.60	0.45	0.4	0.45	0.60
食盐（%）	0.25	0.25	0.25	0.25	0.25

68. 鹅日粮配合应遵循哪些基本原则？

（1）**科学性**　以鹅不同状况下的营养需要为依据，结合其品种、年龄、体重、生产季节、生长发育和生产性能的具体情况，灵活运用。如发现日粮的营养水平偏高，可酌量降低；反之，则可适当的予以提高。

（2）**经济性**　应尽量因地制宜地选择营养丰富、价格低廉的饲料原料进行配合，以降低饲料费用，提高生产效益。

(3) 多样化 选用饲料的种类要力求多样化，以便在营养成分上更为全面，如玉米，能量比较高，蛋白质不够，而豆饼的蛋白质含量高，配合使用时，可互相补充，充分发挥它们的作用。

(4) 实用性 要选择品质优良、适口性好、形状适当的饲料，霉变的饲料即使价格低廉也不能使用；存放过久的饲料营养成分有损失，特别是维生素有效含量降低，应尽量选用新鲜的饲料。

(5) 稳定性 饲料种类和配合比例应尽可能稳定，即使有改变，也应逐步过渡。鹅对饲料变化比较敏感，饲料变动大，容易引起应激反应。

(6) 严格控制配料量 配合的日粮要数量与质量并重，保证吃饱、吃好、吃完。每次配制饲料，不宜数量过多，以 7~10 天吃完为宜，以便保持饲料新鲜。

69. 如何合理配合日粮？

目前市场上有多种配合饲料出售，但并不能满足所有鹅生产的需要。因此，对于广大养殖户来说，可根据科学原理合理配制日粮。

(1) 配合日粮的原则

①把好饲料的原料关 原料是生产鹅饲料的关键，所用原料必须来自环境空气质量、灌溉水、土壤条件均符合要求的产地，饲料原料中有毒有害物质的最高限量应符合《饲料卫生标准》（GB13078—2001）的要求，原料质量应符合有关饲料原料标准的要求。原料水分含量一般不应超过 13.5%。

②合理使用饲料添加剂 所选饲料添加剂必须是《允许使用的饲料添加剂品种目录》中所列的饲料添加剂和允许进口的饲料添加剂品种，严禁使用国家已明令禁止的添加剂品种（如激素、镇静剂等），所用药物添加剂除了应符合《饲料药物添加剂使用规范》（2001 年农业部 168 号公告）和农业部 2002 年 220 号部长令的有关规定外，还应符合《无公害食品 畜禽饲料和饲料添加剂使用准则》（NY5032—2006）的规定。

③符合鹅的营养需要　设计饲料配方时，必须根据鹅的经济用途和生理阶段选用适当的饲养标准，并在此基础上，可根据饲养实践中鹅的生长或生产性能等情况做适当的调整。至于所用原料中养分含量的确定，应遵循以下原则：

A. 对一些易于测定的指标，如粗蛋白质、水分、钙、磷、盐、粗纤维等最好进行实测。

B. 对一些难于测定的指标，如能量、氨基酸、有效氨基酸等，可参照国内的最新数据库。但必须注意样品的描述，只有样本描述相同或相近，且易于测定的指标与实测值相近时才能加以引用。

C. 对于维生素和微量元素等指标，由于饲料种类、生长阶段、利用部位、土壤及气候等因素影响较大，主原料中的含量可不予考虑。

④符合经济原则　鹅生产中饲料成本通常占生产总成本的60%～70%，因此在设计饲料配方时，必须注意经济原则，使配方既能满足鹅的营养需要，又尽可能地降低成本，防止片面追求高质量。这就要求在设计饲料配方时，所用原料要尽量选择当地产量较大、价格较低廉的饲料，而少用或不用价格昂贵的饲料。

⑤符合鹅的消化生理特点　设计饲料配方时，必须根据饲料的营养价值、鹅的经济类型、消化生理特点、饲料原料的适口性及体积等因素合理确定各种饲料的用量和配合比例。鹅是草食家禽，喜欢采食青绿饲料，所以最好以青饲料与混合精料搭配饲喂；但对于干草和秸秆类饲料，质地粗硬、适口性差、消化率低，必须限制饲喂。

（2）配合日粮的具体步骤

①查饲养标准　在饲养标准中找出鹅日粮的主要营养指标。查找时，应注意区别不同阶段、不同生产用途的营养需要量。

②查饲料营养价值表　将预采用的各种饲料原料，在饲料营养价值表中查出所含营养成分的含量。所用的原料必须根据当地的饲料资源而定。

③确定饲料配比　初步确定各种原料的大致比例，并计算出配合料中各种主要营养成分的含量。确定比例时可先确定限制饲料的比

例，如鱼粉因价格高不可超过 8％或 6％；再用豆饼、玉米等平衡日粮的蛋白质、能量；最后用矿物质等来平衡钙、磷水平和维生素等的含量。

④营养水平比较并调整配比　将计算出来的配合料的各种营养水平与标准要求的营养指标进行比较，再进行调整。

⑤根据配方进行配料　配方确定之后，即可按照配方中各种饲料的配比数，准确称取加工好的原料，用搅拌机或手工搅拌，不管如何搅拌，必须使之混合均匀。

（3）配合日粮示例配方　为了便于读者参考，从有关资料中查阅并列举了鹅的示例配方 1 和 2，见表 5-11、表 5-12。

表 5-11　鹅的日粮配合示例配方 1

适用阶段 饲料名称（%）	雏鹅 0～4 周龄	生长鹅 4～8 周龄	生长鹅 8 周龄～上市	育成鹅	种鹅
玉米	39.96	38.96	43.46	60.00	38.79
高粱	15.00	25.00	25.00	—	25.00
大豆粕	29.50	24.00	16.50	9.00	11.00
鱼粉	2.50				3.10
肉骨粉	3.00	—	1.00	—	—
糖蜜	3.00	1.00	3.00	3.00	3.00
麸皮	5.00	5.00	5.40	20.00	10.00
米糠				4.58	
玉米麸皮质粉		2.50	2.50		2.40
油脂	0.30				
食盐	0.30	0.30	0.30	0.30	0.30
磷酸氢钙	0.10	1.50	1.40	1.50	1.00
石灰石粉	0.74	1.20	0.90	1.10	4.90
赖氨酸					
蛋氨酸	0.10	0.04	0.04	0.02	0.01
预混料	0.50	0.50	0.50	0.50	0.50

（续）

适用阶段 饲料名称（%）	雏鹅 0～4 周龄	生长鹅		育成鹅	种鹅
		4～8 周龄	8 周龄～上市		
鹅的日粮配合示例配方 1 中营养成分					
粗蛋白质（%）	21.8	18.5	16.2	12.9	15.5
代谢能（兆焦/千克）	11.63	12.01	12.31	11.08	11.61
钙（%）	0.82	0.89	0.85	0.85	2.24
有效磷（%）	0.36	0.40	0.72	0.43	0.37
赖氨酸（%）	1.23	0.91	0.73	0.53	0.70
甲硫氨酸＋胱氨酸（%）	0.78	0.66	0.59	0.44	0.55

表 5-12　鹅的日粮配合示例配方 2

适用阶段 饲料名称（%）	雏鹅	生长鹅	种鹅 （维持）	种鹅 （产蛋）
黄玉米	56.7	67.85	61.8	58.35
脱脂大豆粉	23.6	16.0	7.2	18.0
大麦	10.0	10.0	25.0	10.0
肉骨粉	4.0	2.0	—	5.0
脱水苜蓿粉	2.0	1.0	2.0	2.0
甲硫氨酸	0.1	0.05	—	0.05
动物油脂	1.25	—	—	—
磷酸二氢钙	0.55	0.9	1.5	1.2
石灰石粉	0.4	0.8	1.0	4.0
碘盐	0.4	0.4	0.5	0.4
预混料	1.0	1.0	1.0	1.0
鹅的日粮配合示例配方 2 营养成分				
粗蛋白质（%）	20.5	16.4	12.3	18.3
代谢能（兆焦/千克）	12.51	12.73	12.49	11.88
能量蛋白比（%）	66	84	110	70
粗纤维（%）	3.0	2.8	3.3	2.9

（续）

适用阶段 饲料名称（%）	雏鹅	生长鹅	种鹅 （维持）	种鹅 （产蛋）
钙（%）	0.78	0.77	0.76	2.4
有效磷（%）	0.41	0.37	0.37	0.57
赖氨酸（%）	1.05	0.77	0.49	0.87
蛋氨酸＋胱氨酸（%）	0.75	0.60	0.43	0.62
维生素 A（国际单位/千克）	9 900	7 150	6 600	8 800
维生素 D_3（国际单位千克）	1 320	1 100	880	1 650
烟碱酸（毫克/千克）	81.4	70.4	63.8	81.4

70. 常用鹅饲料的加工方法有哪些？

（1）**粉碎**　谷实类饲料较坚硬，且有的颗粒较大，整粒饲喂不易消化吸收，尤其是育雏期，更不易消化。另外，饼粕类饲料经粉碎可提高利用价值，但不可粉碎太细，否则不易采食和吞咽。

（2）**浸泡**　坚硬的谷粒和籽实，如玉米、小米喂前需用水浸泡，使之膨胀、变软，以增加适口性，便于吞咽和消化。但应注意浸泡时间不要过长，防止饲料变酸，影响食欲。

（3）**切碎**　青绿多汁饲料及块根块茎饲料最好切碎后与其他饲料混拌饲喂，能提高食量和饲料利用率。尤其是育雏期更应切成丝条状便于采食。切碎的青料不宜久放，防止变质。

（4）**拌湿**　粉碎后的干粉料适口性差，饲料浪费也较大，且鹅喜欢吃湿料，所以粉料拌湿后，可增加适口性和减少浪费。但不能拌得太湿或太干，太湿黏嘴，不易吞咽；太干适口性差，不便于吞咽。湿料要现拌现喂，尤其是热天更要注意，否则会发霉变质。

（5）**蒸煮**　饲料一般以生喂为好。因为饲料在加温过程中会破坏饲料本身的消化酶和大部分维生素。但有的饲料蒸煮后可提高适口性，如甘薯；有的可去毒，如棉籽饼。

（6）**青贮**　在青绿饲料旺季将一部分青贮起来，可解决冬春季节青绿饲料供应不足的困难。另外，青贮饲料可增加香味和维生素成分。

（7）颗粒饲料　一般是将混合粉料用颗粒机制成，营养价值高，适口性好，便于采食，浪费少。

71. 引起鹅饲料变质变味的主要原因是什么？如何避免？

（1）引起鹅饲料变质变味的主要原因

①光的破坏　阳光（尤其是紫外线）能加速饲料的氧化，特别是能加速多种氨基酸、维生素及脂肪的氧化分解。

②高温、高湿　高温可使蛋白质变性、维生素破坏；高湿使得霉菌等迅速生长繁殖，降低饲料营养及适口性。

③氧的破坏　大气中的氧与饲料接触后，饲料中的维生素 A、维生素 E、B 族维生素和部分氨基酸会被氧化破坏。

④酶的破坏　饲料中原有的多种消化酶在温湿度适宜时会活化并发挥作用，消耗饲料的营养成分，如硫胺酶可分解饲料中的维生素 B_1。

⑤蛀虫、鼠类　饲料一旦被蛀虫或鼠类破坏即被污染，造成浪费。

（2）为了防止饲料营养价值降低，避免饲料变质变味，应加强对饲料的贮存保管

①饲料应置于遮光、阴凉、通风干燥处。

②饲料不散放，尽量密闭封装保存。

③一次配料不宜过多，一般冬季不宜超过 15 天，夏季不宜超过 8 天，维生素、微量元素及一些药品宜现配现用。

④在饲料中添加抗氧化剂和防霉剂。

⑤定期进行灭鼠、灭虫，防止损耗。

72. 粉状、粒状和颗粒饲料中哪种饲喂效果好？

饲料的形状，取决于饲料的种类和加工调制方法。目前用于鹅生产的饲料主要有粉状、粒状和颗粒状。根据科学研究和生产实践证明，颗粒饲料的适口性、采食量和劳动效率均比粉料和粒料好。

(1) 粉状饲料 将多种饲料原料加工粉碎，再拌入饲料添加剂，充分混匀后制成。粉状饲料容易配合，营养全面，易于消化。但这种饲料不易采食，鹅也不喜欢吃，粉尘多，夜间容易饥饿，且不宜久存。

(2) 粒状饲料 大多是谷粒类，一般不需加工调制，饲喂方便，易于贮存，适口性强。碎粒饲料用于雏鹅开食较好。因为形状适宜，不挑剔，饲料浪费少，灰尘少，采食多，采食容易，消化时间长，适于傍晚尤其是冬季傍晚饲喂。但粒料营养不完善，不可单一饲喂。

(3) 颗粒饲料 把配合好的粉状饲料，以蒸汽处理后，通过机械压制，再很快冷却、通风使之干燥制成。颗粒料的营养全面，适口性好，采食量多，不挑剔，可全部吃净，防止浪费，兼有粒料和粉料的优点，且饲料报酬较高。

73. 鹅饲料干喂好还是湿喂好？

饲料干喂还是湿喂应根据饲养规模、劳动力情况、饲料种类、气温高低而定。

(1) 干喂 只需定时地把配好的混合料加在料槽中，青料另喂。干喂好处是省工，饲料不要调制，不易霉臭变质，大规模饲养时便于机械化送料，鹅生长发育均匀。缺点是适口性差，粉尘较大，饲料浪费严重。在天气寒冷或阴雨潮湿时，可以多喂干料。

(2) 湿喂 即把磨碎谷物、豆饼与糠麸、鱼粉、矿物质、切碎青料等混在一起，用水或荤汤拌湿饲喂。好处是适口性好，易于采食，可充分利用青饲料。但湿料易变质，必须现喂现拌，保持新鲜，因为冬天天冷时易结冰，夏天天热时易腐败变质。固定式料槽清洗困难，费工费时，阴雨季节可使粪便变稀，打扫卫生困难。所以饲料调制时应注意干湿合适，夏季湿一些，冬季要干一些。

在实践中也可采用干喂和湿喂相结合的方法，以综合其优点。但不论采用何种饲喂方法，最好不要经常改变，以免影响鹅的采食习惯。

74. 鹅饲料生喂好还是熟喂好？

饲料生喂还是熟喂取决于饲料的种类和用途。一般说来，精料饲喂家禽，以不煮为宜，因为精料本身含有一定数量的酶，可以帮助胃肠道的消化液起消化作用。而煮熟后，原有的酶被破坏而失去作用。此外，精料生喂还可保存维生素，可以节省大量人力和燃料，降低生产成本。但对一些特殊的情况必须区别对待，豆饼中含抗胰蛋白酶等抗营养因子，应经加热处理使之破坏；菜籽饼中含芥子硫苷，经高温处理后可安全饲喂；棉籽饼中含棉酚，经加热去毒后饲喂更安全。因此，这些饲料须经煮熟后饲喂。另外，糠麸类饲料经蒸煮后可促使粗纤维软化；雏鹅开食的碎状谷粒，也可采用蒸煮法调制，便于消化。

综上所述，饲料生喂还是熟喂必须根据饲料的特性、种类和用途来定，不可千篇一律。

75. 鹅饲养时需要加喂砂吗？

砂砾是家禽消化的必需物质，尤其对于舍饲的鹅更为重要，而放养的鹅则可自行觅食砂砾。

鹅消化道的特点与家畜比较有许多不同之处，因而它的消化过程与家畜也有不同之处。鹅口腔内没有牙齿，唾液腺不发达，饲料在口腔内被唾液稍微浸湿即进入食管，然后首先贮存在嗉囊里，嗉囊不分泌消化液，仅分泌黏液软化饲料，使某些饲料因细菌和淀粉酶的作用变为可溶状态，可溶状态的饲料进入腺胃，浸润大量的消化液后很快进入肌胃，肌胃是禽类特有的消化器官，胃壁特别发达，由坚厚的肌肉所构成，胃内面覆有坚实的角质膜，肌胃内含有砂石，一切坚硬的食物均靠肌胃中的砂石磨碎，因而代替了牙齿的咀嚼作用。经肌胃磨碎的饲料进入肠道被吸收。

实践证明，当缺乏砂砾时，谷粒饲料中所含营养物质有 30％不能被鹅利用。一般育雏一周后可加喂占日粮 1％的砂砾，颗粒以小米状的砂粒为宜。至于全部饲喂粉料时，虽然粉料易于消化，一般仍认为加喂沙砾有助于肌胃的活动，据试验，可提高饲料消化率 3％左右。

六、鹅的饲养管理技术

76. 育雏鹅前应做好哪些准备工作？

（1）资金筹备 根据具体情况准备相应的资金，如外购雏鹅需用购雏费、种草需用草籽费、饲料费、水费、电费和防疫药品费等。

（2）育雏季节的选择 育雏季节的选择要根据种蛋的来源、当地的气候条件与饲料条件、人员的技术水平、市场的需要等因素综合确定，尤其是市场需要。一般来说，春季正是种鹅产蛋的旺季，可以大批孵化；天气逐渐转暖，有利于雏鹅的生长发育；春天百草萌发，可以为雏鹅的生长发育提供充足的青饲料，当雏鹅长到 20 日龄左右时，青饲料已能满足全天放牧，到 50 日龄左右进入育肥阶段时，正是麦收季节，可以利用收割后的麦田进行放牧育肥。所以，育雏一般选择在春季较好。但在南方地区（如广东），四季常青，11 月份前后开始育雏也较好，此时饲养条件好，雏鹅长得快，又可以赶上春节市场。随着育雏条件的改善，以及反季节鹅生产技术的提高，选择育雏季节可以有更大的机动性。

（3）制订育雏计划 育雏计划应根据饲养鹅的品种、进雏数量、进雏时间确定。首先根据进雏数量计算育雏面积，也可以根据育雏室的大小确定育雏数。建立、健全育雏记录制度，记录内容包括进雏时间、进雏数、品种、育雏期成活率、耗料量、采食、饮水情况等内容。

（4）雏鹅选择 雏鹅的选择包括品种的选择和雏鹅个体的选择。

①品种选择 选择饲养品种时应根据当地的消费习惯、饲养条件，选择适合当地饲养的品种或杂交鹅进行饲养。选择外来品种时要了解外来品种的特性、生产性能、饲养要求，然后才能引进饲养。肉

仔鹅必须来自于健康无病、生产性能高的鹅群。

②雏鹅个体选择　健壮的雏鹅是保证育雏成活率的前提条件，对留种雏鹅更应该进行严格选择。合格的雏鹅具备以下特征：健壮活泼，眼睛灵活而有神，个体大而重，体躯长而阔，腹部柔软，脐部无出血或干硬突出痕迹；全身绒毛黄、松、洁净；蹠高而粗壮，趾爪无弯曲损伤；出壳时间正常。此外，所选雏鹅还应具有该品种的特征。若雏鹅的个体小而轻，眼睛无神，绒毛蓬乱干燥，腹部膨胀、硬实和畸形或缺损等，出壳又不准时者，都是不合格的雏鹅。引进的品种必须优良，种鹅必须进行过小鹅瘟、副黏病毒病等疫苗的防疫，使雏鹅有足够的母源抗体保护。

（5）房舍及育雏设备准备　育雏前要对育雏室、育雏设备进行全面检查和检修。检查育雏室的门窗、墙壁、地面等是否完好，破损的地方要及时检修，彻底灭鼠，防止兽害。照明设备齐全，灯泡个数和分布按每米^2 3瓦的照度安排设置。准备好育雏用具，如竹筐、塑料布、竹围、料槽（盘）、饮水器等常用育雏设施，清洗晒干备用。同时准备好育雏保温设备，如保温伞、红外灯等。接雏前5～7天，对育雏室内外进行彻底清扫和消毒。育雏室和育雏用具用新洁尔灭进行喷雾消毒；墙壁、天花板可用10％～20％的石灰乳粉刷；地面用0.1％的消毒王溶液喷洒消毒，或用福尔马林熏蒸消毒（每米^{3}空间用15毫升福尔马林加7克高锰酸钾），密闭门窗24小时后开窗通风。垫料应选择干燥、松软、无霉烂的稻草、锯屑等，经暴晒后铺在地面，一起消毒。进雏前将育雏室温度调至28～30℃，相对湿度65％～75％，并做好各项安全检查。

（6）饲料与药品的准备　进雏之前还要准备好雏鹅饲料、常用药品、疫苗等。小规模饲养，雏鹅开食料可用小米或碎米，经浸泡或稍蒸煮后喂给，为使饲料爽口、不黏嘴，蒸煮后的小米或碎米应过一下水再喂给雏鹅；大规模饲养，可直接采用配合饲料，营养全面，适口性好，易消化，雏鹅生长快。鹅属于草食性家禽，饲养时要充分发挥雏鹅的原有特性，必须补充日粮中维生素的不足，可用幼嫩菜叶切成细丝喂给。一般每只雏鹅4周育雏期需准备精料3千克左右，优质青绿饲料8～10千克。育雏前还应准备好常用药品和疫苗。

77. 育雏鹅时的保温方式有哪些形式？

育雏鹅的保温方式有自温育雏和加温育雏，在选择方法时应根据季节特点和鹅场的育雏条件而定。

（1）自温育雏 利用的是雏鹅本身的温度，无热源，节省能源，投资少。但受环境条件影响较大。气温过低的冬季一般不能采用，一般在每年的3～6月份和9～10月份可以采用，且每次育雏的数量有限。具体方法是将雏鹅放在箩筐内，利用其自身散发的热量来保持育雏温度。箩筐内铺垫草，当外界环境气温在15℃以上时，可将1～5日龄的雏鹅白天放在柔软的垫草上，用30厘米高的竹围围成1米^{2}左右的空间，每栏可养20～30只雏鹅，晚上把雏鹅放到育雏箩筐内，若温度过低，则可在垫草中放入热水瓶，利用热水瓶散发的热量供暖，热水瓶温度下降后可重新灌入热水。5日龄以后，根据外界环境气温的变化，逐渐减少雏鹅在育雏箩筐内的时间，7～10日龄以后将雏鹅就近放牧采食青草，然后逐渐延长放牧时间。注意保证育雏箩筐内垫草的干燥。

（2）加温育雏 利用人工加温满足雏鹅所需的温度，不受季节条件的限制，不论外界气温高低，均可以育雏，但要求条件较高。加温的方法可根据鹅场的具体条件选用伞形育雏器、红外线灯、煤炉、地下烟道及火炕等形式。这些给温方式虽然消耗一定的能源，但育雏效果好，育雏数量大，劳动效率高。

①伞形育雏器 伞形育雏器俗称保姆伞，用木板或铁皮制成伞状罩，直径为1.5米，伞状罩最好做成夹层，中间填充玻璃纤维等隔热材料，以利保温。伞内热源可采用电热丝、电热板或红外线灯等。伞的边缘离地面高度为雏鹅背部高度的2倍左右，随着雏鹅日龄的增长，应调整高度。伞下应有高、中、低三个温区，可使雏鹅自由选择其适合的温区。此种育雏方式耗电多，成本较高，无电或供电不正常的地方不能使用。每个保姆伞可饲养雏鹅100～150只，需饮水器和料盘各4～6个。使用此类育雏器及其他加热设备时，都要注意饮水器和料盘不能直接放在热源下方或离热源过近，以免造成水分过度蒸

发，导致湿度过大，饲料霉变，细菌孳生。同时，饮水器和料盘放置时要交替排列，以利于雏鹅采食。

②红外线灯育雏　直接在地面或网的上方吊红外线灯，利用红外线灯散发的热量进行育雏。红外线灯的功率为250瓦，每个灯下可饲养雏鹅100只左右。此法简便，可随着雏鹅的日龄调整红外线灯的高度。地面育雏或网上育雏都可以使用红外线灯供暖。利用红外线灯育雏，室内干净、空气好，保温稳定，垫草干燥，管理方便，节省人工，但耗电量大，灯泡易损坏，成本较高，无电或供电不正常的地方不能使用。

③地下烟道或火炕式育雏　炕面与地面平行或稍高，另设烧火间。此法提供的育雏温度稳定，由于雏鹅接触温暖的地面，地面干燥，室内无煤气，结构简单，成本低。由于地面不同部位的温度不同，雏鹅可根据其需要进行自由选择。用火力的大小和供热时间的长短来控制炕面温度，育雏效果较好，此法适合于北方育雏使用。

④烟道式育雏　由火炉和烟道组成，火炉设在室外，烟道通过育雏室内，利用烟道散发的热量来提高育雏室内的温度。烟道式育雏保温性能良好，育雏量大，育雏效果好，适合于专业饲养场使用。在使用时要注意防止烟道漏烟而导致一氧化碳中毒。

78. 育雏鹅有哪些方法？

（1）地面育雏　在育雏室的地面上（最好水泥地面）铺上清洁干净的垫料，垫料可选择稻草（须切短）或锯屑、稻壳等保温性能好的材料，将雏鹅直接饲养在垫料上（垫料的厚度随季节而定，一般3～5厘米即可）。给温方式可选择保姆伞、红外线灯或地下火炕等，如图6-1。这种饲养方式适合鹅的生活习性，可增加雏鹅的运动量，减少雏鹅啄羽的发生。室内设有饮水器、料槽以及取暖调温设备。垫料需要量较大，阴雨天容易导致室内过于潮湿，因此，一定要注意保持室内垫料的干燥，保持通风良好。此方式投资少，简单易行，但占地面积多，劳动强度大，适合于小规模育雏。

（2）网上育雏　将雏鹅饲养在离地50～60厘米的铁丝网或竹板

网上（网眼 1.25 厘米×1.25 厘米），这种饲养方式优于地面育雏，雏鹅的成活率较高。热源可选择红外线灯、烟道等方式，在同等热源的情况下，网上温度可比地面温度高 6～8℃，而且温度均匀，适于雏鹅生长，又可防止雏鹅扎堆、踩伤、压死等现象；减少雏鹅与粪便接触的机会，改善雏鹅的卫生条件，减少疾病的发生，从而提高成活率，还可增加饲养密度，如图 6-2。

网上育雏的优点是不需要垫料，环境卫生好，便于机械化操作，劳动生产率高；缺点是一次性投资较大，雏鹅长期生活在网上易发生腿病。育雏时可根据鹅场的经济条件选择合适的育雏方式，也可将地面育雏与网上育雏结合起来，做法是将育雏舍地面分为 2 部分，一部分是高出地面的网床，另一部分是铺垫料的地面。

图 6-1　地面育雏

图 6-2　网上育雏

79. 育雏鹅环境条件有哪些要求？

（1）温度　刚出壳的雏鹅绒毛稀而短，体温调节功能较差，抗寒能力较弱，直到 10 日龄时才接近成年鹅的体温（41～42℃），因此，育雏期必须保证均衡的温度。保温期的长短，因品种、气温、日龄和雏鹅的强弱而异，一般需保温 2～3 周。育雏温度包括育雏室温度和雏鹅感知温度，一般讲的育雏温度是指育雏室内雏鹅背部高度处的温度（即雏鹅感知温度），而育雏室温度是指育雏室内两窗之间距离地面 1.5～2 米高处的温度。育雏温度控制应有高中低三个温区，以满足不同体质雏鹅的需要。

在实际的育雏过程中，判断育雏温度是否适宜，可根据雏鹅的活动状态来判断。温度适宜时，雏鹅表现出活泼好动，呼吸平和，睡眠安静，食欲旺盛，均匀分布在育雏室内；育雏温度过低时，雏鹅互相拥挤成团，似草垛状，绒毛直立，躯体蜷缩，发出"叽叽"的尖叫声，雏鹅开食与饮水不好，弱雏增多，严重时造成大量的雏鹅被压伤、踩死；温度过高时，雏鹅表现为张口呼吸，精神不振，食欲减退，频频饮水，并远离热源，往往分布于育雏室的门、窗附近，容易引起雏鹅患感冒或呼吸道疾病。若出现异常应及时调整，育雏温度可按日龄、季节及雏鹅体质进行调整。育雏时，温度要平稳，不能忽高忽低。

（2）湿度　　湿度对育雏的影响虽不像温度那样重要，但湿度往往与温度共同作用，对育雏的危害也比较大。鹅虽然属于水禽，但也怕潮湿，特别是 30 日龄以内的雏鹅。在低温高湿情况下，雏鹅体热散发过多而感到寒冷，互相拥挤、扎堆，易导致压死，同时容易患感冒等呼吸道疾病和拉稀，这也是导致育雏成活率下降的主要原因之一；高温高湿时，雏鹅体热的散发受到抑制，容易引起"出汗"，体热的积累造成物质代谢和食欲下降，抵抗力减弱，同时引起病原微生物的大量繁殖，易导致发病率增加。因此，育雏期间，育雏室的门窗不宜长时间关闭，要注意通风换气，防止饮水外溢，经常打扫卫生，保持舍内干燥。当采用自温育雏时，往往存在保温和防湿相矛盾的局面，加盖覆盖物时温度上升，湿度也同时增加，特别是雏鹅的日龄较大时，采食和排泄物增多，湿度往往更大。因此，在使用覆盖物保温的同时，不能密闭，应留有通风孔。鹅育雏期适宜温、湿度见表 6-1。

表 6-1　育雏期雏鹅适宜的温度和湿度

日龄	育雏温度（℃）	相对湿度（%）	室温（℃）
1～7	32～28	60～65	15～18
8～14	28～24	60～65	15～18
15～21	24～20	65～70	15
21～28	20～16	65～70	15
29 日龄以后	15	65～70	15

(3) 通风 通风与温度、湿度三者之间应互相兼顾，在控制好温度的同时，调整好通风。随着雏鹅日龄的增加，呼出的二氧化碳、排泄的粪便以及垫草中的氨增多，若不及时通风换气，导致舍内空气质量变差，将严重影响雏鹅的健康和生长。通风的程度一般控制在人员进入育雏室时不觉得闷气，没有刺眼、刺鼻的臭味为宜。夏秋季节，通风换气工作比较容易进行，打开门窗即可完成；冬春季，通风换气和室内保温容易发生矛盾，在通风前，可先使室温升高 2～3℃，然后逐渐打开门窗或换气扇，同时避免冷空气直接吹到鹅体。在雏鹅日龄较小时，每次通风换气的时间不能过长，一般控制在 2～3 分钟，以防使舍内气温下降过大，随着雏鹅日龄的增长，代谢产物的增加，可逐渐延长通风换气时间。通风时间多安排在中午前后，避开早晚时间外界环境气温较低的时候进行。

(4) 光照 光照对雏鹅的健康影响较大。光照能提高雏鹅的生活力，增进食欲，有助于钙、磷的正常代谢，维持骨骼的正常发育；同时对仔鹅培育期性成熟也有影响，光照过度易导致种鹅性成熟提前，种鹅开产早，蛋形小，产蛋持久性差。如果天气比较好，雏鹅从 4～5 日龄起可逐渐增加舍外活动时间，以便直接接触阳光，增强体质。集约化育雏时，可采用人工光照进行补充，1～7 日龄 24 小时光照，8～14 日龄 18 小时光照，15～21 日龄 16 小时光照，22 日龄后为自然光照，但晚上需开灯加喂饲料。

(5) 饲养密度 雏鹅生长发育极为迅速，随着日龄的增长，体格增大，活动面积也增大，应注意及时调整饲养密度，并按雏鹅体质强弱与个体大小，及时分群饲养。雏鹅的饲养密度与雏鹅的运动、室内空气的新鲜与否以及室内温度有密切的关系。适宜的饲养密度，有利于提高群体的整齐度。密度过大，雏鹅生长发育受阻，甚至出现啄羽等恶癖；密度过小，则降低育雏室的利用率。一般育雏初期密度可稍大些，随着日龄的增加，密度逐渐降低。鹅育雏期适宜的饲养密度参见表 6-2。

表 6-2 雏鹅饲养密度 　　　　　　　　单位：只/米²

类型	1 周龄	2 周龄	3 周龄	4 周龄
小型鹅种	12～15	9～11	6～8	5～6

（续）

类型	1周龄	2周龄	3周龄	4周龄
中型鹅种	8～10	6～7	5～6	4
大型鹅种	6～8	6	4	3

80. 什么季节育雏鹅最好？

养育雏鹅的具体时间要根据种蛋的来源、当地的气候状况与饲养条件、人员技术水平、市场需求等因素综合确定，其中以市场需求尤为重要。

总的来说，在饲养条件较好、育雏技术较高的地区，完全可以早养、多批养。通常都是春季捉苗鹅，即清明捉鹅。这时正值种鹅产蛋旺季，可以大量孵化；气候由冷转暖，青饲料供应充足，育雏较为有利。当雏鹅长到20日龄左右时，青饲料已普遍生长，质地幼嫩，能全天放牧。到50日龄左右，仔鹅进入育肥期，刚好大麦收割，接着是小麦收割，可以放牧麦茬育肥，到育肥结束时，恰好赶上我国传统节日——端午节上市。

广东四季常青，一般是11月前后捉雏鹅，这时饲养条件好，鹅长得快，仔鹅育肥结束刚好赶上春节市场需要。也有少数地方饲养夏鹅的，即在早稻收割前60天捉雏鹅，到早稻收割时利用放稻茬田育肥，开春产蛋也能赶上春孵。在四川省隆昌县一带，历来有养冬鹅的习惯，即11月开孵，12月出雏，冬季饲养，快速育肥，春季上市。随着现代育种技术和饲养管理技术的提高，有些鹅种一年四季均可产蛋就巢，所以在一定条件下，也可全年育雏。

81. 雏鹅有哪些生理特点？

4周龄以内的鹅称为雏鹅。这一阶段是鹅一生中最先接触外界环境、并且又是生长最快的时期。其生理特点和生活要求，概括起来有以下几个方面：

（1）新陈代谢旺盛，生长发育快 雏鹅体温高，呼吸快，体内新陈代谢非常旺盛，需水较多，育雏时要供给充足的饮水，以利于雏鹅的生长发育。雏鹅早期生长发育较快，一般中小型鹅种出壳重仅 100克左右，大型鹅重 130 克左右，20 日龄时，小型鹅种体重增长 6～7倍，中型鹅种增长 9～10 倍，大型鹅种可增长 11～12 倍。如四川白鹅（中型鹅种）2 周龄体重达 388.7 克，是初生重的 4.3 倍；6 周龄重 1761 克，为初生重的 19.7 倍；10 周龄重 3 299 克，为初生重的36.9 倍。故为保证雏鹅生长发育的营养需要，在饲养过程中必须饲喂营养价值较高的日粮。

（2）消化道容积小，消化机能差 雏鹅的消化道容积较小，肌胃的收缩能力较差，消化能力较弱，食物通过消化道的速度比雏鸡、雏鸭快得多。因此，在饲养管理上应该喂给营养全面、容易消化的全价饲料，以满足雏鹅生长发育的营养需要。在饲喂时还应做到少喂勤添，防止饲料浪费。

（3）体温调节机能较差 初生雏鹅体温调节机能尚未健全，对环境温度变化的适应能力较差且相当敏感，表现为怕冷、怕热、怕外界环境的突然变化，雏鹅出壳后，全身仅被覆稀薄的绒毛，自身产生的体热较少，保温性能较差，消化吸收能力又较弱，故对外界环境温度的变化缺乏自我调节能力，特别是对寒冷的适应性较差。随着雏鹅日龄的增加及羽毛的生长，体温调节能力逐步增强，到 10 日龄时逐渐接近成年鹅的体温（41～42℃），对外界环境温度的适应能力也随之增强。因此，在雏鹅的培育过程中，必须为雏鹅提供适宜的环境温度，以保证正常的生长发育，否则会出现生长发育不良、成活率低甚至造成大批死亡。

（4）抗病力差，较敏感 雏鹅抗病能力较差，容易感染各种疾病，加上高密度饲养，一旦发病，损失惨重。因此，应细心管理雏鹅，放牧放水应适时，同时应认真做好卫生防疫工作。雏鹅对饲料中各种营养物质缺乏或有毒物质过量、环境不适等变化抵抗力也较差，并且雏鹅胆小易受惊吓，故在饲养管理过程中应避免噪声及惊吓，非工作人员禁止进入育雏舍，尽量注意保持环境安静。

（5）公母雏生长速度差异较大 相同饲养管理条件下，育雏期公鹅比母鹅增重高 5%～25%，饲料报酬也较母鹅高。育雏期公母鹅分开饲养，60 日龄时的成活率比公母混养高 1.8%，耗料每千克体重少0.26 千克，母鹅活重多 251 克。因此，育雏时应尽可能公母分群饲养，以获得更高的经济效益。

82. 如何选择初生健壮的雏鹅？

雏鹅品质的好坏，直接关系到雏鹅的育成率和生长发育，因此，在购取雏鹅时必须仔细选择。

具体说来，挑选壮雏必须做到一问、二看、三摸、四试。

"一问"：就是了解种蛋的来源及出雏情况。种蛋要求来自健康无病、生产性能高的种鹅，并符合品种的特征。最好是 2～3 年的优良品种种鹅所产，因为 2～3 年鹅正值壮年，所产鹅的种质比较健壮，上年新鹅和过老鹅所生的雏鹅质量差些。还要询问出雏时间，要选择按时出壳的雏鹅。凡是提前或推迟出壳的雏鹅，说明胚胎发育不正常，体质较差。

"二看"：就是观察雏鹅的外形。个体大、绒毛粗长、干燥有光泽的是健雏；个体小、绒毛太细、太稀、潮湿乃至相互粘着、没有光泽的，说明其发育不佳、体质不强，不宜选用。同时，通过观察，要剔除瞎眼、歪头、跛腿等外形不正常的雏鹅。

"三摸"：即用手抓鹅，感觉有挣扎力、有弹性、脊椎骨粗壮的是强雏；挣扎无力、体软弱、脊椎骨细的是弱雏。好的雏鹅应站立平稳，两眼有神，体重正常，一般中、小型品种初生重约在 100 克左右，大型品种的狮头鹅约 130 克左右。在看和摸的过程中，还要剔除那些脐部收缩不全、用手摸似有硬块的所谓钉脐雏，肚子显得过大的大肚雏。

"四试"：试雏鹅的行动和叫声。当用手握住颈部将其提起时，健壮的雏鹅双脚能迅速、有力地挣扎。弱雏常缩头闭目，站立不稳，萎缩不动，鸣叫无力，翻身困难。另外，一批雏鹅中，头能抬得较高的，也是活力较好的，可以选择。

83. 运输雏鹅时应注意哪些事项？

选好雏鹅后，应立即运回。初生雏鹅的运输是养好雏鹅的重要环节之一。可采用竹篾编成的篮筐装运雏鹅，一只直径 60 厘米、高 23 厘米的篮筐约可放 50 只。装运前，篮筐和垫料均要曝晒消毒；在雏鹅胎毛干后即可装篮起运，装运时，要谨防拥挤，注意保温，一般保持在 25～30℃，天冷时，要加盖被絮或被单，但必须留有通气孔。天热时，应在早晚运输，最好在 4 小时以内能到达。一般均宜安排在出雏后 24 小时内抵达目的地，以便及时开水，开食。运输途中，要经常检查雏鹅的动态，驱动疏散，防止打堆受热，使绒毛发潮，俗称出汗，这样的雏鹅较难养好。如发现有仰面朝天的鹅，要立即扶起，避免因踩踏造成死亡。

运输过程中，要尽量减少震动。运输工具最好是船运或汽车运，路远时也可搭乘火车。如运输距离过远，需 1 天以上的时间，最好采用嗍蛋的方式。

84. 初生雏鹅怎样进行潮口和开食？

(1) 潮口　出壳后的雏鹅第一次饮水俗称"潮口"。出壳时，腹腔内未利用完的卵黄，可维持雏鹅 90 小时的生命，但卵黄的利用需要水分，如果喂水过迟，造成机体失水，雏鹅出现干爪现象，将严重影响雏鹅的生长发育。雏鹅出壳后 12～24 小时应供给饮水，当育雏室内 2/3 雏鹅有站立走动、伸颈张嘴、有啄食欲望时进行。多数雏鹅会自动饮水，对个别不会自动饮水的雏鹅要进行人工调教，将温水放入盆中，深度 3 厘米左右，把雏鹅放入水盆中，盆中水深度以雏鹅绒毛不湿为原则，将喙浸入水中，让其喝水，反复几次即可学会，之后全群模仿可学会饮水，如图 6-3。雏鹅第一次饮水，时间掌握在 3～5 分钟，在饮水中加入 0.01% 高锰酸钾，可以起到消毒饮水，预防肠道疾病的作用，一般用 2～3 天即可；饮水中还可加入 5% 葡萄糖或按比例加入速溶多维（每千克饮水中加1克），可以迅速恢复雏鹅体力，提高成活率。

图 6-3　雏鹅潮口

图 6-4　雏鹅开食

（2）开食　雏鹅第一次吃饲料俗称"开食"。开食时间一般在饮水后 15～30 分钟为宜。可将饲料撒在浅食盘或深色塑料布上，让其啄食。最好用颗粒料开食，将粒料磨碎，以便雏鹅的采食；也可以用黏性较小的籼米或"夹生饭"作为开食料，用清水淋过，使饭粒松散，吃时不黏嘴。刚开始时，可将少量饲料撒在幼雏的身上，以引起其啄食的欲望。每隔 2～3 小时可人为驱赶雏鹅采食，不会采食的雏鹅也要进行调教采食，雏鹅开食如图 6-4。第一次喂食不要求雏鹅吃饱，吃到半饱即可，时间为 5～7 分钟。由于雏鹅消化道容积小，喂料应做到"少喂勤添"。一般从 3 日龄开始，用全价饲料饲喂，随着雏鹅日龄的增长，可逐渐增加青绿饲料或青菜叶的喂量，饲喂时在饲料中掺一些切成细丝状的青菜叶、莴苣叶、油菜叶等或直接喂给青饲料。雏鹅补喂青饲料如图 6-5、图 6-6。

图 6-5　将青料切成细丝

图 6-6　雏鹅补喂青料

85. 如何饲养好初生雏鹅？

雏鹅具有消化道容积小、消化能力不强、抗寒能力差等特性，良好的饲养管理是保证雏鹅正常生长发育的前提。

（1）饲料要求 饲料要新鲜和易消化。精料多为谷实类，如碎米、稻子、大麦等。青饲料常用莴苣叶、苦荬菜、青菜、白菜等。放牧期间喜欢吃爬根草、狗尾草、蟋蟀草、车前草等。

（2）加工调制 碎米应淘洗，用清水浸泡2小时许，喂前沥干即可饲喂。稻子须浸泡8小时，大麦浸泡24小时。青饲料要求新鲜、幼嫩和多汁，喂前须剔除黄叶、烂草和泥土。喂初生雏鹅时，还应除去粗硬的叶脉茎秆。将青饲料切成丝状后，须经漂洗沥干才能饲喂。

（3）饲喂次数及饲喂方法 初生雏鹅食管膨大部还不很明显，贮存饲料的容积还较小，消化道功能还没有经过饲料的刺激和锻炼，肌胃磨碎饲料的能力还不强，消化功能尚不健全。因此要少喂勤添。喂料时为防止雏鹅专挑青料而少吃精料，可以把精料和青料分开，先喂精料再喂青料，这样可满足雏鹅的营养需要。随着雏鹅放牧能力的增强，可适当减少饲喂次数。雏鹅要饲喂营养丰富、易于消化的全价配合饲料和优质青饲料。饲喂次数及饲喂方法参考表6-3。

表6-3　雏鹅饲喂次数及饲喂方法

日龄	2～3	4～10	11～20	21～28
每日总次数（次）	6～8	6～7	5～6	3～4
夜间次数（次）	2～3	2～3	1～2	1
日粮中精料所占比例（%）	50	30	10～20	7～8

86. 怎样管理好雏鹅？

加强雏鹅期间的管理工作，是提高雏鹅成活率和生长速度的重要环节。雏鹅期主要管理工作有以下几个方面：

（1）及时分群 分群方法通常有如下几种：一是根据品种、种蛋的来源、雏鹅出壳的时间及体重分群。二是根据雏鹅采食能力分群，凡采食快、食管膨大部明显的为强雏，凡采食慢、食管膨大部不明显的为弱雏，应按强弱分群饲养。三是根据雏鹅性别分群，用捏肛法或翻肛法区别雌、雄，将公、母雏分群饲喂。由于同期出雏的雏鹅强弱差异不同，在饲养过程中又会因各种因素的影响而导致强弱不均，因此还必须定期按强弱、大小分群，并将病雏及时隔离饲养，否则会导致强雏欺负弱雏，引起挤死、压死、饿死等意外，生长发育的均匀度将越来越差。此外，温度低时雏鹅喜欢聚集成群，易出现压伤、压死现象，所以，饲养人员要注意及时驱赶。雏鹅刚开始饲养时，一般为300～400只/群，第一次分群在10日龄时进行，每群数量为150～180只；第二次分群在20日龄时进行，每群数量为80～100只。

（2）适时脱温　过早脱温，雏鹅容易受凉而影响发育；给温时间过长，则易导致雏鹅体弱、抗病力差，容易得病。一般雏鹅的保温时间为20～30天，适时脱温可以增强雏鹅的体质。雏鹅在4～5日龄时体温调节能力逐渐增强。因此，当外界环境气温允许时，雏鹅在4～5日龄即可结合放牧和放水活动开始逐步脱温。但在夜间，尤其是凌晨2：00～3：00时，外界环境气温较低，应注意适当加温，以免雏鹅受凉。春、秋天在10～20日龄可以放牧放水，到20日龄时可以脱温，冬天可延迟到30日龄脱温。完全脱温时，要注意气候的变化，在脱温的头2～3天，若环境气温突然下降，也应适当给温，待气温回升后再完全脱温。

（3）雏鹅放牧　雏鹅适时放牧，有利于增强雏鹅适应外界环境的能力，增强体质。春季育雏，4～5日龄起即可开始放牧，选择晴朗无风的天气，喂料后放在育雏室附近平坦的嫩草地上，让其自由采食青草；夏季可提前1～2天，冬季则宜推迟。开始放牧的时间要短（20～30分钟），随着雏鹅日龄的增加，逐渐延长室外活动时间，以锻炼雏鹅的体质和觅食能力，逐渐过渡到以放牧为主。可减少精料的补饲，从而降低饲养成本。放牧时赶鹅要慢，放牧要与放水相结合，放牧地要有水源或靠近水源，将雏鹅赶到浅水处让其自由下水、戏水，可促进其新陈代谢，使其长骨骼、肌肉、羽毛，增强体质，有利于羽毛清洁，提高抗病力，不可将雏鹅强行赶入水中。初次放水约

10 分钟即将鹅群驱赶上岸，让其理毛、休息，待羽毛干后才可赶回鹅舍，以免受凉。

（4）加强卫生管理 保持饲料的新鲜卫生，经常打扫、清洁和消毒鹅舍内外，勤换垫料、清除粪便，保持环境干燥，坚持每天清洗饲槽和水槽，并定期消毒。

（5）防止应激 5 日龄以内的雏鹅，每天喂料后，除给予 10～15 分钟的活动时间外，其余时间都应让其休息睡眠。所以，应保持育雏室内环境安静，严禁粗暴操作、大声喧哗引起惊群，同时，防止狗、猫、鼠等动物窜入室内。室内光线不宜过强，灯泡以不超过 40 瓦为好，而且要挂得高一些，只要能让雏鹅看到饮水、采食即可，以免引起啄癖，最好能安装蓝色灯泡，以减少灯光对雏鹅眼睛的刺激和啄癖的发生。

（6）做好疫病预防工作 雏鹅时期是鹅最容易患病的阶段，只有做好综合预防工作，才能保证高的成活率。雏鹅应隔离饲养，不可与成年鹅和外来人员接触。定期对雏鹅、鹅舍进行消毒。购进的雏鹅，首先要确定种鹅有无进行小鹅瘟疫苗免疫。种鹅在开产前 1 个月接种，可保证半年内所产种蛋含有母源抗体，孵出的小鹅不会得小鹅瘟。如果种鹅未接种，雏鹅在 3 日龄皮下注射 10 倍稀释的小鹅瘟疫苗 0.2 毫升，1～2 周后再接种 1 次；也可不接种疫苗，对刚出壳的雏鹅注射高免血清 0.5 毫升或高免蛋黄 1 毫升。

（7）育雏期饲养员每日操作规程 挑出死病弱残雏（淘汰）→仔细观察雏鹅精神状态→观察温湿度→听叫声→观察粪便情况→清洗水槽、料槽→给水给料→饲喂青饲料→观察采食情况→记录→检查饱食度→打扫卫生→消毒或防疫→配料。

87. 弱雏鹅产生的原因及康复办法有哪些？

（1）弱雏产生的原因

①种鹅饲养不当 在雏鹅的饲料中缺少维生素、蛋白质和某些氨基酸缺乏、矿物元素或某些营养过剩等，均能引起鹅胚营养不良而产生弱雏。

②病原菌感染 病原菌在母体内进入种蛋，出壳后雏鹅较弱。有的鹅胚在孵化过程中，由于母源抗体的存在而暂时不发生感染，出壳后在病菌继续存在时很快受到威胁而降低雏鹅的抵抗力成为弱雏。

③孵化及其管理 在孵化过程中，温、湿度掌握不准，忽高忽低，常出现出壳过早或过晚，或出壳后在出雏器、孵化场停留时间过长，会导致雏鹅机体过分干燥、出现脱水现象等，影响雏鹅的生命力，出现弱雏增多。

④育雏条件差 育雏舍温度不均，饲料配合不合理，密度过大，通风不良，潮湿，卫生条件差等，都是产生弱雏的诱因。

⑤季节因素 育雏季节不同，初生雏的生命力有差别。在同样条件下，一般春天出的雏，强壮雏鹅多；而夏天湿度大、温度高，出的雏就差，弱雏就多。

（2）弱雏的康复方法

①将弱雏挑出，单独饲养 育雏刚开始3天舍内温度较高，湿度70%左右，为防止脱水，促进卵黄吸收，可饮用口服补液盐，不能自饮者，可用滴管向口内滴2～3毫升。

②饮水与开食 出壳后24小时内开始初饮，在饮水中加0.02%的环丙沙星，并用5%葡萄糖（白糖）温开水饮用，连饮7天。饮水后2小时左右，即可开食，喂给八成熟的小米或碎米，每10只雏鹅加喂煮熟的鸡蛋黄1个和酵母片5片，研碎后均匀地拌在饲料里，每天喂1次，连续喂3～5天。

③疾病预防 可在饲料中添加强力霉素等，每天1次，连用3天。同时，在饮水中添加电解多维和维生素C。为了调节胃肠功能，迅速增加体重，也可在饲料中添加微生态制剂（如益生素、益康肽、复合酶等）代替抗生素，连用1周以上，以增加雏鹅胃肠的有益菌群，抑制有害菌，促进食欲，增强抵抗力，促使弱雏早日康复。

④青饲料供应 开食的第二天就可喂给经洗净切成细丝的青饲料，如小白菜、苦荬菜、嫩草等，饲喂量逐渐增加，5天后可喂给配合饲料。

88. 如何进行雏鹅的放牧与放水锻炼？

雏鹅在 3～4 日龄左右，就可以放牧，但要选择气温较暖、晴朗无风的日子，把鹅赶到室外去吃草、活动或晒太阳，开始时间不可太长，随时可赶回室内。以后逐渐增加放牧时间，直到全天放牧并逐渐减少喂料次数。15 日龄左右的雏鹅白天喂料次数可减少到 2～3 次，夜间加喂 1～2 次，20 日龄以后白天可以停喂，促进小鹅多采食牧草。

要注意选好放牧地点，使小鹅多吃新鲜嫩草，放牧地要定期转移、轮流放牧。放牧过程中鹅采食了足够的青饲料后，要赶鹅下水去饮水、活动，然后上岸理毛、休息。

雏鹅第一次放到水里活动也称"放水"。雏鹅放水能增强体质、提高抵抗力和适应性，促进食欲，培养喜水习惯。雏鹅未出棚之前，对外界环境的适应性较差，从舍饲转为放牧要逐渐过渡。放水时间长短要根据气候情况和温度而定，一般清明节前后才可放水，夏天雏鹅初生 3 天后即可放水。放水的水温一般以 25℃为宜，首次放水 3～5 分钟即可。放水时水深只能浸湿鹅脚，不能超过踝关节，让鹅自由活动和饮水，以后逐渐延长放水的时间和次数。

89. 如何检验雏鹅的生长发育是否正常？

育雏情况好的，育雏存活率应在 85％～90％以上。雏鹅的生长发育是否正常，一是看体重，要达到种质的一般水平，如太湖鹅在 30 日龄时的体重应达 1.25 千克，皖西白鹅应达 1.5 千克，狮头鹅应达 2 千克以上；二是看羽毛更换情况，太湖鹅 30 日龄时应达"大翻白"（即所有的胎毛全部由黄翻白），浙东白鹅应达"三点白"（两肩和尾部脱掉胎毛），雁鹅应达"长大毛"（尾羽开始生长）。这些指标在实际生产中有重要指导意义和经济意义，运用时还应注意品种的差异和生产条件的差异。

90. 如何确定鹅的饲养模式？

鹅的饲养模式主要依据各地的气候、牧草资源和鹅场的建筑设施、劳动力情况确定。一般有 3 种饲养模式，一种是前期舍饲，后期放牧；一种是前期舍饲喂养，中期放牧，后期舍饲肥育；第三种是全程舍饲喂养，适当结合放牧。第一种模式为我国农村广大养鹅专业户广泛采用，因为，这种形式饲料成本较低，所耗工时较少，经济效益也较高。第二种模式与第一种模式所不同的是仅在鹅上市前 $10\sim20$ 天对仔鹅进行短期舍饲催肥，以进一步使鹅毛足、体肥，肉质优良，提高效益。全程舍饲喂养虽然能使鹅迅速生长，但由于消耗饲料多，饲养成本高，通常在集约化饲养时采用。另外，养冬鹅时，因为天气冷，没有青饲料，也可采用舍饲喂养。

91. 放牧仔鹅应注意哪些问题？

放牧仔鹅的要求是使鹅群吃饱喝足，生长整齐并且迅速。为此要抓好以下几点：

(1) 搭好鹅棚 可因地制宜、因陋就简搭架临时性鹅棚。一般多用竹制的高栏围成，上罩渔网防兽害，除下雨外，棚顶不加盖芦席等物。场地要高燥，以防止鹅受寒或引起烂毛。

(2) 分群管理 为管理方便，一般以 $250\sim300$ 只仔鹅为一群，由两人管理。如牧地比较开阔，草源丰盛，可组成 1000 只一群，由 4 人进行管理。放牧时应注意清点好鹅数，回牧时也要及时清点，如有丢失应及时追寻。

(3) 合理利用牧地 放牧时要根据牧地牧草的生长情况，选好放牧路线。一般在下午就应找好次日的放牧场地，不走回头路，使鹅群吃饱喝足。开始放牧茬田时，鹅群不习惯于采食落谷，应在空腹时调教采食，一经采食落谷，便能自行觅食，易于长膘，同时注意放水，以利于消化和发育。

(4) 放牧时间 一般每天放牧 9 小时。清晨 5 时出牧，10 时回棚休息；下午 3 时出牧，到晚上 7 时回棚休息。应力争吃到"4～5个饱"（即上午"2 个饱"，下午"3 个饱"），即鹅的嗉囊鼓胀到喉部下方处，即为一个"饱"的标志。

（5）注意放水 每吃"一个饱"后，鹅群便会自动停止采食，此时应放水，使仔鹅饮足水。最好水塘能经常更换。谚语所谓"要鹅长得壮，一天要换三个塘"、"养鹅无巧，清水青草"就是这个意思。每次放水约半小时，上岸休息 30～60 分钟，再继续放牧。天热时应每隔半小时放水一次，否则影响采食量。

（6）管好鹅群 凡牧地小，草料丰盛处，鹅群应赶得拢些，使仔鹅充分采食。如牧地较大，草料欠丰盛时，就应该赶散些，使之充分自由采食。在驱赶少数离群鹅只时，动作要和缓，以防惊群而影响采食。在放牧期间还应做好有关疫苗的接种工作，不到疫区放牧，防止农药和化肥中毒。此外还应做到防止受热、惊群。

92. 鹅舍内饲养应注意哪些问题？

舍饲饲养方式不受放牧场地和饲养季节等的限制，并能减少放牧时人工的劳动强度，饲养规模大，劳动力、土地利用率高，是现代化规模化养鹅的主要途径。

（1）供给充足的营养 舍饲方式鹅的营养完全依靠人工饲喂，在配方设计时要全面考虑各种营养成分的供给，特别要注意保证蛋白质的营养和钙、磷比例合理。为配合舍饲，要实施人工种草，以保证常年有青饲料供应。青绿饲料要洗净，最好用 0.3% 的高锰酸钾溶液漂洗，以防病从口入。

（2）保证适量的运动 舍饲并不代表不运动，条件允许时要同时设置水上运动场和陆地运动场，保证鹅每天都能适当的运动，运动场内必须堆放沙砾，以防消化不良。

（3）保证充足的饮水 每次喂料后都要注意让鹅充分饮水，同时还要保证饮用水的清洁卫生。

（4）鹅舍要卫生安全 设置能防风、防雨、防野兽的鹅棚，棚外设一长流水的浅水池让鹅游戏，每 3 天垫一次沙，7 天全栏清洁一次。还要特别注意鼠害、兽害，门窗要装防鼠网，防止产生应激反应。

（5）其他　对舍饲鹅，要建立一套稳定的作息制度，合理安排好鹅的休息、采食、下水活动、上岸理毛等，以利于鹅的生长发育。

93. 肉用仔鹅的育肥方法有哪些？

肉用仔鹅的育肥方法包括放牧育肥、舍饲育肥、人工强制育肥。放牧育肥是为了充分利用当地的放牧条件，觅食天然饲料与残株落谷，以节省精料，降低饲养成本，达到迅速肥育的目的。舍饲育肥是全程饲养在鹅舍内，人工给料，快速肥育所采取的一种方法，它可以缩短鹅群育肥周期。人工强制育肥是仔鹅达到一定体重后采取的填饲育肥方法。不同地区应根据当地的具体情况选择合适的育肥方法，也可采取舍饲与放牧相结合的方法。

94. 如何进行鹅群的放牧育肥？

放牧育肥适用于放牧条件较好的地方，主要是要有较多的谷实类饲料和牧草可供放牧。放牧育肥要注意以下三个方面：

（1）选好仔鹅　由于放牧育肥需要将鹅群赶至放牧场地，故在放牧前应选好仔鹅，将体弱的仔鹅另群饲养，待其体质能够适应放牧要求时才能进行。

（2）放牧季节　放牧育肥主要是利用谷实类作物的茬口，所以饲养季节必须与耕作制度相协调，要准确掌握当地农作物收获的时间，据此推算育雏的时间。如江苏春鹅饲养2月龄后，正赶上5月中下旬的麦收季节，麦子收割后可放麦茬田，采食掉下的麦穗、麦粒和草籽。

（3）场地　放牧育肥时，仍按原来的鹅棚为单位，选择水口好、水草多和水边有草地的场所作为休息处，根据放牧田的远近而转移。

95. 如何进行鹅群的舍饲育肥？

舍饲育肥生产效率比较高，肥育均匀度好，适用于放牧条件较差的地方和季节进行集约化饲养。

（1）选好育肥场地 应选择江边半水半陆筑围栏，每栏分为水上运动场、地面运动场和采食处 3 部分。每栏 100 米² 的陆地面积可育仔鹅 500 只。

（2）选好育肥仔鹅 商品鹅应具备毛齐、骨架大和一定体重的特点，因此育肥鹅必须是健康、羽毛丰满整齐的仔鹅。育肥前应剔除残、弱、病、伤鹅，按膘情和体重分级、分群育肥。

（3）日粮的配合与喂量 舍饲育肥要求日粮营养要全面，以获得最快的育肥速度。饲料品种最好多样化，品质要新鲜。日粮的配合与喂量可参照表 6-4。

表 6-4　育肥鹅的日粮与喂量（克）

饲料种类	育肥前期		育肥后期	
	％	每天每只	％	每天每只
青饲料	20	50g	10	25 克
粗饲料	30	75g	10	25 克
精饲料	50	125g	80	200 克
合计	100	250g	100	250 克

（4）加强饲养管理 设置专用食槽，每日饲喂 2 次。青饲料切碎后拌入混合料中饲喂。一般育肥前期为 7 天，育肥后期为 10 天。精料的增加量当视鹅只的健康、食欲和消化情况而定。要求少喂勤添，保证每只育肥鹅吃饱吃好。谷粒饲料应分别泡透浸软，在采食中间要放水一次，然后赶回继续采食。放水时间不宜过长。注意环境的安静，确保鹅群休息，以利长膘，尽量减少应激，严防惊群。

（5）注意清洁卫生 鹅舍、运动场与食槽必须保持清洁，定期消毒。严禁使用对鹅只有害的消毒药品。经常注意查看粪便，防止食欲减退和发生传染病，严格剔除与及时处理病鹅。

96. 怎样检验育肥鹅的膘度？

育肥鹅的膘度是适期收购和屠宰的标准，也是调整饲养管理措施的重要依据，更是提高商品等级的重要指标。检验膘度的方法要求标准、简便和实用。目前大多采用下列 2 种方法：

(1) 检查敏子的丰满度 所谓敏子即是鹅的尾椎与骨盆连接处的凹陷处。检查时用手触摸敏子处，如鹅膘良好，则摸不出凹陷，同时感到肌肉很丰满。

(2) 检查肌肉的丰满度 分为以下 4 种规格：

①一级 胸部平满，已无胸骨突出，背部宽阔，抚摸不到肋骨，肋骨肌肉不凹陷，两翼基部近肋骨附近的肌肉饱满，触之坚硬如"胡桃"，甚至有"双饼子"，俗称"双胡桃饼子"。尾部方圆丰实，全身肥硕，即从胸部到尾部上下一般粗。

②二级 胸部不突出，稍呈平满状，背部较宽阔，背部脊椎骨肋骨不显著突出，凹陷处的肌肉正在生长，翼基部近骨附近的肌肉凸出呈圆状，已坚实，略有"单胡桃饼子"。其尾部耻骨部分，稍圆满，可以摸不到耻骨。整个身体的肥度要丰满，俗称"从胸部到尾部步步细。"

③三级 胸骨稍为突出，翼基部肋骨附近的肌肉已开始突出，但仍柔软不结实，全身肥度稍为丰满，但并不显著。

④不列级 胸骨不大突出，胸腔大，胸部宽阔，体躯长，翼基部肋骨附近的肌肉已开始显露，或尚未显露。

97. 如何选择育肥鹅的最佳出栏期？

育肥鹅的出栏时间主要决定于鹅的生长发育规律和市场价格两个方面。一般公鹅生长快，母鹅生长慢，所以育肥鹅最好公母分期出栏；不同品种的肉用仔鹅都有一个最佳的平均日增重和料重比，仔鹅一般在生长 8 周龄后，饲料消耗急剧增加，但体重的增长速度开始减慢，饲料报酬开始降低。此外，由于消费习惯的影响，市场价格都有一个相对较高的季节。饲养专业户应根据育肥生长速度和饲料消耗情况随时进行成本核算和市场行情预测。当市场肉鹅紧缺、价格上涨、饲养者有利可图时，适宜提早出栏，既可满足市场需要，还可获得较好利润，又可增加饲养批次，提高鹅舍及其设备利用效率。

98. 如何选择优良的后备种鹅？

后备种鹅的选择一般在 70 日龄左右进行。这时鹅的生长发育已明显表现，体质体形已大体清楚，生产性能中的肉用性能已可测定，应进行初步的个体综合鉴定，并酌情进行旁系测定。具体操作时首先应选择健康结实，适应性强，体形外貌、体重体尺符合品种特征的个体；其次可查阅其系谱资料，确认具有稳定的遗传性，并且其祖先应具备良好的生产性能；最后可选择全同胞或半同胞个体进行肉用性能测定，剔除不符合要求的个体。

99. 后备种鹅饲养管理有哪些关键技术？

后备期是种鹅饲养的重要时期，通常可将整个后备期划分为前期（5 至 10 周龄）、中期（11 周龄至产蛋前 4 周）和后期（产蛋前 4 周）三个阶段，应针对各阶段的不同特点采取相应的饲养管理措施。

（1）前期 在育雏结束转入后备期前，要选择生长发育良好、体型正常的鹅只组成后备种鹅群，淘汰体重较小、有伤残、有杂色羽毛的个体。按体质强弱、批次分群，一般以每 200 只鹅为一群，不宜过大。来源于不同群体的后备鹅重新组群后，可能由于彼此不熟悉，常常不合群，出现以大欺小、以强欺弱而影响个体的生长发育和群体整齐度，甚至有"欺生"等现象发生。在这种情况下应加强管理和调教，使其尽早合群。

（2）中期 中期应实行限制饲养。

①限制饲养的目的 对于产蛋种鹅而言，限制饲养的目的在于控制体重，防止过大过肥，使其具有适合产蛋的体况，使得后备种鹅适时地性成熟，比较整齐一致地进入产蛋期。如果不进行限制饲养，则

个体间生长发育不整齐，开产时间参差不齐，导致饲养管理十分不便，加上过早开产的蛋较小，母鹅产小蛋的时间较长，种蛋的受精率低，达不到种用标准。通过限制饲养还可以训练后备种鹅耐粗饲的能力，培育成有较强的体质和良好的生产性能的种鹅；可以延长种鹅的有效利用期，节省饲料，降低成本，达到提高饲养种鹅经济效益的目的。此阶段一般从 120 日龄开始至开产前 50～60 天结束。

②限制饲养的方法　目前种鹅的限制饲养方法有两种：一种是减少补饲日粮的饲喂量，实行定量饲喂；另一种是限制饲料的质量，降低补饲日粮的营养水平。限制饲养时一定要根据放牧条件、季节以及鹅的体质，灵活掌握饲料配比和喂料量。在限料期应逐步降低饲料的营养水平，每日的喂料次数由 3 次减为 2 次，尽量延长放牧时间，逐步减少每次给料的量。限制饲养阶段，母鹅的日平均饲料量一般比生长阶段减少 50％～60％。后备种鹅经前期生长阶段的饲养锻炼，放牧采食青草的能力强，在草质良好的牧地，可不喂或少喂精料；放牧条件较差的时候适当补饲。舍饲的后备种鹅日粮中要加喂 30％～50％的青绿饲料，供应饮水并注意补充矿物质及维生素。种鹅育成期喂料量的确定是以种鹅的体重为基础，体重的标准参见表 6-5。

表 6-5　种鹅育成期体重控制指标　　单位：千克

周龄	小型鹅种		中型鹅种		大型鹅种	
	母	公	母	公	母	公
8	2.5	3.0	—	—	—	—
9	2.5	3.0	—	—	—	—
10	2.6	3.1	3.5	4.0	—	—
11	2.6	3.1	3.6	4.1	—	—
12	2.7	3.2	3.7	4.2	4.5	5.0
13	2.7	3.2	3.8	4.3	4.6	5.1
14	2.8	3.3	3.8	4.4	4.7	5.2
15	2.8	3.3	3.9	4.5	4.8	5.3

（续）

周龄	小型鹅种		中型鹅种		大型鹅种	
	母	公	母	公	母	公
16	2.9	3.4	4.0	4.6	4.9	5.4
17	3.0	3.5	4.1	4.7	5.0	5.5
18	3.1	3.6	4.2	4.8	5.1	5.6
19	3.2	3.7	4.2	4.9	5.2	5.7
20	3.3	3.8	4.3	5.0	5.3	5.8
21	3.4	3.9	4.4	5.1	5.4	6.0
22	3.5	4.0	4.5	5.2	5.5	6.1
23	—	—	4.5	5.3	5.6	6.2
24	—	—	4.6	5.4	5.7	6.3
25	—	—	4.7	5.5	5.8	6.4
26	—	—	4.8	5.6	5.9	6.6
27	—	—	4.9	5.8	6.0	6.7
28	—	—	5.0	6.0	6.1	6.8
29	—	—	—	—	6.2	7.0
30	—	—	—	—	6.3	7.2
31	—	—	—	—	6.4	7.4
32	—	—	—	—	6.6	7.6
33	—	—	—	—	6.8	7.8
34	—	—	—	—	7.0	8.0

注：各周龄鹅群的整齐度通常情况下应保证在80%以上。

为了控制鹅群的整齐度，从8周龄开始应每周对鹅群进行抽样称重，计算平均体重。方法是从8周龄开始，每周末或周一早上饲喂前空腹状态下随机抽样10%的个体，逐个称重，计算平均体重和群体的均匀度，然后与上表的标准体重进行比较，如在标准体重的上下2%范围内，则继续按既定的限饲程序进行；如超过2%，则本周每只每天减少喂料5～10克；如低于标准体重的2%，则本周每只每天加料5～10克，到下周再进行称重比较。称重时注意公母分开称重，分开计算。

③限制饲养期的管理　限制饲养阶段，无论给料次数多少，补料时间应在放牧前 2 小时左右，以防止鹅因放牧前饱食而不采食青草；或在放牧后 2 小时补饲，以免养成收牧后有精料采食，便急于回巢而不大量采食青草的坏习惯。限制饲养阶段的管理要点如下：

A. 合理分群：限制饲养阶段开始前，将鹅群按体重轻重分为大、中、小三个群，按不同分量喂料。体重中等的按限制饲养方案进行饲养，体重重的比方案少喂 5％～10％的饲料，体重轻的比方案多喂 5％～10％的饲料。以后每周或每两周调整一次。

B. 注意观察鹅群动态：在限制饲养阶段，随时观察鹅群的精神状态、采食情况等，发现弱鹅、伤残鹅等要及时剔除，进行单独的饲喂和护理。弱鹅往往表现出行动呆滞，两翅下垂，食草没劲，两脚无力，体重轻，放牧时落在鹅群后面，严重者卧地不起。对于个别弱鹅应停止放牧，进行特殊管理，可喂以质量较好且容易消化的饲料，到完全恢复后再放牧。

C. 放牧场地选择：放牧场地的选择应考虑季节因素等，民间有"夏放麦茬，秋放稻茬，冬放湖塘，春放草塘"的说法。具体选择放牧场地时应选择水草丰富的草滩、湖畔、河滩、丘陵以及收割后的稻田、麦地等。放牧前还要调查牧地附近是否喷洒过有毒药物，否则，必须过一周或下过大雨后才能放牧。

D. 注意防暑：育成期种鹅往往处于 5 至 8 月份，气温高，放牧时应早出晚归，避开中午酷暑，早上天微亮就应出牧，上午 10：00 左右将鹅群赶回圈舍，或赶到阴凉的树林下让鹅休息，到下午 3：00 左右再继续放牧，待日落后收牧，休息的场地最好有水源，以便于饮水、戏水、洗浴。

E. 搞好鹅舍的清洁卫生：每天清洗食槽、水槽，保持垫草和舍内干燥，定期进行消毒。育成初期的鹅抗病力还较弱，容易诱发一些疾病，最好在饲料中添加一些复合维生素等抗应激和保健药。放牧的鹅群易受到野外病原体的感染，应严格按照免疫程序接种小鹅瘟血清、禽流感疫苗、鸭瘟疫苗和禽霍乱疫苗。

(3) 后期 经限制饲养的种鹅，应在开产前 60 天左右进入恢复饲养阶段，此时种鹅的体质较弱，应逐步提高补饲日粮的营养水平，并增加喂料量和饲喂次数。日粮蛋白质水平控制在 15%～17% 为宜，每日喂 2～3 次。经 20 天左右的精心饲养，后备种鹅体重又会很快增加，体重可恢复到限制饲养前期的水平，并陆续换上新羽。为了缩短换羽时间，并使鹅群换羽时间整齐一致，可在体重恢复后进行人工强制换羽。强制换羽后应加强饲养管理，从而使后备种鹅整齐一致地进入产蛋期。公鹅补料要提前进行以促进其早点换羽，早点恢复体质，以便在母鹅开产时有充沛的精力进行配种。

育成期如公母鹅分开饲养，则在母鹅开产前 1 个月左右将公鹅放入母鹅群。混群前应对公母鹅进行免疫和驱虫等工作。还要注意恢复饲养开始时喂料量不可提高得过快，要有一个过程，一般经 4～5 周过渡到自由采食，刚开始自由采食的鹅群采食量可能较高，几天后会恢复到正常水平，即每只每天采食配合饲料 80～250 克。

100. 如何选择种鹅？

饲养种鹅的目的在于取得数量多、质量好的种蛋，以便更新鹅群和生产肉用仔鹅。因此，必须对青年种鹅严加选择。目前养殖户大多采用外貌选择法，而在种鹅场则考虑到血缘、生产力、后裔性能等育种指标。不同品种的鹅选种标准不一样，具体方法如下：

(1) 体型外貌 总的要求是体格健壮，骨骼粗实，体重、毛色符合品种要求，两脚间距宽，精神饱满。种公鹅还应要求体格高大匀称，有雄相，大头阔脸，凸眼饱珠，明亮有神，喙部要长而钝，紧合有力，颈要粗长有力，前段应呈弓形，肩阔胸挺，腹部要平，胫部粗实，叫声洪亮。而母鹅要头面清秀，喙短，眼睛饱满有神，颈要细，中等长，两翅紧扣体躯，羽毛紧密而富光泽，体躯较长，臀部圆阔，脚稍短，尾不翘，即要"一表身材"。

(2) 选种方法 选种应在清晨进行。将公母鹅分开，将鹅群散放在草地上，任其自由活动，边看边选，并行称重，凡是杂毛、扁头、歪尾、垂翅、跛脚、瞎眼、病弱的鹅只，都应严格淘汰，不能留作种用。以后在繁殖期间，再根据种公鹅的交配能力，以及母鹅的产蛋、休产和换羽等生产记录，进一步选择与淘汰。

101. 种母鹅产蛋前饲养管理关键技术有哪些？

（1）**日粮配合**　开产前 1 个月左右，饲料逐渐过渡为产蛋期饲料，精料、青料比例大体是 7：3。白天饲喂以青绿饲料为主，晚上则以精饲料为主。在鹅舍内和运动场上设置料盆，并添加干净的贝壳粒让鹅自由采食，以满足种鹅对矿物质的需要。这一时期，在饲养上仍要充分放牧，以充分利用饲草，降低饲养成本，也可进一步锻炼鹅群体质，防止过肥，保持良好的种用体况。

（2）**人工光照**　种鹅饲养大多采用开放式鹅舍，如果仅利用自然光照，不采用人工补充光照，会对产蛋有一定的影响。光照强度按每平方米用 5～8 瓦灯泡，且灯泡吊高离地 2 米（带罩）。光照强度切忌忽强忽弱，光照时间切忌忽长忽短。10 月开始产蛋的种鹅，自然光照每日只有 10 个多小时，必须在晚上开电灯补充光照，使每天实际光照达到 13 小时左右，此后每隔 1 周增加半小时，逐渐延长，直至达到每昼夜光照 16 小时为止，并将这一光照时数保持到产蛋期结束。采用人工补充光照，弥补了自然光照不足，能促使母鹅在冬季增加产蛋量。

（3）**公母比例**　要对种鹅进行合理组群，每群应在 60～100 只，并保持适当的公母比例，中型鹅为 1：（3～5），大型鹅 1：（3～4），小型鹅 1：（6～7）。另外，留 3％左右的后备公鹅。

（4）**卫生防疫**　种鹅健康才能正常生产，种鹅一旦患病，其产蛋量、配种能力、种蛋孵化率都会明显下降，因此，必须高度重视种鹅的卫生防疫工作。产蛋期间的种鹅应重点预防"蛋子瘟"和"禽霍乱"。即使是已进行过防疫注射的鹅群，也要在产蛋期间搞好环境的消毒，产蛋后期还需要服药预防。在整个产蛋期间，每月对鹅群活动场所用百毒杀、过氧乙酸等喷洒 2～3 次。种鹅发病时要采取隔离病鹅、深埋死鹅、严格消毒和药物治疗等综合措施，尽快控制或扑灭疫情。

102. 种鹅产蛋期饲养管理关键技术有哪些？

（1）日粮配合和饲喂方式 放牧鹅群要加强放牧，使用种鹅产蛋期日粮适当补饲，并逐渐增加补饲量。舍饲的鹅群还应注意日粮中营养物质的平衡，使种鹅的体质得以迅速恢复，为产蛋积累营养物质。

由于种鹅连续产蛋，消耗的营养物质特别多，特别是蛋白质、钙、磷等营养物质。如果饲料中营养不全面或某些营养物质缺乏，则易造成产蛋量的下降，种鹅体况消瘦。因此，产蛋期种鹅日粮中在保证其他养分的前提下，蛋白质水平应逐渐增加到 18%～19%，才有利于提高母鹅的产蛋量。

随着鹅群产蛋量的上升，要适时调整日粮的营养浓度。建议产蛋初期母鹅日粮营养水平为：代谢能 10.88～12.13 兆焦/千克、粗蛋白质 15%～17%、粗纤维 6%～8%、赖氨酸 0.8%、蛋氨酸 0.35%、胱氨酸 0.27%、钙 2.25%、磷 0.65%、食盐 0.5%。参考饲料配方：玉米 63.5%、豆粕 15%、芝麻饼 7.0%、麦麸 5.0%、菜籽饼 1.3%、石粉 4.6%、磷酸氢钙 1.7%、食盐 0.4%、鸡预混料 1.5%。

产蛋期种鹅一般每日补饲 3 次，早上 9：00 喂第一次，然后在附近水塘、小河边休息，草地上放牧；中午喂第二次，然后放牧；傍晚回舍在运动场上喂第三次。回舍后在舍内放置矿物质饲料和清洁饮水，让其自由采食饮用。具体补饲量应根据鹅的品种确定，一般大型鹅种 180～200g，中型鹅种 130～150g，小型鹅种 90～110g。补饲量是否恰当，可根据鹅粪来判断，如果粪便粗大、松软呈条状，轻轻一拨就分成几段，说明鹅采食青草多，消化正常，用料合适；如果粪便细小结实，断面呈粒状，则说明采食的青草较少，补料量过多，消化吸收不正常，容易导致鹅体过肥，产蛋量反而不高，可适当减少补料量；如果粪便色浅而不成形，排出即散开，说明补饲用量过少，营养物质缺乏，应增加补饲量。喂料要定时定量，先喂精料再喂青料，青料可不定量，让其自由采食。

（2）适宜的公母配种比例 为提高种蛋的受精率，除考虑种鹅的营养需要外，还必须注意鹅群的健康状况，提供适宜的公、母配种比例。由于鹅的品种不同，公鹅的配种能力也不同。配种比例一般小型鹅种1：（5～6），中型鹅种1：（4～5），大型鹅种1：（3～4）。提供理想的水源对于提高种蛋的受精率具有重要的意义，产蛋前期，母鹅在水中往往围在公鹅周围游水，并对公鹅频频点头亲和，表示出求偶的行为。因此，要及时调整好公、母鹅的配种比例。

（3）产蛋期种鹅的管理

①产蛋管理 母鹅产蛋期间，加强对产蛋的管理，有利于提高种蛋的数量及合格率。

A. 勤拣蛋：母鹅产蛋期间要勤拣蛋，一般每天拣蛋4～6次，并注意保持种蛋的清洁，拾起来的蛋，钝端向上，铺平存放。而且上午放牧的场地应尽量靠近鹅舍，以便部分母鹅回窝产蛋，从而减少种蛋的丢失和破损。

为了便于拣蛋，必须训练母鹅在固定的鹅舍或产蛋棚中产蛋，特别对刚开产的母鹅，更要多观察训练。母鹅产蛋时间大多数在深夜2：00至早上8：00左右，下午产蛋的较少。母鹅产蛋的持续时间是很不一致的，一般是隔天产1枚，有的隔两天产1枚。广东鹅一般每窝产蛋6～9枚，每年产蛋3～4窝，有的5窝。每产完一窝之后，即开始抱窝，醒抱后经14～25天再次产蛋。

B. 防止窝外蛋：母鹅具有在固定位置产蛋的习惯，生产中为了便于种蛋的收集，要在鹅舍附近搭建一些产蛋棚，长3.0米，宽1.0米，高1.2米，每千只母鹅需搭建3个产蛋棚，产蛋棚内地面铺设软草做成产蛋窝，尽量创造舒适的产蛋环境。产蛋时可有意训练母鹅在产蛋棚内产蛋，一般经过一段时间的训练，绝大多数母鹅都会在产蛋棚产蛋。母鹅在棚内产完蛋后，应有一定的休息时间，不要马上赶出产蛋棚。另外，如发现有的初产母鹅不是回舍内产蛋，而是在草丛中产蛋，则将母鹅连同所产的蛋一同带回舍内放到产蛋窝中，并用竹箩盖住，经过1～2次训练，鹅便可习惯回舍内产蛋了。若让母鹅养成在外随处产蛋的习惯，以后这种习惯就很难纠正，容易漏蛋。

②环境控制

A. 注意保温：鹅产蛋适宜的温度为 18～20℃，严寒的冬季正赶上母鹅临产或开产的季节，要注意鹅舍的保温。夜晚关闭鹅舍所有门窗，门上要挂棉门帘，北面的窗户在冬季要封死。鹅舍最好设有保温取暖设备，以充分发挥鹅的产蛋性能。为了提高舍内地面的温度，舍内要多加垫草，还要防止垫草潮湿。天气晴朗时，注意打开门窗通风，降低舍内湿度。受寒流侵袭时，要停止放牧，多喂精料。放水后要让鹅理干羽毛再赶入舍内。

B. 补充光照：鹅对光照反应也很敏感，补充光照可使产蛋量增加，特别是产蛋量低的品种。补充光照后产蛋量提高更快。产蛋期种鹅的适宜光照为每天 12～14 小时。舍饲产蛋种鹅在日光不足时可进行人工补充光照，每平方米 5～8 瓦的白炽灯即可维持正常的产蛋需要，灯与地面的距离为 1.75 米高。补充光照应在开产前一个月开始较好，由少到多，直至达到适宜的光照时间。在自然光照条件下，母鹅每年（产蛋年）只有 1 个产蛋周期，采用人工光照后，可使母鹅每年有 2 个产蛋周期，多产蛋 5～20 枚。但不同品种在不同季节所需光照也不同，如四季鹅，每个季度都产蛋，故每个季度所需光照也不同。

C. 通风与卫生：产蛋鹅代谢旺盛，要求环境的空气新鲜。饲养密度在冬季可每平方米 5～7 只，夏季应少些，每平方米 3～4 只。运动场要定时打扫，清除粪便与杂物，舍内垫草须勤换，定时清理鹅粪。鹅舍和运动场还要定期消毒，防止传染病和其他疫病的发生。

③合理交配　为了保证种蛋有较高的受精率，除了对种鹅要喂以足够的优质饲料，以使其身体健壮外，还要合理确定公母鹅的比例。鹅的自然交配在水面上完成，除了东北鹅可在陆地上配种外，大多数鹅需在水上配种。因此，要提供一合适水塘或水池供鹅配种用。种鹅在早晨和傍晚性欲旺盛，要利用好这两段时间，早上放水要等大多数

鹅产蛋结束后进行，晚上放水前要有一定的休息时间。

④搞好放牧管理　母鹅产蛋期间，应就近放牧，避免走远路引起鹅群疲劳，便于母鹅回舍产蛋。放牧过程中，特别应注意防止母鹅跌伤、挫伤而影响产蛋。

⑤预防应激　在种鹅的饲养管理过程中存在着多种应激因素，如厮斗、拥挤、驱赶、气候变化、设备变换、光照变化、饲料改变、大声吆喝、粗暴操作、随意捕捉等，都会影响鹅的生长发育和产蛋量。应激理论近年来已被普遍应用于养鹅生产中，应避免养鹅环境的突然变化，饲料内添加维生素E有缓减应激的作用。

⑥控制就巢性　我国许多鹅品种在产蛋期间都表现出不同程度的就巢性（抱窝），对产蛋量造成很大的影响。如果发现母鹅有恋巢表现时，应及时隔离，将其关在光线充足、通风凉爽的地方，只给饮水不喂料，2～3天后喂一些干草粉、糠麸等粗饲料和少量精料，使其体重不过于下降，待醒抱后能迅速恢复产蛋。也可使用市场上出售的"醒抱灵"等药物促其醒抱。

⑦产蛋期每日操作规程　挑出死病弱残个体（淘汰）→拣蛋→仔细观察产蛋鹅精神状态→观察粪便情况→听叫声→饲喂青饲料→给饲精料→观察采食情况→记录→打扫卫生→消毒或防疫→配料。

(4) 建立生产记录档案　种鹅场应有完整的生产记录档案，生产记录档案包括进雏日期、进雏数、雏鹅来源、饲养人员等。每日生产记录包括：日期、日龄、死亡数、死亡原因、存栏数、温度、湿度、免疫记录、消毒记录、用药记录、喂料量、添加剂的使用、鹅群健康状况、出售日期、数量、购买单位等。每批种鹅的生产记录应保存2年以上，以便检查。

103. 影响种蛋受精率的主要原因是什么？

(1) 公鹅性机能缺陷　主要表现为生殖器萎缩，阴茎短小，甚至出现阳痿，交配困难，精液品质差。

(2) 公鹅选择性配种　有些公鹅还保留有较强的择偶性，这样将减少与其他母鹅配种的机会，从而影响种蛋的受精率。

（3）**公鹅比例** 当性别比例失调，公鹅过多时，容易因争雌咬斗而发生伤亡。公鹅过少时，又会因配种量太大而影响精液品质。

（4）**公鹅换羽** 公鹅换羽时，也会出现阴茎缩小，配种困难的情形。

104. 如何提高鹅蛋的受精率？

鹅群的配种是否良好，直接影响到受精率的高低，也影响到孵化率与雏鹅品质、鹅群的更新和产肉力以及经济效益。因此，在产蛋中必须掌握以下几个重要环节：

（1）**选好种鹅** 种鹅要求体格健壮，觅食力强，体重达到指标。要检查公鹅阴茎的发育程度，在繁殖期间也须适时淘汰体弱、配种能力不强的公鹅。

（2）**适龄配种** 公鹅性成熟期多在 5 月龄，也即第二次换羽结束时。但过早利用交配，公鹅容易发育不全，导致受精率低。在限制饲喂的情况下，母鹅性成熟一般在 7～8 月龄。因此实际交配的有效季节多在 11 月下旬以后。俗话说："雄配少，雌配老"，系指公鹅要年轻而性欲旺盛者，老公鹅交配能力差。

（3）**公母比例** 一般说来，鹅群公母比例，中型鹅为 1：（3～5），大型鹅 1：（3～4），小型鹅 1：（6～7）。在良好的饲养管理条件下受精率一般可保持在 90％左右。实践证明，公鹅过多，容易因争雌咬斗而发生死亡，或因争配而致母鹅淹死于水中。

（4）**水源良好** 水面宽阔，鹅群散得开，减少公鹅争斗机会而增多交配机会。水深应在 1 米左右，以便于进行交配。

（5）**配种时间** 交配的时间最好掌握在母鹅产蛋之后进行，此时受精率较高。实践证明，早晨公鹅性欲最为旺盛，优良的种公鹅一个上午能交配 3～5 次，为此应抓好头次开棚放水配种的有利时间，或采用多次放水，尽量使母鹅获得复配机会。因此，每日至少放水配种 4 次，务必掌握好鹅的动态，不过度集中与分散，任其自由交配，然后理毛休息。在关棚饲养时，采取多次人工控制放水配种，完全能够克服受精率不高的缺点。

（6）**克服季节影响**　在整个繁殖季节里，各月受精率是不平衡的。一般在开产初期与产蛋后期，其受精率较低，而产蛋旺季则较高。据太湖鹅的资料分析，1～3月份受精率较高，从4月份起逐渐下降，至6月份最低。为此应从公鹅的饲养管理上采取相应的措施。

（7）**加强饲养管理**　实践证明，在丰富的饲料和充分放牧时，公鹅的配种能力旺盛，母鹅的性活动也活跃，受精率较高。关棚饲养时，要加大鹅的活动量，勤放水，勤配种，注意青饲料供应，搭配好饲料，补充好矿物质饲料，同样能获得较高的受精率。

105. 如何管理就巢母鹅？

夏季有的母鹅产一阶段蛋后，有恋巢现象。采用天然孵化时，母鹅有抱窝现象时，就可放入种蛋正式孵化。在孵化过程中，有时母鹅起立微鸣不安，并有啄草覆盖蛋面的行动，这是母鹅要排粪。可用双手执翼尖把鹅提起，让肛门向着孵化巢外，肛门反复多次抽动，母鹅鸣叫，粪便排出。鹅在孵化期为避免粪便污染鹅蛋，多数喂水不喂料。如发现体质过弱，每隔1～2天放出喂料，维持其孵化机能。母鹅放出喂料后，帮助把边缘的蛋换到中间，再盖上单被。天热母鹅站立不肯孵化时，每天饮凉水3～4次，或用棉花沾凉水涂鹅头，使母鹅感觉凉快，便能安静进行孵化。就巢结束的母鹅一般很瘦，先将鹅围起来，给2～3天的饮水、不给食，使其醒窝。这种鹅可专栏饲养，每天喂2～3次较好的饲料，并在较近的草地放牧。当鹅体状况好转后，再转入产蛋鹅群中。

现在多采用人工孵化，不需要母鹅自行孵化。为了提高母鹅的产蛋量，如发现母鹅就巢，应采取措施，催其醒窝，以便早日产蛋。方法是：在有水的地方，将抱窝的母鹅围困在浅水中3～5天，使它不能伏卧，能较快醒窝。

106. 种鹅要不要"年年清"？

所谓"年年清"就是不论公母种鹅，一到次年产蛋季节接近尾声和少数鹅开始换羽之际，即行全部淘汰，而重新选留当年的清明鹅或夏鹅作为后备种鹅的禽群更新制度，以求得较高的受精率和孵化率。这是一种淘汰制的做法，对于节省饲料、保持经济效益、充分利用棚舍设备和劳动力，无疑是有利的。因此迄今仍为广大养鹅地区所沿用。

但也有少数地区有留养老鹅 2～3 年的习惯。从育种工作看，老鹅的产蛋量并不低于第一年，且蛋形大，孵出的雏鹅亦大，容易饲养，且品质优良，对提高种鹅的生活力与产肉力，是有其一定的育种价值的。为了提高鹅群的产蛋量，从一年鹅中挑选那些体形好、换羽迟的母鹅，合理组织鹅群。一般母鹅群的年龄结构为：1 岁鹅占 30％，2 岁鹅占 35％，3 岁鹅占 20％，4 岁鹅占 15％。

107. 怎样进行鹅的人工强制换羽？

鹅的人工强制换羽可缩短自然休产期，加速换羽过程，使鹅群换羽整齐，提早恢复产蛋，从而提高年产蛋量，并可增加耐粗饲、耐寒的能力。

强制换羽前，停止人工光照，停料 3 天，只供给少量青饲料，保证充足的饮水，从第 4 天开始，喂给由青饲料、糠麸和糟渣等组成的粗饲料，至第 10 天试拔主翼羽、副翼羽和主尾羽。如果羽毛干枯，试拔感觉不费劲，即可逐根拔除，如果感觉不好拔或拔出的羽根带血，要隔 3～5 天再拔。拔羽后 2～3 天禁止放牧，禁止鹅下水，避免淋雨和烈日暴晒。在新羽生长期间，要供给优质青饲料，每天补饲 2～3 次精饲料。如果拔羽后 1 个月新羽仍然没有长出，则要加大饼粕的补充量，使日粮中的蛋白质含量达到 15％。换羽完毕后，以放牧为主，减少精饲料投喂量，防止鹅体过肥影响产蛋。注意强制换羽时，公鹅与母鹅应分群管理，且公鹅应提前 2～3 周换羽，待母鹅全部换羽完毕后，即可将公鹅与母鹅混群饲养。

对拔羽后的鹅，要加强饲养管理，将鹅群围养在干净的运动场内饲喂与休息，不让其下水，防止感染。喂量由少到多，质量由粗到精，逐步过渡到正常。5～7 天后开始恢复放牧。

108. 怎样鉴别产蛋母鹅和停产母鹅?

产蛋母鹅的产蛋率达二三成时,食管膨大部不突出。产蛋量达35个左右时,因肛门松弛,从外表看似一个"酒盅杯"状凹陷。耻骨间距离有3～4指宽,鸣声急促、低沉。一般说来,刚开产不久的母鹅由于羽毛光滑润泽,雨水不沾。

鉴别停产母鹅的简易方法是:用左手捉住母鹅两翼基部,手臂夹住头颈部,再用右手掌在其腹部顺着羽毛生长方向,用力向前摩擦数次,如有毛片脱落者,即为停产母鹅,应予以淘汰。

109. 如何管理休产期种鹅?

种鹅的产蛋期长的有8～9个月。产蛋期除受品种影响外,各地区气候不同,产蛋期也不一样。我国南方集中在冬、春两季产蛋,北方则集中在2月～6月初。产蛋末期产蛋量明显减少(产蛋率降至5%以下),畸形蛋增多,公鹅的配种能力下降,种蛋受精率降低,大部分母鹅的羽毛干枯,种鹅进入持续时间较长的休产期。

(1)整群与分群 为了保持鹅群正常的繁殖力,每年休产期间要对鹅群进行整群,淘汰低产、伤残、患病的种鹅,同时补充优良鹅只作为种用,以保证种鹅的生产规模。常用的整群方法如下:

①全群更新 将原来饲养的种鹅全部淘汰,全部选用新鹅来代替。种鹅全群更新一般在饲养3～5年后进行,如果产蛋率和受精率都较高的话,还可适当延长1～2年。

②分批更新 鹅繁殖的季节性较强。一般每年的春天4～5月开始陆续停产换羽,这时可先淘汰那些换羽的公母鹅,以及伤残个体;然后再淘汰那些没有产蛋但未换羽,耻骨间距在3指以下的鹅,同时淘汰多余的公鹅,淘汰的种鹅作为肉鹅育肥出售。同时每年按比例补充新的后备种鹅,重新组群。公鹅的利用年限一般为2～3年,母鹅一般为3～5年。一般母鹅群的年龄结构为:1岁鹅占30%,2岁鹅占25%,3岁鹅占20%,4岁鹅占15%,5岁以上的鹅占10%。根

据上述年龄结构，每年休产期要淘汰一部分低产老龄鹅，同时补充新种鹅，新组配的鹅群必须按公、母鹅比例同时换放公鹅。

为了使公母鹅能在休产期后期达到最佳的体况，保证较高的受精率，以及在活拔羽绒后管理方便，种鹅在休产期整群后要实行公母鹅分群饲养。

（2）强制换羽 在自然条件下，母鹅从开始脱羽到新羽长齐需较长的时间。换羽有早有迟，其后的产蛋也有先有后。为了缩短换羽的时间，保证换羽后产蛋整齐，可采用人工强制换羽。

人工强制换羽是通过改变种鹅的饲养管理条件，促使其换羽。换羽之前，首先清理鹅群，淘汰产蛋性能低、体型较小、有伤残的母鹅以及多余的公鹅。其次停止补充光照，停料 2~3 天，只提供少量的青饲料，但保证充足的饮水；第 4 天开始喂给由青料加糠麸、糟渣等组成的青粗饲料；第 10 天左右试拔主翼羽和副翼羽，如果试拔不费劲，羽根干枯，可逐根拔除，否则应隔 3~5 天后再拔，最后拔掉主尾羽，躯体上的羽毛也会逐渐脱落。拔羽后当天鹅群应圈养在运动场内喂料、喂水，不能让鹅群下水，防止细菌污染，引起毛孔发炎。拔羽后一段时间内因其适应性较差，应防止雨淋和烈日暴晒。

在规模化饲养的条件下，往往把鹅群的强制换羽和活拔羽绒相结合，即在整群和分群后，采用强制换羽的方法处理后，对鹅群适时活拔羽绒。既可以增加经济效益，又可以使鹅群开产整齐，便于管理。

（3）休产期饲养管理要点 种鹅休产期时间较长，没有经济效益。休产期种鹅的饲养管理应注意以下两点：

①降低营养水平 进入休产期的种鹅应以放牧为主，舍饲为辅，补饲糠麸等粗饲料，将产蛋期的日粮改为育成期日粮。其目的是消耗母鹅体内的脂肪，使羽毛干枯，便于拔羽，可缩短换羽时间；还可以提高鹅群耐粗饲的能力，降低饲养成本。休产期的前段时间（约 1 个月）要粗养，减少精料。粗养 1 个月后，种鹅羽毛大部分干枯，可进行人工活拔羽毛。拔羽后要加强营养，头几天鹅群实行圈养，避免下水，供给优质青饲料和精饲料，并要注意在饲料中增加矿物质饲料。如 1 个月后仍未长出新羽，则要增加精料喂量，尤其是蛋白质饲料，如各种饼粕和豆类。这段时间的饲养是关键，过肥、过瘦都会影响鹅

的生殖机能，产蛋前1个月注射小鹅瘟疫苗。

②调整饲喂方法　种鹅停产换羽开始，逐渐停止精料的饲喂，并逐渐减少补饲次数，开始减为每天喂料1次，后改为隔天1次，逐渐转入3～4天喂1次，12～13天后，体重减轻大约1/3，再逐渐恢复喂料。拔羽后应加强饲养，公鹅每天喂3次，母鹅喂2次，使鹅群达到一定的肥度，有利于早点进入下一个产蛋期。

（4）活拔羽绒　活拔羽绒是根据鹅羽绒具有自然脱落和再生的生物学特性，在不影响其生产性能的情况下，采用人工方法从活鹅身上直接拔取鹅绒的方法。育成期的鹅群可以进行拔绒；公鹅可常年拔绒；母鹅在产蛋期不能拔绒，因会导致产蛋量明显下降，休产期一般可拔2～3次；淘汰种鹅先拔绒后再育肥上市。进行活拔羽绒不但可增加经济收入，刺激饲养种鹅的积极性，而且还对提高种鹅质量起到了促进作用。对于母鹅而言，采用活拔羽绒技术比自然换羽提前20～30天产蛋，产蛋时间比较一致。

①活拔羽绒前的准备　拔绒前几天应对鹅群进行抽样试拔，如果绝大部分羽毛毛根已经干枯，用手试拔羽毛容易脱落，说明羽毛已经成熟，可以进行拔绒，否则就要再过几天。拔绒前一天晚上停料停水，以便排空粪便，防止拔羽时污染羽绒。如果羽毛很脏，清晨先放鹅下水洗浴，赶上岸后待鹅沥干羽毛再进行拔绒。拔绒前准备好放羽绒的容器、消毒药棉及药水等，以备需要。拔绒宜在天气晴朗暖和的早晨，选择背风向阳的地方进行。

②鹅的保定　拔羽者坐在矮凳上，使鹅胸腹部朝上，头朝后放在操作者大腿上，并用两腿将鹅的头颈和翅膀夹住。

③拔羽操作　拔羽的方法有毛绒齐拔法及毛绒分拔法两种，毛绒齐拔法简单易行，但分级困难，影响售价；毛绒分拔法即把大毛、羽片及羽绒分开拔，分级出售，这种方法是目前比较通用的方法。拔羽的顺序是先从胸上部开始拔，由胸到腹，从左到右，胸腹部拔完后再拔体侧、腿侧、尾根和颈背部。操作时用左手按住鹅的皮肤，右手拇指和食指、中指捏住羽毛根部，顺着羽毛的生长方向，用巧力迅速拔下，每次捏取适量羽毛。在拔羽过程中如出现小块破皮，可用红药水等涂抹消毒，并注意改进手法。在休产期人工拔羽时，公鹅应比母鹅

提前 1 个月进行，保证母鹅开产后公鹅精力充沛。

110. 如何识别母鹅开产？

根据实践检验，可从外貌表现和羽毛变化情况来识别母鹅开产。产蛋母鹅在开产前 10 天左右，表现为食欲旺盛，喜采食青饲料，全身羽毛整齐、光滑，并紧贴体躯，尤其是颈部显得格外紧细，两眼微凸，头部肉瘤发黄，行动敏捷，尾羽平伸舒展，耻骨间距离达 3～4 指宽，鸣声急促、低沉。临产前 1 周，肛门附近异常污秽。临产前 2～3 天，母鹅有衔草做窝动作。

111. 如何饲养管理好种公鹅？

加强种公鹅的饲养管理对提高种鹅的繁殖力有至关重要的作用。

（1）补饲 在鹅群的繁殖期，公鹅由于多次与母鹅交配，排出大量精液，体力消耗很大，体重有时明显下降，从而影响种蛋的受精率和孵化率。为了保持种公鹅有良好的配种体况，种公鹅的饲养，除了和母鹅群一起采食外，从组群开始后，对种公鹅应进行补饲配合饲料。配合饲料中应含有动物性蛋白饲料，有利于提高公鹅的精液品质。补喂的方法，一般是在一个固定时间，将母鹅赶到运动场，把公鹅留在舍内，补喂饲料任其自由采食。这样，经过一定时间（1 天左右），公鹅就习惯于自行留在舍内，等候补喂饲料。开始补喂饲料时，为便于分别公母鹅，对公鹅可作标记，以便管理和分群。公鹅的补饲可持续到母鹅配种结束。

（2）定期检查种公鹅生殖器官和精液质量 在公鹅中存在一些有性机能缺陷的个体，在某些品种的公鹅较常见，主要表现为生殖器萎缩，阴茎短小，甚至出现阳痿，交配困难，精液品质差。这些有性机能缺陷的公鹅，有些在外观上并不能分辨，甚至还表现得很凶悍，解决的办法只能是在产蛋前，公母鹅组群时，对选留公鹅进行精液品质鉴定，并检查公鹅的阴茎，淘汰有缺陷的公鹅。在配种过程中部分个体也会出现生殖器官的伤残和感染；公鹅换羽时，也会出现阴茎缩小，配种困难的情形。因此，还需要定期对种公鹅的生殖器官和精液质量进行检查，保证留种公鹅的品质，提高种蛋的受精率。

（3）**防止种公鹅的择偶性**　有些公鹅还保留有较强的择偶性，这样将减少与其他母鹅配种的机会，从而影响种蛋的受精率。在这种情况下，公母鹅要提早进行组群，如果发现某只公鹅与某只母鹅或是某几只母鹅固定配种时，应将这只公鹅隔离，经过一个月左右，才能使公鹅忘记与之配种的母鹅，而与其他母鹅交配，从而提高受精率。

七、鹅肥肝生产技术

112. 什么叫肥肝？肥肝的营养价值如何？

　　鹅肥肝是指对达到一定日龄、生长发育良好的鹅，通过在短时间内人工强制填饲高能饲料，使其快速肥育，在肝脏中大量沉积脂肪而形成的脂肪肝。鹅肥肝外形厚实，两叶发育匀称，一般重 300～900g，大者可达 1800g，为正常鹅肝的几倍甚至十几倍。

　　肥肝质地鲜嫩，脂香醇厚，味美独特，营养丰富，滋补身体。肥肝含蛋白质 9%～12%、脂肪 40%～50%，其脂肪酸的组成为：软脂酸 21%～22%，硬脂酸 11%～12%，亚油酸 1%～2%，16-烯酸 3%～4%，肉豆蔻酸 1%，不饱和脂肪酸 65%～68%，还含有卵磷脂约 4.5%～7%，脱氧核糖核酸和核糖核酸 8%～13.5%，与普通的鹅肝相比，卵磷脂高 4 倍，核酸高 1 倍，酶的活性高 3 倍多，还富含多种维生素、微量元素及磷脂。肥肝中含有大量对人体有益的不饱和脂肪酸和多种维生素，可降低人体血液中胆固醇，减少类固醇物质在血管上的沉积，减轻和延缓动脉粥样化形成，而且亚油酸为人体所必需，在人体内不能合成，因此肥肝最适于儿童和老年人食用；卵磷脂是当今国际市场保健药物中必不可少的重要成分，它具有降低血脂，软化血管，延缓衰老，防治心脑血管疾病发生的功效。由于肥肝含有诸多对人体有利的元素，因而是国际市场上畅销营养食品之一，被誉为世界"绿色食品之王、三大美味之一（鱼子酱、地下菌块和肥肝）"。

113. 生产肥肝的前景及经济效益如何？

近三十年来，肥肝作为世界上的热门食品越来越受到人们的青睐，正逐步成为人们餐桌上的珍贵佳肴。据统计，世界肥肝产量1978年为2 300吨，1985年为5 000吨，1990年为9 800吨，目前估计为15 000吨以上。法国是世界上生产肥肝最多同时又是进口和消费最大的国家。近年来，要求进口肥肝的国家已扩大到西欧、北美、非洲和亚洲部分国家。

从20世纪80年代开始，中国农业科学院畜牧研究所、四川省畜牧兽医研究所进行了鹅、鸭肥肝试验，上海外贸系统从法国引进了肥肝填饲设备和技术。在1980年11月第一次全国水禽科研生产协会座谈会上，发表了鹅肥肝试验论文。近20年来，我国多家科研院所、院校和生产单位，开展了鹅、鸭肥肝试验和试产工作，为组织肥肝生产提供了大量的科学资料，取得了一批成果。已有上海等地生产出合格的肥肝，并有少量出口，向法国、日本等国试销。尤其是上海青浦县，生产鹅肥肝10余吨，首次投放法国等国际市场。浙江永康自1982年试产肥肝以来，已实现批量生产，其中1990年与日商签订8吨鲜肥肝合同，每吨价格3.5万美元。近年来，根据国内外鹅肝市场需求，广西与法国合资创办了鹅肥肝企业，上海、浙江、江苏等地也相继生产鹅肥肝，这都标志着我国已具备了肥肝生产和出口的能力。

鹅肥肝个大，养分含量高，其营养优于鸭肥肝。通常每千克鹅肥肝国际标价为25～40美元，特级鹅肥肝每千克40美元，巴黎普通的肥肝酱罐头，每罐410g售价约50美元，由新鲜鹅肥肝制作的罐头每千克售价高达300美元。鹅肥肝是当今世界利润最高的鹅产品之一。

114. 生产鹅肥肝的基本要求有哪些？

鹅肥肝生产技术含量高，产品附加值大，经济效益显著。这种特殊产业，相应地具有特殊的生产要求。

（1）鹅的品种及日龄　生产鹅肥肝与鹅品种有关。个体肥肝重与体重呈正相关，体重大的品种有利于肥肝生产。另外，培育和选择个体也是肥肝生产的必要条件。因为个体生产性能高低是决定肥肝等级质量的重要因素。选择填肥鹅日龄的主要依据是看个体发育程度。个体发育好，选择日龄可以短，反之则长。选择日龄短的个体填肥有利于降低饲养成本。

（2）需要大量高能饲料　生产肥肝需要强制填饲单一的高能饲料。各地试验证明，以一年以上陈黄玉米为最好，而且用量较大，一般情况下填肥期的肥肝与料之比是 1∶40，即生产 1 千克肥肝需用玉米 40 千克，再加上其他饲养所需，要有大量的玉米。

（3）需要适宜的温度　生产肥肝受气温影响较大，过冷过热均不利于肥肝生产。因为气温影响肝脏内脂肪的沉积。一般适宜温度在 10～22℃ 之间。

（4）需要大量的劳动力　生产肥肝不适宜机械化生产。虽然在填肥时可使用填饲机，但填肥时仍需手工操作，劳动强度大，工作时间长。此外，饲料调制，鹅只的管理、护理以及屠宰取肝等均需大量的人工操作。所以，肥肝生产属于劳动密集型产业。

115.　在我国生产鹅肥肝有哪些有利条件？

我国有丰富的鹅种资源，气候适宜，高能饲料充足，劳动力多而廉价。这些有利条件都是其他一些国家难以比拟的。因此，我国完全可以成为世界上最大的肥肝生产和出口国。

（1）有丰富的品种资源　我国是世界上鹅种最丰富的国家，有世界上最大的鹅种——狮头鹅，还有世界上产蛋最多的鹅种——豁眼鹅和伊犁白鹅。近几年有的地区还引进了国外鹅种，进一步丰富了我国的鹅种资源。经过 10 多年鹅肥肝生产试验，我国大多数鹅品种具有较好的产肥肝性能，个体产肥肝性能在 350～1400g 之间。这就为大力发展鹅肥肝生产打下了良好的基础。

（2）有成熟的生产技术　我国养鹅历史悠久，广大农村均有养鹅习惯。在鹅的饲养管理、繁育、繁殖、饲料营养、疫病防治等方面总结和积累了丰富的经验。鹅肥肝生产技术，自1980年以来，已有10多个省（直辖市）进行试验并取得成功，有的还有小批量的肥肝产品出口，为大规模生产奠定了技术基础。

（3）有丰富的饲料资源　我国各地水草资源充足，而且玉米是我国的主要粮食作物之一。随着科学技术的进步，将会大大提高玉米单产，这为大规模生产肥肝奠定了基础。

（4）劳动力资源充足　我国人口众多，劳动力资源充足，尤其是广大农村剩余劳动力充足。利用农村这部分劳动力发展肥肝生产，是一项利国富民的好出路。

116. 怎样选择肥肝鹅?

（1）肥肝鹅的品种　品种是影响肥肝鹅生产的关键因素，生产鹅肥肝应选择体型大、生长快、易育肥、胸深宽、颈短粗、耐填食、体质壮的品种。国际上用于肥肝生产的品种，主要有法国土鲁斯鹅、朗德鹅、匈牙利白鹅、莱茵鹅、意大利鹅、以色列鹅、德国埃姆登鹅等。目前，我国应用于生产肥肝的最好品种有狮头鹅、溆浦鹅等。它们具备产肥肝的性能，而且还具有肝质好、繁殖力高等特点。另外，目前用纯种来生产肥肝已逐渐被经济杂交的杂种鹅所代替。即以生产肥肝较好的品种为父本，以产蛋性能较好的品种为母本进行杂交，选择最佳的组合，利用杂交仔鹅生产肥肝。

（2）肥肝鹅的体重　体重较小的鹅，发育年龄相对较短，机体生长发育要消耗的养分较多，养分能转为脂肪在肝脏中沉积的部分就较少。同时其胸腹腔容量较小，食管容积较小，能填喂的饲料量少，且肝脏可增大的空间也小，生产的肥肝当然就较小。

一般认为肥肝鹅体重选择，大、中型品种体重宜在5千克左右，小型品种宜在3千克以上。

（3）肥肝鹅的性别　一般来说，鹅的性别对肝重的影响较小。但从实践情况看，母鹅比公鹅易肥育，这与其雌性激素分泌有关，但同时母鹅又娇嫩一些，耐填性与抗病力差一些，所以育肥前应适当选择，淘汰弱小母鹅，以提高整体产肝数量和质量。

（4）肥肝鹅的年龄　生产肥肝的鹅，以体成熟基本完成的为好。这时鹅消化吸收的养分，除用于维持需要外，不再用于一般体组织的生长发育，即可较多地用于转化成脂肪沉积。同时鹅的胸腹腔大，消化能力强，肝细胞数量较多，肝中脂肪合成酶的活力比较强，这些都有利于肥肝增大。就我国鹅种来看，大、中型品种宜在 4 月龄、小型品种宜在 3 月龄时开始填饲较好。

117. 肥肝鹅饲料有哪些要求？

（1）饲料的选择　鹅肥肝生产应选择高能量饲料进行填饲。整玉米粒、稻谷、大麦、薯干及碎玉米等均可作为填饲的饲料，但以整玉米粒为最好。用其他的饲料来填饲，效果都没有玉米好。最好是选用一年以上无霉变、去杂质的陈黄玉米。因为陈玉米含水分较少，干物质较多，有利于增加填饲量。玉米的颜色对填饲效果影响不大，但对肥肝的颜色影响较大。黄玉米能使肥肝呈深黄色，白玉米使肥肝颜色变浅，而颜色是衡量和检验肥肝质量等级的重要标准之一。所以，选用陈黄玉米填饲，有利于提高肥肝的质量等级。

（2）饲料的加工调制　生产肥肝用的玉米不能直接用来填饲，需要进行加工处理。加工填饲玉米的方法主要有 2 种：一是炒玉米，即将玉米粒放在铁锅内用文火不停翻炒，至粒色深黄、八成熟为宜，切忌炒熟、炒煳。炒完后装袋备用，填饲前用温水浸泡 1～1.5 小时，至玉米粒表皮展开为度。炒玉米保存时间较长，不易变质，生产过程中浪费较少，但加工较费劳力，炒的火候较难掌握。二是煮玉米法，是目前常用的一种方法。其调制方法是：按照鹅只的饲喂量称取等量玉米粒，倒入锅内，使水面漫过玉米粒 10～15 厘米，再加火煮沸 5～10 分钟，使玉米粒达到八成熟即可。采用此方法，玉米保存时间较短，易变质，浪费较多，但加工较省事，好掌握。煮好后将玉米粒捞出放入盆内，乘热加入 1‰～2‰ 的动植物油和 0.3‰～1‰ 的食盐，搅拌均匀后就可填饲。有时为了减少鹅的应激反应，常常要投喂多种维生素合剂，一般每日每只鹅喂 30 毫克为宜。

118. 肥肝鹅的饲养方式有哪几种？

为了更有利于鹅的休息和脂肪的沉积，填鹅最好在室内进行，保持安静的环境、较暗的光线。其饲养方式有平养、网养和笼养。

(1) 平养　平养是普遍的饲养方式，鹅舍宜为水泥地面，便于冲洗消毒，天冷时适当铺设垫料。将室内地面划分若干个小格，每格不超过 10 只，每平方米 3～4 只。地面垫草每天要清扫，保持清洁干燥。水槽放在栏外，供鹅只饮水。

(2) 笼养　笼的大小为 500 毫米×280 毫米×350 毫米，笼底用金属网。填饲时，可将填饲机直接推到笼前，拉出鹅颈，插入送料管，填进饲料。笼养的优点是填饲方便，同时鹅的活动少，鹅质量好，但投资较大。

(3) 网养　这种方法优点是节约饲料，卫生状况好，但填饲不方便。

119. 肥肝鹅的饲养管理分为哪几个时期？各有何要求？

肥肝鹅的饲养管理可分为培育期、预备期和填肥期 3 个时期。

(1) 培育期　培育期从出雏至 9～10 周龄。在保温育雏阶段喂给优质配合饲料，促使幼鹅生长发育良好。从脱温开始逐渐过渡到放牧饲养，利用天然资源，充分采食大量青绿饲料，使鹅的消化系统特别是食管和食管膨大部尽量撑大，以利于填肥时能多填饲料，增强育肥效果。

(2) 预备期　预备期为填肥前 2～3 周，可由放牧饲养转为舍饲，采用混合料喂给。混合料配方可选用：玉米 60％，豆饼 20％，肉骨粉 10％，麸皮 10％，另加食盐 0.5％和 0.01％的多种维生素，让鹅自由采食。尽量减少鹅的运动量，在填肥前半个月，每只鹅都要接种禽霍乱菌苗。还应及时驱除体内外寄生虫，以利于提高肉和肝的增长速度。

(3) 填肥期　鹅的填肥期一般为 3～5 周，其长短可根据品种、年龄、体重、消化力以及日填料量和增重情况而定，最关键的是日填料量和体增重。大部分地方每日填 3 或 4 次。食管粗大的鹅（如狮头鹅），每次可填 400～500 克饲料。而颈部细小的鹅，每次只能填 150～200 克。每日填喂次数少了，日填喂量就不足，影响肝重。

120. 肥肝鹅预饲期如何饲养？

雏鹅经过 70 多天的放牧饲养，锻炼了鹅群觅食和消化大量青饲料的能力，此时仔鹅的羽毛虽刚长好，并达到一定的体重，可作为肉用仔鹅供食用，但如在此时开始填饲来生产鹅肥肝则为时尚早。因为此时鹅体型还小，骨骼、肌肉和内脏等尚未长足，还经受不起强制填饲大量饲料。所以我们可以在肉用仔鹅大量上市的季节，抓紧时机进行一次初选，将生长最快、发育最好、活重最大、身宽体长、头颈粗短的肉用仔鹅，挑选出来，继续留养一段时间，用作生产肥肝的鹅胚。此时应尽量以放牧饲养为主，酌情补喂一点精料，让仔鹅长好骨骼和肌肉，并使内脏得到更好的锻炼，为今后大量的填饲打下良好的基础。

仔鹅到 90 日龄左右，羽毛已经长足，两翅的主翼羽已经交叉；这时可抓紧时机对仔鹅活拔一次羽绒，然后继续放牧饲养并酌情补喂精料；经一个月后新毛基本长齐，体质亦长得很结实了，此时中型鹅的体重约 4.5 千克左右，大型鹅种的体重在 5.5 千克以上，应该再进行一次选择，剔除那些长得慢、体型瘦弱的"落脚鹅"，随后转入预饲期饲养。

仔鹅在预饲期的饲养，从以放牧为主转到舍饲，应该有一个逐渐适应的过程，让仔鹅逐渐习惯于自由采食高营养饲料，并逐渐习惯于采食整粒玉米，这种自我强化营养的方法，很快地满足了鹅对营养的需要，使鹅体重迅速增加，整体发育良好，并促使肝细胞建立贮备机能。预饲的饲料配合，开始时可以鹅群原来习惯的饲料为主，并加入 20％的豆饼或花生饼，还要加上碎玉米；然后逐渐增加煮过的整粒玉米的比例，使其达 60％以上。青饲料要尽量多喂，使鹅食管膨大、柔软，以便于下一阶段的填饲。清洁的饮水和沙砾应整日供应，让鹅自由采食。预饲期每天分早、中、晚 3 次定时饲喂,当中型鹅精料的采食量达 200 克以上,体重增加到 5 千克左右;大型鹅采食量达到 250 克以上,体重达 6 千克以上,体况良好,有一定的肥度时,即可转入填饲。预饲期一般为 10 天左右,主要根据鹅群具体情况而定。

预饲期的鹅群采用舍饲,按鹅群的来源与性别加以分圈饲养,使每只鹅尽可能地保持一致。一般每平方米圈舍面积饲养 2 只鹅,每圈放 10～20 只为宜。鹅的食槽和饮水槽放在鹅圈栅外面,让鹅头伸出栅外饮水、吃料,圈栅内每天加填切短的垫草,以保持地面的干燥清洁。鹅舍的光线宜稍暗,并保持安静,为加强填饲准备良好的环境条件。

121. 肥肝鹅填饲方法有哪几种?

填饲方法有三种:手工填喂法、糊状玉米活塞式机器填喂法和颗粒玉米螺旋式机器填喂法。前两种方法效果不太理想,目前,国内外多采用螺旋式机器进行填肥。

122. 肥肝鹅如何填饲?

(1) 填饲前检查 每次填饲前应先用手触摸检查鹅的食管膨大部,如果已经空虚,说明消化良好,应增加填量。相反,如饲料积贮在食管膨大部,说明上一餐填得过多,鹅的消化不良,应少填些。但是,为了获得尽可能大而优秀的肥肝,必须尽可能多填、填足。

(2) 填饲方法 目前填鹅都是用填饲机,我国现有四种类型的填饲机,以中国农业大学研制的手摇和电动两用卧式填饲机较为实用。

填饲的程序是:先将不烫手的玉米称重,倒入填饲机的漏斗内,用有油的手涂抹填饲管,使其润滑。助手将鹅捉到填饲机前坐下,用两手拇指按住两翅,其余四指紧紧抱鹅体,迫使其两腿后伸,不使其挣扎拍翅和两脚蹬地,可防止填饲时造成机械性损伤。然后术者用右手食指和拇指轻压鹅喙两侧基部迫使鹅喙张开,左手食指伸进鹅的口腔,将舌拉出口腔,不使回缩,然后小心地将填饲管缓慢的通过咽喉部插入食管深部，如感到有阻力，表明角度不对或填饲管口顶住了喉头，应退出重新插管。插管时一定要细心，以免损伤食管而造成不可挽回的损失。当填饲管全部插入食管后，填饲者固定鹅头，不使鹅头缩回，保持鹅颈伸直，这时脚踏填饲机开关，因填饲管只插到食管中段，应先填入少量玉米，并用右手拇指和食指及中指在鹅颈部将玉米粒小心捋入食管膨大部，然后再踏开关填入较多的玉米，继续用手将玉米捋下，边踏、边填、边捋，填满食管膨大部，再向后移动鹅体，填食管部分，一直填到距咽喉5厘米处即可拔出填饲管。

填饲后展翅饮水的鹅是正常表现。如果将玉米掉进气管，鹅不停地摇头，会窒息而死。因此，填鹅时切忌粗暴，也不要填得过分接近咽喉。

（3）填饲量 填饲量的多少视鹅的品种、体重、健康状况和消化能力而定。一般中小型鹅的日填量以干玉米计算，应在500～800克，最多时接近1000克；大型鹅800～1500克，达到这个最大填饲量的时间越早，说明鹅的体质越强壮，强饲期阶段所做的准备也越充分，生产肥肝效果越好。

（4）填饲次数 我国许多研究表明，第一周每天填3次，第二周开始宜日填4次，每日填饲时间安排工作在6点、11点、16点和21点，也可以一开始日填4次。注意填饲时间应相对固定，不得随意提前或延后，以免影响肥肝生长。

123. 如何掌握填饲的季节和时间？

鹅是季节性产蛋的家禽，因而就形成了填鹅的季节性。一般而论，填饲的最适宜的气温为10～15℃，可以允许20～25℃，但不超过25℃。如果气温超过25℃，就不能填鹅，相反，填鹅对低温的适应性较强，在4℃的情况下，无显著影响。但如果室内气温低于0℃以下，就必须做好防冻保暖工作。一年之中，以江西省为例，只有春、秋末、冬3个季节才能填鹅。

填鹅期一般为21～28天，最长填到35天。填饲期的长短，取决于填鹅育肥的成熟与否，而关键在于尽早增加填饲量。保证将鹅填好填足，使鹅在较短的填饲期中，快速增重80%～100%，这样才能获得优质肥肝。对8～10周龄的肉用仔鹅填饲，则需要128天。

124. 肥肝鹅如何运输？

在发达国家，当每批填鹅结束前，业者即通知与其签订合同的禽类加工及综合经营公司，由公司屠宰场按约定时间派车前往接运肥肝鹅。我国有自产自取肝的，也有代养肥肝鹅的，但都有一个运输的问题。

一般接运肥肝鹅是在清晨，而肥肝鹅的最后一次填饲在前一天晚上已经结束，这样肥肝鹅已停食8个小时。肥育成熟的鹅体质十分脆弱，它经受不起长途和不舒适的运输，所以要用专用的塑料运输笼。笼底铺垫松软垫草，每笼放鹅数只（约4只左右），以免在运输途中挤压伤亡。捕捉和搬运肥肝鹅时动作要轻。在运输时不能激烈的颠簸，防止紧急刹车，以避免肥肝鹅因腹部挫伤而导致肥肝瘀血或破裂，造成次品。另外为了减少陆路运输的撞击，有条件的可选择水路运输。

125. 肥肝鹅如何取肝？

（1）宰杀 宰杀之前，应将填饲鹅停食12小时，但要供给充分的饮水以便放血充分，尽量排净肝脏瘀血，以保证肝脏的质量。宰杀时，抓住鹅的两腿，倒挂在屠宰架上，使鹅头部朝下，采用人工割断气管和血管的方式放血。一般放血的时间为5～10分钟。如放血不充分，肥肝瘀血影响质量。

（2）浸烫 放血后立即浸烫，烫毛的水温一般为65～70℃，时间3～5分钟。水温过高、时间过长，鹅皮容易破损，严重时可影响肥肝的质量；水温过低又不易拔毛。

（3）脱毛 使用脱毛机容易损坏肥肝，因此一般采用手工拔毛。拔毛时将鹅体放在桌子上，趁热先将鹅胫、蹼和嘴上的表皮捋去，然后左手固定鹅体，右手依次拔翅羽、背尾羽、颈羽和胸腹部羽毛。然后将鹅体放入水池中洗净。不易拔净的绒毛，可用酒精灯火焰燎除。拔毛时不要碰撞腹部，也不要将鹅体堆压，以免损伤肥肝。

（4）预冷　刚煺毛的鹅体平放在特制的金属架上，背部向下，腹部朝上，放在温度为 0～4℃的冷库中预冷 10～18 小时。不预冷就取肝会使腹部脂肪流失，还容易将肝脏抓坏。因此应将鹅体预冷，使其干燥、脂肪凝结、内脏变硬而又不冻结才便于取肝。

（5）破腹取肝　将预冷后的鹅体放置在操作台上，腹部向下，尾部朝操作者。用刀从龙骨前端沿龙骨脊左侧向龙骨后端划破皮脂，然后用刀从龙骨后端向肛门处沿腹中线割开皮脂和腹膜，从裸露胸骨处，用外科骨钳或大剪刀从龙骨后端沿龙骨脊向前剪开胸骨，打开胸腔，使内脏暴露。胸腔打开以后，将肥肝与其他脏器分离，取肝时要特别小心。操作时不能划破肥肝，分离时不能划破胆囊，以保持肝的完整。如果不慎将胆囊碰破，应立即用水将肥肝上的胆汁冲洗干净。操作人员每取完 1 只肥肝，用清洁水冲洗一下双手。取出的肥肝应适当整修处理，用小刀切除附在肝上的结缔组织、残留脂肪和胆囊下的绿色渗出物，切除肝上的瘀血、出血斑和破损部分，放在 0.9％的盐水中浸泡 10 分钟，捞出沥干，放在清洁的盘上，盘底部铺有油纸，称重分级。正常肥肝要求肝叶均匀，轮廓分明，表面光滑而富有弹性，色泽一致为淡黄色或粉红色。

126. 鹅肥肝如何分级与保存？

肥肝取出后，用刀修除附在上面的残留脂肪结缔组织和胆囊下的绿色渗出物，再切除肥肝中的瘀血、出血或破损部分即可鲜售。操作时要保持清洁卫生。把分级的肥肝装入铺有一层碎冰片的塑料盘内，冰上铺一层白纸。纸上放肥肝，再放入冷藏箱内，温度保持在 2～4℃，可保存 72 小时。在 -20～-18℃的冷库中可保存 3 个月。

肥肝的分级主要依靠人的眼力、嗅觉和手感来进行，根据肥肝的重量和感官的质量来评等定级。而质量则根据肥肝的大小、结构、色泽、气味等方面给予评定。一般鹅肥肝按四级标准分级：

特级　肥肝重 600～900 克，结构良好，无内外斑痕，呈浅黄色或粉红色。

一级　肥肝重 350～600 克，结构良好，无内外斑痕，呈浅黄色或粉红色。

二级　肥肝重 250～350 克，允许略有斑痕，结构一般。

三级　肥肝重 150～250 克，允许略有斑痕，颜色较深。

八、鹅活体拔毛技术

127. 活拔鹅毛有哪些优点？

所谓活拔鹅毛就是从活鹅身上直接拔取羽绒。其优点在于：

（1）羽绒产量较高　鹅在不丧失生命、不影响健康的情况下，每隔一定时间拔毛 1 次，可反复多次进行，不增加养鹅只数，却能增加羽绒产量。就 1 只鹅来说，这种方法收取的羽绒量，要比其他杀鹅取毛的方法多 2～3 倍。

（2）羽绒质量好　活拔的鹅毛主要在鹅的胸部、腹部、尾根和体侧，拔下的全部是毛片和绒子，不带翅梗毛，灰沙杂色很少。活拔的鹅毛不用热水浸烫，也不用晒干，毛的弹性足，蓬松柔软干净，色泽一致，含绒率高达 22％以上。

（3）便于综合利用，增加经济效益　不同用途的鹅，在其生活的时间里，常有一部分时间没有产出或产出不足，只能白吃。若实行活拔鹅毛，不仅充分利用了饲养时间，又能增加鹅产品的种类或数量，增加收入。

128. 哪些鹅可用作活拔鹅毛？

活拔鹅毛是一项有推广价值的实用技术，但并不是所有的鹅都可用来活拔鹅毛。一般认为，对下列几种健康的鹅进行活拔羽绒，能取得较好的效果：

（1）休产、休配期　种鹅饲养到四五月份陆续停止产蛋，这时应抓紧时间拔毛。种鹅体型大，产毛多，连拔 4～5 次羽绒，直至下次产蛋前一个月为止。

（2）后备种鹅 早春孵出的鹅，到5～6月份毛已长齐，留作后备要到10月份初新毛长齐方开始产蛋，可以在换毛前开始拔毛，约可拔4次毛。

（3）生产肥肝的鹅 肉用仔鹅放牧饲养到80～90日龄时，羽毛已长齐，但鹅体还未长足，还不能立即用于填肥生产肥肝，要再养1个多月，恰好可以活拔1次鹅毛，等新毛长齐后再填饲。如果这时恰值高温季节，不宜生产肥肝，也可以再连拔1～2次羽绒，等到秋凉以后新毛长齐再进行填肥。

（4）肉用仔鹅 肉用仔鹅饲养80～90日龄，羽毛长足，两翅主翼羽已经交叉，此时习惯上是立即上市供应肉用。但如果当地青草等天然饲料丰盛，可继续放牧，应抓紧时机活拔几次毛绒。一般活重3.5～4千克的肉用仔鹅，首先拔毛可采得含绒率在20%以上的毛绒70g左右；如果活重在4.5～5千克的大型肉用仔鹅，则一次可拔毛100克左右。拔毛后一周左右，新毛开始长出，经5～6周后羽毛重新长齐，可以再次拔毛，这样连续拔几次毛，直至青草枯萎时，新毛刚长好，若将鹅适时出售，每只鹅可增加收入近10元。

（5）专用拔羽鹅 养鹅为采绒，不论公母鹅，可常年连续拔羽4～6次，最多可拔毛8次。生产中应用较少。

129. 不适宜活拔羽绒的鹅有哪些？

（1）体弱、有病的鹅 拔毛会损伤鹅体

（2）5～6年以上的老鹅 此时机体逐渐老化，新陈代谢能力降低，毛绒再生能力差，毛绒减少，毛质量降低，不宜再留下来拔毛。

（3）换羽或营养不良的鹅 血管毛很多的鹅，不宜拔毛。

（4）出口的肉鹅 拔毛会损伤屠体美观，留下疤痕影响质量。

（5）南方灰鹅 体型较小，气候炎热，产毛少，含绒低，灰羽售价低于白色羽绒20%左右，不宜活拔羽绒。

（6）种鹅产蛋期 拔毛后，其产蛋量下降，出现软壳蛋，小型蛋，蛋重下降10%左右，羽毛生长期延长20天。

130. 拔毛前应做哪些准备工作？

活体拔毛一般都在室内进行，先将场地打扫干净，在地面上铺以干净的塑料布，关好门窗。室外拔毛应选择晴朗的天气，场地应背风，保持清洁卫生，无灰尘。活体拔毛的鹅，在拔毛的前几天应让鹅多游泳、戏水，洗净羽毛，对羽绒不清洁的鹅，在拔羽绒的前一天应让其戏水或人工清洗，去掉鹅身上的污物。拔毛前应停食 16 小时，只供给饮水；活拔羽绒的当天应停止饮水。准备好装毛绒用的塑料袋，并配备消毒用药棉、红药水、酒精等。第一次拔毛的鹅，可在拔毛前 10～15 分钟给每只鹅灌服白酒食醋 10 毫升（白酒与食醋的比例为 1：3），可使鹅只保持安静，毛囊扩张，皮肤松弛，拔取容易。此后数次活拔羽绒就不必再灌白酒。还应准备好操作人员的围裙或工作服、口罩、帽子等。

131. 怎样活拔鹅毛？

鹅的拔毛顺序一般是先从胸上部开始拔，由胸到腹，从左到右，胸腹部拔完后，再拔体侧和颈部、背部的羽绒。一般先拔片羽，后拔绒羽，可减少拔毛过程中产生的飞丝，还容易把绒羽拔干净。主翼羽、副翼羽（支梗毛）和尾部的大梗毛不能拔，因为这种毛不能用来制造羽绒服或羽绒被，经济价值不高。

用左手按住鹅体的皮肤，以右手的拇指、食指和中指捏住片毛的根部，一撮一撮（3～4 片）、一排一排地紧挨着拔。片毛拔完后，再用右手的拇指和食指紧贴着鹅体的皮肤，将绒朵拔下来。此时用力要均匀，迅猛快速，所捏羽绒宁少勿多。拔片羽时一次拔 2～4 根为宜，不可垂直往下拔或东拉西扯，以防撕裂皮肤；拔绒朵时，手指要紧贴皮肤，捏住绒朵基部拔，以免拔断而成飞丝。拔羽方向以顺拔为主，这样不会损伤毛囊组织，有利于羽绒再生。所拔部位的羽绒要尽可能拔干净，要防止拔断而使羽干留在鹅皮肤内。拔下的羽绒装入塑料袋后，不要强压或搓揉，以保持自然状态和弹性。由于毛绒分开拔，在

拔羽的同时应将片羽和绒羽分开袋装。

132. 如何掌握活拔鹅毛的时间和次数？

(1) 活拔羽绒时间 毛绒开拔的时间应在鹅体各器官发育成熟时进行。雏鹅3月龄之后才能进行拔毛，此时翅膀羽毛全部长齐并拢，全身绒毛丰满密被。

鹅的寿命较长，有的可以存活十几年。5～6年内是活拔毛的黄金时期。5～6年以后，不再适宜拔毛。鹅一年四季均可拔毛，但夏季最好，气候适宜，鹅又停产。春、秋季节正是产蛋期，拔毛影响产蛋量。冬季寒冷，没有保温条件的不能拔毛。但实验证明，在0℃左右，无保温条件情况下，拔后35天鹅照常长出完满的羽毛。低于－10℃以下，对羽毛生长不利。若加保温设施，如大棚、火炉等，冬季也可拔毛。

(2) 活拔羽绒次数 一般拔毛后7天就开始长出小毛绒，35～40天就能生长完全，50～60天羽毛生长完毕，全身布满丰厚的羽毛，所以大约50天为一个拔毛周期。1只种用鹅利用换羽休产期，1年可拔毛3次。常年用来拔毛的，1年1只鹅可拔7或8次，但这种情况不多。每次的拔毛量，大型鹅每次可拔80～100克，小型鹅每次45～60克。片毛尽量少拔，因为价格低廉，鹅消耗营养又多。饲养中应随时观察鹅羽毛的生长情况，根据情况来决定拔毛间隔的时间。饲养管理好的，羽毛生长快，拔毛的周期可以缩短，否则，就相应要长些。

掌握了拔毛的时间和羽毛的生长规律，就可以做到常年养鹅，定期拔毛了。尤其是种鹅的保种成本可大大降低，这对充分利用鹅的产蛋年限优势，发挥优秀种鹅的种用价值，获得较多的优秀后代，更快地开展选种选配工作，很有积极意义。

133. 活拔鹅毛时应注意哪些问题？

拔毛时，遇有较大的毛片不好拔时，可采取以下办法：一是对能避开的毛片，可避开不拔，只拔绒朵；当毛片不好避开时，可先将其剪断，然后再拔，剪毛片时一次只能剪一根，用剪尖从毛片根部皮肤处剪断，注意不要剪破皮肤和剪断绒朵。

在拔毛过程中，如果不小心把鹅皮肤拔破，流一点血不要紧，等拔完所有的毛绒后，在伤口上涂少许红药水可照常饲养。如果皮肤拔破严重，为防止感染，涂药水后先在室内饲养一段时间再放牧，一般破点皮对其正常生长没有什么不良影响。有时在拔毛根部带有肉质时，拔取动作应立即放慢一些，耐心细致地拔。如果大部分绒毛都带有肉质，表明这只鹅营养不良，在这种情况下暂时停止拔毛，应喂养一段时间再拔。

对刚刚拔完的鹅，不要急于放入未拔毛的鹅群中，特别是那些颈、背都被拔过毛的鹅，否则未拔过毛的鹅都会来"欺生"，群起而攻之。

134. 如何护理活拔鹅毛后的鹅？

拔毛后绝大多数鹅都能照常活动。至于有个别的鹅打蔫不喜食，是因拔毛时受刺激较重，体温升高，过2～3天就能恢复正常。拔毛后3天内应关在圈舍中饲养，不让鹅下水洗浴、淋雨或曝晒，以免引发疾病。拔取毛绒后5～7天可以下水活动，但个别鹅皮肤拔破较多，应适当延长室内饲喂时间，等伤口基本长好后再下水。因为鹅是水禽，拔毛绒后，下水与不下水情况不一样，常下水的鹅绒毛重新生长快，洁白有光泽。不常下水的鹅绒毛生长慢，光泽也差一些。

活拔鹅毛后，应将公、母鹅分开饲养，以防交配。强弱也应分群，特别是对体弱的应注意观察，加强饲养管理。可参考下列饲料配方进行喂饲：麦麸43％、玉米25％、米糠19％，另外再加少许豆饼、羽毛粉、食盐效果更好。每只鹅日喂量为130～180克。

135. 药物脱毛有什么好处？如何进行？

鹅活体药物脱毛就是利用药物把活鹅身上的绒毛脱下来，即不用杀鹅就能增加羽绒产量，而且还可以提高羽绒质量。

采用活鹅药物脱毛可以避免活鹅拔毛引起的皮肤破裂。而且，每只成年鹅每年至少可药物脱毛3次，肉用鹅平均饲养期8～12个月，在出生后3个月到屠宰前一个月，可以药物脱毛2～4次，产蛋鹅可利用休产期进行药物脱毛。这样，在饲养只数不增加的情况下，达到增收的目的。

(1) 脱毛药品名称及用药量　鹅活体药物脱毛所用的药品叫复方脱毛灵，又称复方环磷酰胺。每千克体重用药剂量为45～50毫克。

(2) 投药方法　投药时一个人固定鹅并将鹅嘴掰开，另一个人将计算好的药物投入鹅舌根部，再灌25～30毫升清水送下。服药后让鹅多次饮水。投药时如用胃管将药直接送到胃内就更好了。鹅服药后1～2天食欲减退，个别鹅排出绿色稀粪，3天后即可恢复正常。

(3) 拔毛方法　操作者坐在小凳上，双腿夹住鹅体，用一只手抓住鹅头将颈拉往后背，使鹅的胸腹部朝上，另一只手的拇指、食指和中指捏住毛片茬往下拔，先拔毛片，后拔毛绒，分别存放。拔毛的顺序为：颈下部、胸、腹、两肋、腿、肩和背部。翎毛一般不拔，如需要时可用钳子夹住翎毛根用力一次拔出。拔毛前的准备工作同活拔鹅毛。

(4) 拔毛后护理　鹅拔毛5～7天后就可以下水活动。多喂蛋白质含量高的饲料，补喂少许羽毛粉和食盐效果更好，能促进新羽生长。8～10天长出新羽，2个月又可进行第二次药物脱毛。北方寒冷的冬季，鹅的毛绒质量好，价值高，如果在暖舍或塑料大棚内饲养也可以药物脱毛。

136.　活拔羽绒如何包装和贮存？

拔下的鹅羽绒不能马上售出时，要暂时储藏起来。由于鹅毛保温性能好，不易散失热量，如果储存不当，容易发生结块、虫蛀、霉烂变质，影响毛的质量，降低售价。尤其是白鹅毛，一旦受潮，更易发热，使毛色变黄。因此，必须认真做好鹅羽绒的储藏工作。

(1) 防潮、防霉　羽毛保温性能很强，受潮后不易散潮和散热，易受潮结块霉变，轻者有霉味，失去光泽，发乌、发黄。严重者羽枝脱落，羽轴糟朽，用手一捻就成粉末。特别是烫煺的湿毛，未经晾干或与干湿程度不同的羽毛混装在一起，有的晾晒不匀或冰冻后未及时烘干，或存毛场潮湿，遮雨不严，遭受雨淋漏湿等，均易造成霉变。一定要及时晾晒，干透以后再装包存放。存放毛的库房，要地势高燥，通风良好。地面要用木杆垫起来，经常撒新鲜石灰，有助于吸水。

（2）防热、防虫　羽毛散热能力差，加上毛梗（羽轴）中含有血质、脂肪以及皮屑等，容易遭受虫蛀。常见的害虫有丝肉黑褐鲤节虫、麦标本虫、飞蛾虫等。它们在羽毛中繁殖快，危害大。可在包装袋上撒上杀虫药水。每到夏季，库房内要用敌敌畏蒸气杀灭害虫和飞蛾，每月熏一次。

（3）包装袋上要注明品种、批号、等级及毛色　按规定进行堆放，防止标签脱掉或丢失，并定期检查，发现问题及时处理。

137.　如何鉴别活拔羽绒的质量？

（1）羽绒含量　检查羽绒质量主要是测定毛片及绒子的含量。绒子含量越高，质量越好，售价越高。检查的办法是先从一批羽绒中抽出有代表性的样品，称取一定重量，分别拣出绒羽和片羽，称出各自的重量，然后计算出绒子和片羽各自占的比例。

（2）是否虫蛀　羽片呈锯齿状，手拍有飞丝，羽绒内有虫便，说明羽绒受虫蛀。

（3）是否霉烂变质　由于受潮发霉，羽绒发死，不蓬松，白毛变黄，有霉味，严重时羽丝脱落，一捻成沫。

138.　鹅羽绒与鸭羽绒有什么区别？

一般情况下，鹅羽绒比鸭羽绒价值高，应加以区别。

（1）鹅羽绒　羽片末端宽而齐，呈方圆形，羽面光泽柔和，轴管有一簇较密而清晰的羽丝，羽轴粗而羽根软。鹅绒疏密均匀，同朵内绒丝长度基本相等，结成半球状，光泽差，弹性强。

（2）鸭羽绒 羽片的尖端圆而略呈尖形，羽丝比鹅羽稀疏，羽轴较细，羽根细而坚硬。鸭绒一般比鹅绒小，血根较多。

139. 鹅羽绒如何划分等级?

（1）一级毛（俗称冬青毛） 南方每年农历10月份至翌年3月份，北方9月份至翌年4月份，这个时期毛片大，绒朵也大而丰富，色泽好，手感柔软，弹性强，血管毛少，含杂质少，毛品质好，产量也高。含绒量在20％以上，杂质不超过8％。

（2）二级毛（俗称夏秋毛） 北方5～8月份采集的毛为夏秋毛，毛片少，绒子少，血管毛多，杂质多，毛的品质差，产量低。一般含绒量为20％以下，杂质不超过10％，杂毛1％以下，水分不超过13％，飞丝不超过绒子的5％。刀剪毛、手撕毛按杂质处理。

140. 鹅羽绒在国际和国内市场的销售现状如何? 中国处于什么地位?

在禽类的羽绒中，鹅的羽绒质量仅次于野生的天鹅绒，品质优良。鹅羽绒的绒朵结构好，富有弹性、膨松、轻便、柔软、吸水性小、可洗涤、保暖耐磨等，经加工后是一种天然的高级填充料，可制作各种轻软防寒的服装及舒适保暖的被褥，也是轻工、体育、工艺美术等不可缺少的原料。

我国是世界水禽生产大国，也是世界羽绒生产大国，我国于1870年将羽绒作为大众商品开始出口，距今已有100多年的历史，是我国重要的出口物资之一，主要销往北欧、美国、日本等地。近10年来除出口羽绒外，还大量出口羽绒制品，出口量大、约占世界的1/3，换回了大量的外汇。随着人民生活水平的提高，国内市场对高档羽绒制品的需求量越来越大。由于我国长期以来习惯采用一次性宰杀的羽绒采集方法，工艺落后，产量低，质量差，远远不

一次性宰杀的羽绒采集方法，工艺落后，产量低，质量差，远远不能满足市场的需求。为了解决这一矛盾，我国已开始推广活拔羽绒这一新技术，对于开拓羽绒市场，满足国内外市场羽绒需求量的不断增加，提高养鹅业的经济效益，促进养鹅业的发展，具有重要的意义。

九、常见鹅病防治技术

141. 养鹅场常规防疫措施包括哪些?

(1) 养鹅场址的选择 鹅场应水源充足,水质优良,供电及交通方便,远离交通主干道、居民生活区、其他畜禽养殖场和屠宰厂等;鹅场周围 3 千米内应无工业"三废"污染或其他畜禽场等污染源;鹅场地势要有利于防涝排水、污水处理及排放,不得建在饮用水水源或食品厂上游;鹅场建筑物的布局应合理,生产区和生活区要严格划分,可利用围墙、篱笆或壕沟同周围环境相隔离;鹅场设立的病死鹅尸坑、鹅粪发酵池应远离鹅舍 500 米以上。

(2) 建立和实施有效的卫生管理措施 鹅场周围及场内不能饲养其他家畜、家禽和犬、猫等;保持鹅场内清洁卫生,防止虫、鼠、蚊、蝇的繁殖和蔓延;进出鹅场的人员和车辆要严格控制,进出口设立消毒池;建立兽医室、检验室、解剖室和尸体处理室等必需设施;鹅场粪便和污物应合理处理,防止污染周围环境。

(3) 建立和完善防疫检疫制度 从外面购进种鹅或雏鹅时应严格检疫和隔离饲养,检疫的主要内容包括传染病、寄生虫病等;对场内饲养的鹅群要定期预防接种和驱虫,防止疫病的发生和流行;一旦发生传染病,要及时隔离,封锁场地,搞好消毒和尸体处理及治疗工作。

(4) 建立科学严格的消毒制度 对鹅舍、生活环境、孵化室、育雏室、饲养工具等定期消毒;鹅舍内应保持干燥,平时应每周喷雾消毒一次,每批鹅出售后应进行彻底消毒;修建鹅场时应在进出口处设立消毒池、洗手间、更衣室等;养鹅场内的环境消毒,应每个月消毒一次,发生传染病时及时采取措施随时消毒;孵化室应在孵化前和孵化后各进行一次彻底消毒，育雏室应在入雏前及出雏后各彻底消毒一次。

（5）加强饲养管理，增强鹅群抗病力 合适的鹅群饲养密度可有效预防呼吸道疾病的发生和传播；日粮的合理配合和足够的料槽和水槽可促进鹅的良好生长发育和减少各种营养性疾病的发生；在冬季，要保持鹅舍内干燥，勤添垫草，保持适当温度，防止鹅群扎堆；对饮水器、料槽应定期清理，避免被鹅群践踏和粪便污染，从而有效防止水和饲料被污染。

（6）合理处理病死及淘汰鹅的尸体 病死或淘汰鹅尸体应深埋或焚烧，需进行病原检验及病理剖检的应送检验室，不能随意到处剖检，更不能随意乱扔。如果出现大批死亡，必须查明病因，能利用的应在兽医监督下专门加工处理，如属于传染病，必须进行无害化处理。

（7）切实做好预防接种和药物预防 预防接种是有效控制传染病如小鹅瘟、鹅巴氏杆菌病等的最好方法，应按免疫程序定期进行预防接种。平时经常在饲料或饮水中添加抗生素等药物预防某些传染病和寄生虫病的发生。

（8）防止人员传播传染病 鹅场工作人员的岗位要固定，尽量避免串岗，出入鹅舍时要换鞋、洗手，必要时还要淋浴、换工作服，最好避免外来人员特别是同行相互参观，或安排在适当的距离之外，在隔离的条件下参观。

142. 鹅场消毒范围包括哪些？常用哪些消毒剂？

（1）鹅场消毒范围 鹅场消毒范围包括鹅舍、运动场、孵化室、育雏室、料槽和水槽、饲养工具等；病鹅通过的道路和停留过的场舍，如饲养棚舍、隔离舍、通道等病鹅污染的一切场所；病鹅的排泄物（粪尿）及尸体等；鹅场周围环境、道路、交通运输工具；工作人员的衣帽、手套、胶靴等。

（2）鹅场常用消毒剂

①漂白粉 漂白粉对细菌、芽孢、病毒等均有效，但不持久。漂

白粉干粉用于地面和病鹅排泄物的消毒，其水溶液用于圈舍、饲槽、车辆、饮水、污水等消毒。饮水消毒用 0.03%～0.15%溶液，喷洒、喷雾用 5%～10%乳液，也可以用干粉撒布。

②来苏儿（煤酚皂溶液、甲酚皂）　来苏儿对细菌繁殖体、真菌、亲脂性病毒有一定杀灭作用，用于器械、鹅舍消毒及污染物的处理。1%～2%溶液用于皮肤、手指消毒，5%～10%溶液用于器械、鹅舍消毒及污染物的处理。

③过氧乙酸　0.04%～0.2%浓度用于饲养用具和人的手臂消毒；0.5%浓度用于对室内空气、墙壁、地面和笼具等表面消毒；0.3%浓度用于带鹅气雾消毒，用量为每立方米 30 毫升；鹅舍封闭时，可用 5%浓度喷雾消毒，每立方米空间用 2.5 毫升。

④二溴海因　二溴海因具有强烈杀灭真菌、细菌、病毒和芽孢的效果。常用浓度为：一般消毒，250～500 毫克/升，作用 10～30 分钟；特殊污染消毒，500～1 000 毫克/升，作用 20～30 分钟；诊疗器械用 1 000 毫克/升，作用 1 小时；饮水消毒，根据水质情况，2～10 毫克/升；用具消毒，500 毫克/升，浸泡 15～30 分钟；空气消毒，用 1 000 毫克/升，喷雾或超声雾化 10 分钟，作用 15 分钟。

⑤高锰酸钾　高锰酸钾可杀灭细菌繁殖体、真菌、细菌芽孢和部分病毒。主要用于皮肤黏膜消毒，常用浓度为 100～200 毫克/升；物体表面消毒，1 000～2 000 毫克/升；饲料饮水消毒，50～100 毫克/升；浸洗种蛋和环境消毒，浓度为 5 000 毫克/升。

⑥环氧乙烷　环氧乙烷常用于皮毛、塑料、医疗器械、用具、包装材料、鹅舍、仓库等的消毒或灭菌，而且对大多数物品无损害。可杀灭细菌繁殖体，每立方米空间用 300～400 毫克作用 8 小时；杀灭污染霉菌，每立方米空间用 700～950 毫克作用 8～16 小时；杀灭细菌芽孢，每立方米空间用 800～1 700 毫克作用 16～24 小时。环氧乙烷气体消毒时，最适宜的相对湿度是 30%～50%，温度以 40～54℃为宜，不应低于 18℃，消毒时间越长，消毒效果越好，一般为 8～24 小时。

⑦百毒杀　百毒杀为双链季铵盐类消毒剂，饮水消毒，预防量按有效药量 10 000～20 000 倍稀释；疫病发生时可按 5 000～10 000 倍

稀释。鹅舍及环境、用具消毒，预防消毒按 3 000 倍稀释，疫病发生时按 1 000 倍稀释；鹅体喷雾消毒、种蛋消毒可按 3 000 倍稀释；孵化室及设备可按 2 000～3 000 倍稀释喷雾消毒。

⑧烧碱　烧碱为碱性消毒剂的代表产品。浓度为 1％时主要用于玻璃器皿的消毒，2％～5％溶液，主要用于环境、污物、粪便等的消毒。本品具有较强的腐蚀性，消毒时应注意个人防护，消毒 12 小时后用水冲洗干净。

⑨生石灰（氧化钙）　生石灰加水后产热并形成氢氧化钙，呈强碱性。常用 20％石灰乳溶液进行环境、圈舍、地面、垫料、粪便及污水沟等的消毒。注意：生石灰应干燥保存，以免潮解失效。石灰乳应现用现配，最好当天用完。

⑩福尔马林　应用福尔马林熏蒸消毒鹅舍，按每立方米空间用福尔马林 25 毫升、水 12.5 毫升、高锰酸钾 25 克进行。消毒过程中应保持鹅舍密闭，经 12～24 小时后打开门窗通风换气。当急需使用鹅舍时，可用氨气来中和甲醛气体。消毒时应将鹅舍内用具、饲槽、水槽、垫料等物品适当摆开，以利气体穿透。

143. 如何选购和配制消毒剂？

（1）选择购买消毒剂时应注意以下问题

①选择合格的消毒剂　我国消毒剂的生产和销售实行审批制度，凡获批准的消毒剂在其使用说明书和标签上均有批准文号，无批准文号或批准文号不清晰的产品千万不要购买，合格产品还应明确标注生产企业名称、地址和联系电话等。

②根据消毒对象选择消毒剂　消毒剂的种类很多，用途和用法也不尽相同，购买消毒剂时，应根据消毒目的进行选购。因为不同用途的消毒剂审批时所考察的项目不同，所以选购时要看清其用途。目前，多用途的消毒剂越来越多，如过氧乙酸、含氯消毒剂等，使用范围比较广，可根据需要选择。

③根据消毒目的选择消毒剂　常规消毒用中低效消毒剂，终末消毒、疫情发生时用高效消毒剂，并考虑加大使用浓度和消毒密度。

④根据病原微生物的特性选择消毒剂　污染微生物的种类不同，对不同消毒剂的耐受性也不同。如细菌芽孢必须用杀菌力强的灭菌剂或高效消毒剂处理，才能取得较好效果。结核分枝杆菌对一般消毒剂的耐受力比其他细菌强。肠道病毒对过氧乙酸的耐受力与细菌繁殖体相近，但季铵盐类对此无效。至于其他细菌繁殖体和病毒、螺旋体、支原体、衣原体、立克次体对一般消毒处理耐受力均差。

⑤注意消毒剂的保质期　超过保质期的产品消毒作用可能会减弱甚至消失。因此，购买时要留意产品的生产日期和保质期。

（2）配制消毒剂时应注意以下问题

①消毒剂使用前应认真阅读说明书，搞清消毒剂的有效成分及含量，看清标签上的标示浓度及稀释倍数。消毒剂均以含有效成分的量表示，如含氯消毒剂以有效氯含量表示，60％二氯异氰尿酸钠为原粉中含60％有效氯；20％过氧乙酸指原液中含20％的过氧乙酸；5％新洁尔灭指原液中含5％的新洁尔灭。对这类消毒剂稀释时不能将其当成100％计算使用浓度，而应按其实际含量计算。

②使用量以稀释倍数表示时，表示1份的消毒剂以若干份水稀释而成，如配制稀释倍数为1 000倍时，即在每1升水中加1毫升消毒剂。

③使用量以"％"表示时，消毒剂浓度稀释配制计算公式为：$C1 \cdot V1 = C2 \cdot V2$（C1为稀释前溶液浓度，C2为稀释后溶液浓度，V1为稀释前溶液体积，V2为稀释后溶液体积）。

$144.$　消毒剂的使用方法有哪些？

（1）浸泡法　选用杀菌谱广、腐蚀性弱、水溶性消毒剂，将物品浸没于消毒剂内，在标准的浓度和时间内，达到消毒灭菌目的。浸泡消毒时，消毒液连续使用过程中，消毒剂有效成分不断消耗，因此需要注意有效成分浓度变化，应及时添加或更换消毒液。

（2）擦拭法　选用易溶于水、穿透性强的消毒剂，擦拭物品表面或动物体表皮肤、黏膜、伤口等处。在标准的浓度和时间里达到消毒灭菌目的。

（3）**喷洒法** 将消毒液均匀地喷洒在被消毒物体上。如5％来苏儿溶液喷洒消毒鹅舍地面等。

（4）**喷雾法** 将消毒液通过喷雾形式对物体表面、鹅舍或鹅群体表进行消毒。

（5）**发泡（泡沫）法** 发泡消毒是把高浓度的消毒液用专用的发泡机制成泡沫散布在鹅舍内面及设施表面。主要用于水资源贫乏的地区或为了避免消毒后的污水进入污水处理系统破坏活性污泥的活性以及自动环境控制的鹅舍，一般用水量仅为常规消毒法的1/10。采用发泡消毒法，对一些形状复杂的器具、设备进行消毒时，由于泡沫能较好地附着在消毒对象的表面，故能得到较为一致的消毒效果，且由于泡沫能较长时间附在消毒对象表面，延长了消毒剂的作用时间。

（6）**洗刷法** 用毛刷等蘸取消毒剂溶液在消毒对象表面洗刷。如外科手术前术者的手用洗手刷在0.1％新洁尔灭溶液中洗刷消毒。

（7）**冲洗法** 将配制好的消毒液冲湿物体表面进行消毒。这种方法消耗大量的消毒液，一般较少使用。

（8）**熏蒸法** 通过加热或加入氧化剂，使消毒剂呈气体或烟雾状，在标准的浓度和时间里达到消毒灭菌目的。适用于鹅舍内物品及空气消毒或精密贵重仪器和不能蒸、煮、浸泡消毒的物品的消毒。环氧乙烷、甲醛、过氧乙酸以及含氯消毒剂均可通过此种方式进行消毒，熏蒸消毒时环境湿度是影响消毒效果的重要因素。

（9）**撒布法** 将粉剂型消毒剂均匀地撒布在消毒对象表面。如含氯消毒剂可直接用药物粉剂进行消毒处理，通常用于地面消毒。消毒时，需要较高的湿度使药物潮解才能发挥作用。

145. 养鹅场如何消毒？

（1）**鹅舍的消毒** 鹅舍的消毒通常是指鹅群被全部销售或屠宰后鹅舍进行的消毒。正常的消毒程序是先清扫，除去灰尘，然后连同垫草一起喷雾消毒，而后垫草运往处理场地堆积发酵或烧毁，一般不再用作垫草。对鹅舍内的饲养工具、料槽、水槽等先用清水浸泡刷洗，然后用消毒药水浸泡或喷雾消毒。对鹅舍地面、墙壁、支架、顶棚等各个部分，能洗刷的地方要先洗刷晾干，再用消毒药水喷雾消毒，在下批鹅群进场前两天再进行熏蒸消毒。

(2) 孵化室的消毒　孵化室通道的两端通常要设消毒池、洗手间、更衣室，工作人员进出必须更衣、换鞋、洗手消毒、戴口罩和工作帽，雏鹅调出后、上蛋前都必须进行全面彻底的消毒，包括孵化器及其内部设备、蛋盘、搁架、雏鹅箱、蛋箱、门窗、墙壁、顶篷、室内外地坪、过道等都必须进行清洗喷雾消毒。第一次消毒后，在进蛋前还必须再进行一次密闭熏蒸消毒，确保下批出壳雏鹅不受感染。

(3) 育雏室的消毒　育雏室的消毒和孵化室一样，每批雏鹅调出前后都必须对所有饲养工具、饲槽、饮水器等进行清洗、消毒，对室内外地坪必须清洗干净，晾干后用消毒药水喷洒消毒，入雏前还必须再进行一次熏蒸消毒，确保雏鹅不受感染。育雏室的进出口也必须设立消毒池、洗手间、更衣室，工作人员进出必须严格消毒，并戴上工作帽和口罩，严防带入病菌。

(4) 饲料仓库与加工厂的消毒　鹅饲料中动物蛋白是传播沙门氏菌的主要来源，如外来饲料带有沙门氏菌、肉毒梭菌、黄曲霉菌及其他有毒的霉菌，必然造成饲料仓库和加工厂的污染，轻则引起慢性中毒，重则出现暴发性中毒死亡。因此饲料仓库及加工厂必须定期消毒，杀灭各种有害病原微生物，同时也应定期灭虫、杀鼠，消灭仓库害虫及鼠害，减少病原传播。库房的消毒可采用熏蒸灭菌法，此法简单方便，效果好，可节省人力、物力。

(5) 饮水消毒　鹅场或饲养专业户，应建立自己的饮水设施，对饮水进行消毒，按容积计算，每立方米水中加入漂白粉6～10克；搅拌均匀，可减少水源污染的危险。此外，还应防止饮水器或水槽的饮水被污染，最简单的办法是升高饮水器或水槽，并随日龄的增加不断调节到适当的高度，保证饮水不受粪便污染，防止病原和内寄生虫的传播。

(6) 带鹅消毒　为控制传染病的流行，集约化养鹅场应定期进行带鹅消毒。带鹅消毒应选择毒性低、刺激性小、无腐蚀性的消毒剂，并使用专用的喷雾器，在鹅舍消毒的同时，还将药液喷洒在鹅体上，进行鹅体消毒。这样，既可杀灭空气和体表的病原体，还可减少尘埃、吸附氨气、防暑降温和预防呼吸道感染。带鹅消毒次数因季节不同而不同，炎热夏季可每日 1 次，春秋季节每 3～5 天进行 1 次，冬季每周 1 次。喷洒量每立方米 0.2～0.25 升即可。

（7）**鹅场环境消毒**　鹅场的环境消毒，包括鹅舍周围的空地、场内的道路及进入大门的通道等。正常情况下除进入场内的通道要设立经常性的消毒池外，一般每半年或每季度定期用氨水或漂白粉溶液，或来苏儿进行喷洒，全面消毒，在出现疫情时应每 3～7 天消毒一次，防止疫源扩散。

蚊、蝇、节肢动物及鼠是多种病原的传播媒介。杀虫灭鼠也是预防鹅场传染病的重要措施之一。鹅场应根据蚊、蝇和节肢动物的活动季节，选择适当的杀虫药杀灭蚊蝇，在鼠经常出没的地方，如鹅舍、仓库、厕所及职工宿舍周围投放灭鼠药或在鼠洞内投杀鼠药。

146. 鹅种蛋如何进行消毒？

（1）**福尔马林熏蒸法**　将种蛋及时收捡装盘，在蛋温未降时按每米^3 空间用 42 毫升福尔马林溶液，加入高锰酸钾 21 克，在温度 25～27℃、相对湿度 75％～80％的密闭条件下熏蒸 20 分钟，可使蛋壳表面的细菌减少 95.0％～99.5％。

（2）**福尔马林溶液浸泡法**　将种蛋置于 1.5％的福尔马林溶液中，浸泡 2～3 分钟后取出，沥干入孵。

（3）**高锰酸钾液浸泡法**　将种蛋浸泡在温度为 40℃左右、浓度 0.02％的高锰酸钾溶液中 1～2 分钟，然后取出沥干入孵。

（4）**碘溶液浸泡法**　将种蛋放入 0.1％浓度的碘溶液中浸泡 1 分钟。碘液应保持新鲜，一般浸泡 10 次后，应延长浸泡时间或更换碘液。0.1％碘溶液的配制方法为：1 千克水中加入 10 克碘片及 15 克碘化钾，使之溶解，然后倒入 9 千克温度 40℃左右的温开水中。

（5）**漂白粉溶液消毒法**　将种蛋浸泡在含有 1.5％有效氯的漂白粉澄清液中 3 分钟，取出沥干入孵。

（6）**抗生素浸泡法**　先在温室或孵化箱内将蛋温提高到 38℃左右，经 6～8 小时，置于已配好浓度为 400～1 000 毫克/升的泰乐菌素或红霉素溶液中，亦可使用庆大霉素 500 毫克/升，浸泡 10～15 分钟，取出沥干入孵。

(7) **阳离子清洁剂浸泡法** 常用 0.1％新洁尔灭溶液对种蛋进行喷雾或浸泡，浸泡时间为 3～5 分钟。配制 0.1％新洁尔灭溶液时，取 5％的新洁尔灭溶液 1 千克，加入 40～50℃的温开水 50 千克，搅匀即成。在日本常用巴可马 500 倍稀释液，浸泡 1～3 分钟，药液温度为 40～43℃。使用阳离子清洁剂消毒种蛋时，切忌与肥皂、碘、高锰酸钾等及碱类物质接触，以免药液失效。

(8) **过氧化物消毒法** 一般每立方米使用 20％过氧乙酸 80～100 毫升，加 8～10 克高锰酸钾熏蒸 15 分钟，或 2％～3％过氧化氢溶液喷雾消毒。

(9) **紫外线照射法** 在离蛋面约 1 米处安装一支 40 瓦紫外线灯管，照射 10～15 分钟即可达到消毒的目的。

147. 怎样用堆肥法处理鹅粪？病鹅的粪便应怎样处理？

鹅场一般用堆肥法处理鹅粪，方法是：在距人、畜的房舍、水池和水井 100～200 米，且无斜坡通向任何水池的地方挖一宽 1.5～2.5 米、两侧深度各 20 厘米的坑，由坑底两侧至中央有不大的倾斜度，长度视粪便量的多少而定。先将非传染性的粪便或干草堆至 25 厘米厚，其上堆放欲消毒的粪便、垫草等，高达 1～1.5 米，然后在粪堆外面再堆上 10 厘米厚的非传染性粪便或谷草，并抹上 10 厘米厚的泥土。如此密封发酵 2～4 个月，即可用作肥料。

采用堆肥法应注意以下几点：堆料内不能只堆放粪便，还应堆放垫料、稻草等有机质丰富的材料，以保证微生物活动所需的营养；堆料应疏松，以保证微生物活动所需的氧气；堆料应有一定湿度，含水量以 50％～70％为宜；保证足够的堆肥时间，一般夏季 1 个月左右，冬季 3～4 个月。

患传染性疾病的鹅粪中常含有大量的病原微生物或寄生虫卵，如不进行消毒处理，直接作为农田肥料，往往成为传染源，因此，对患病鹅群的粪便必须进行严格的消毒处理。主要方法有：

（1）**掩埋法** 将粪便与漂白粉或新鲜的生石灰混合，然后深埋于地下，一般埋的深度在 2 米左右。此种方法简单易行，但应防止病原微生物经地下水散布。

（2）**焚烧法** 此法用于消毒患烈性传染病鹅群的粪便，具体做法：在地上挖一个坑，深 75 厘米，宽 75～100 厘米，在距坑底 40～50 厘米处加一层铁炉底（炉底孔密些比较好，否则粪便易漏下）。在坑内放置木材等燃料，在炉底上放置欲消毒的粪便。如果粪便太潮湿，可混合一些干草，以利燃烧。这种方法需要很多燃料，且损失有用的肥料，故非必要时，很少使用。

（3）**化学消毒法** 可用于粪便消毒的化学消毒剂有漂白粉或 10%～20%漂白粉液、0.5%～1%的过氧乙酸、20%石灰乳等。使用时应细心搅拌，使消毒剂浸透混匀。由于粪便中的有机物含量较高，不宜使用凝固蛋白质性能强的消毒剂，以免影响消毒效果。这种方法操作麻烦，且难以达到彻底消毒的目的，故实际工作中也不常用。

148. 鹅场如何处理病死鹅的尸体？

（1）**掩埋法** 在掩埋病鹅尸体时，应注意选择远离住宅、农牧场、水源、草原及道路的僻静地方，土质干燥、地势高、地下水位低，并避开水流、山洪的冲刷。掩埋坑的长度和宽度以能容纳需要掩埋的病鹅尸体即可，从坑沿到尸体上表面的深度不得少于 1.5～2 米。掩埋前，将坑底铺上 2～5 厘米的石灰，尸体投入后将污染的土壤、捆绑尸体的绳索一起抛入坑内，再撒上一层石灰，填土夯实。此法简便易行，但不是彻底处理的方法，故烈性传染病尸体不宜掩埋。

（2）**焚烧法** 此法是销毁尸体、消灭病原最彻底的方法，但消耗大量燃料，所以非烈性传染病尸体不常应用。焚烧尸体要注意防火，选择离村镇较远、下风口的地方，在焚尸坑内进行。有条件的地方也可送火化场焚化或锅炉房焚烧。

（3）**发酵法** 将尸体抛入尸坑内，利用生物热的方法进行发酵分解，从而起到消毒除害的作用。尸坑一般为井式，深 9～10 米，直径 2～3 米，坑口有一木盖，坑口高出地面 30 厘米左右。将尸体投入坑内，堆到坑口 1.5 米处时盖封木盖，经 3～5 个月发酵处理后，尸体即可完全腐败分解。

149. 鹅场应常备哪些药物？

鹅场应常备抗生素及合成抗菌药物、抗寄生虫药和环境消毒药等药物。

(1) 抗生素类 抗生素不仅对细菌、真菌、放线菌、螺旋体、支原体、某些衣原体和立克次体等有作用，而且某些抗生素还有抗寄生虫、抗病毒、杀灭肿瘤细胞等作用。

①青霉素类 如青霉素 G、氨苄青霉素（氨苄西林，安比西林）等。

②头孢菌素类（先锋霉素类） 如先锋霉素Ⅰ，Ⅱ，Ⅵ等。

③氨基糖苷类 如链霉素、卡那霉素、庆大霉素、小诺米星（小诺霉素）等。

④四环素类 如土霉素、强力霉素、甲砜霉素、氟苯尼考等。

⑤大环内酯类 如红霉素、泰乐菌素（泰农）等。

⑥抗真菌抗生素 如制霉菌素、克霉唑（抗真菌1号）等。

(2) 合成抗菌药物类

①磺胺类 如磺胺嘧啶（SD）、磺胺二甲基嘧啶（SM$_2$）、磺胺异噁唑（菌得清）、磺胺间甲氧嘧啶（泰灭净）、磺胺甲氧嗪（SMP）

②抗菌增效剂 如甲氧苄啶（TMP）、二甲氧苄啶（敌菌净，DVD）等。

(3) 抗寄生虫药物类 如哌嗪、左旋咪唑（左咪唑、左噻咪唑）、阿苯达唑（抗蠕敏）、吡喹酮、硫双二氯酚（别丁）、盐酸氨丙啉、盐霉素、地克珠利、盐酸氯苯胍、伊维菌素（灭虫丁）等。

(4) 环境消毒药 详见 142 问。

150. 鹅常规给药途径有哪些？鹅用药应注意哪些问题？

(1) 鹅给药途径可分为三类 群体给药法、个体给药法、种蛋或胚胎给药法。

①群体给药法　主要有混饮给药、混饲给药和气雾给药等方法。

A. 混饮给药：将药物溶解到饮水中，让鹅通过饮水摄入药物，适用于预防和治疗，特别适用于食欲明显降低而仍能饮水的情况，可采用自由混饮法或口渴混饮法等方法。

B. 混饲给药：将药物均匀混入饲料中，让鹅采食时摄入药物。既适合预防，也适合于尚有食欲的鹅群治疗用药，但对食欲明显降低甚至废绝的病鹅不宜采用。

C. 气雾给药：用相应器械使药物气雾化，分散成一定直径的微粒，弥散到空间中，通过鹅呼吸道吸入体内的一种给药方法。特别适合于治疗鹅慢性呼吸道病及传染性鼻炎，也适用于防治禽伤寒和副伤寒、禽大肠杆菌病、巴氏杆菌病、传染性喉气管炎及其并发症。

②个体给药法　主要有内服、注射、点眼、滴鼻等方法，以内服、注射给药法最为常用。

A. 内服给药：将片剂、丸剂、胶囊剂、粉剂或溶液剂直接放（滴）入口腔吞咽的方法。亦可将连接注射器的胶管插入食管后注入药液。嗉囊注入是将药液直接注入嗉囊的给药方法，属广义的内服给药范畴。操作时左手抓住双翅提起，头朝前方，右手持注射器，在右侧颈部近翅基嗉囊凸出点进针，推注药液即可。

B. 注射给药：包括皮下注射、肌内注射、静脉注射、腹腔内注射、气管内注射等方法。

　a. 皮下注射法：可在颈部皮下、胸部皮下或腿部皮下注射。方法是由助手抓住鹅只并固定确实，术者左手拇指、食指掐起注射部位的皮肤，右手持注射器沿皮肤皱褶处刺入针头，然后推入药液。

　b. 肌内注射：可在胸部、翼根内侧、大腿外侧等发达的肌肉处进行。胸部肌内注射时，针头宜与体表呈45°角刺入，不宜刺入太深，以免伤及内脏或注入体腔。

　c. 静脉注射：鹅静脉注射的部位为肱静脉，方法是助手将鹅侧卧保定确实，拉开一翅，用酒精棉球将注射部位消毒，术者左手拇指或食指按压静脉近心端，使其充盈，右手持注射器将针头紧靠静脉右侧刺入皮下，左手拇指、食指及中指紧压注射部位附近皮肤，防止血管游动，右手再将注射针头水平斜刺入血管内并推进适当深度，后缓慢注入药液。

d. 腹腔内注射：系将药液注入腹腔，适用于腹膜炎或腹腔脏器的治疗。方法是由助手固定鹅只，腹部向上并呈头低尾高姿势。术者将注射部位用酒精棉消毒后，左手拇指、食指掐起腹壁，右手持注射器使针头依次穿过腹部皮肤及肌肉进入腹腔。当针头刺入腹腔时，顿觉无阻力，有落空感，然后回抽注射器活塞，如无血液或肠内容物时，即可推入药液。

e. 气管内注射：系将药液直接注入气管，用于治疗鹅的气管疾患，注射部位是在颈部腹侧偏右，气管的软骨环之间。注射时针头沿气管环间隙垂直刺入，刺入气管后阻力消失，回抽有大量气体，后缓慢注入药液。

③种蛋或鹅胚给药法　常用于种蛋消毒以预防胚胎垂直传播的疾病，亦用于胚胎病的治疗。

A. 熏蒸法：将种蛋置消毒箱或孵化器内，关闭门窗和通气孔，将适量消毒药加热熏蒸雾化。消毒时间在 30 分钟左右，常用于熏蒸消毒的药物有甲醛、高锰酸钾等。

B. 浸泡法：将种蛋置于一定浓度的消毒液中浸泡消毒，以杀灭种蛋表面的微生物或渗入蛋内杀灭病原体。

C. 注射法：是将药液直接注射到鹅胚的一定部位，如通过气室注入蛋白内（如庆大霉素）、直接注入鹅胚卵黄囊内（如泰乐菌素）、注入蛋壳膜内（如维生素 B_1）及注入绒毛膜尿囊膜或尿囊腔内（如疫苗接种），可用于鹅胚疾病的预防和治疗，以及疫苗接种等，也是实验室常用的经种蛋或鹅胚的给药方法之一。

(2) 鹅用药时应注意以下几个方面

①根据药物特性，妥善保存　确保药物质量和用药安全。在养鹅场，常用的消毒药、内服药、添加剂药等，一定要按照药物的性状特

征专门设柜，分开保存，专人管理，以免贮存不当，误用药物，引起鹅中毒或死亡。另外在存放药物时，还应注意有些药物对温度、避光、湿度、防氧化等条件的要求，以免贮存失效。

②使用有效期内的药物　在购买或使用药品时，首先要注意有无批准文号和批号，是否属于正规厂家生产的产品，谨防假冒。要检查药物是否在有效期内，即使在有效期内，还要注意药物的保存是否符合条件及药物有否结块等异常情况。如没有按要求保存或出现异常情况，这些药物最好不要用，或者通过药物检验机构检验合格再使用。

③注意给药的剂量、时间、次数和疗程　为了达到预期的效果，减少不良反应，用药剂量应当准确，并按规定时间和次数给药。有些药物的剂量要求比较严格，如磺胺类药物，剂量稍大或饲喂时间过长，都会引起中毒。

④选择最适宜的给药方法　根据用药的目的、病情缓急及药物本身的性质来确定最适宜的给药方法。如预防用药，一般是拌料或饮水等，这样省工省时；如个别治疗用药，一般是口服、注射，这样用药量准确、效果确实。

⑤对症用药，不可滥用　每一种药物都有它的适应证，如果用错了，不但造成浪费，还会造成药害，甚至危及禽的生命。对病禽用药，首先应弄清疾病的种类，弄清病原及其对药物的敏感性；条件许可时，尽可能根据药敏试验结果，并根据病禽症状的轻重缓急来选择敏感、疗效确实、不良反应少、经济便宜、本地易购的药物。

⑥联合用药，注意配伍禁忌发生　两种以上的药物在同一时间配伍使用，其效果要比单用某种药物好些。但是在许多情况下，配合不当可能出现减弱疗效、增加毒性的变化。这种配伍变化属于禁忌，必须避免。

151. 药物混于饲料和饮水中给鹅使用时应注意什么？

（1）药物混于饲料中给鹅使用时应注意以下几个方面

①掌握混饲浓度　混饲浓度常用百分浓度表示，亦有用每千克体重多少毫克的个体给药量，间接表示群体用药量，此时要先算出整群

鹅的总体重，后算出全部用药总量并拌入当天要消耗的饲料中混匀，拌药的饲料量以当天基本食完为宜。还须注意，一种药物的混饮浓度与混饲浓度多不相同，不能互相套用。对鹅来说，其饮水量一般多于消耗的饲料量（约为采食量的2倍），故药物混饲浓度一般高于混饮浓度（通常混饲浓度约为混饮浓度的2倍）。如鹅混饮环丙沙星的浓度为每升水50毫克，而混饲浓度则为每千克饲料100毫克。但用途不同时，有时混饲浓度亦可高于混饮浓度，故应按各药说明书规定的用途及相应的用法用量使用。

②药物与饲料必须混匀　混饲给药时，药物必须拌匀，尤其是对一些用量小、安全范围窄的药物，如马杜霉素等，一定要与饲料混匀，否则会引起一部分鹅摄入药量过多而中毒，另一部分鹅吃不到足量的药物，而达不到应用效果。一般采取逐级混合法，即把全部用量的药物加入到少量的饲料中混匀，然后再拌入到所需全部饲料中混匀。大批量饲料混药时，宜多次逐级递增混合。

③用药后密切注意有无不良反应　有些药物混入饲料后，可与饲料中的某些成分发生拮抗反应。如饲料中长期混合磺胺类药物，就易引起B族维生素和维生素K的缺乏，这时应适当补充这些维生素。另外同时注意观察有无中毒反应。

（2）药物混合于饮水中给鹅使用时应注意以下几个方面

①药物混饮浓度及混饮药量（以当天基本饮完为宜）　　自由混饮法系将药物按一定浓度加入到饮水中混匀，供自由饮用，适用于在水溶液中较稳定的药物。此法给药时，药物的吸收是一个相对缓慢的过程，其摄入药量受气候、饮水习惯的影响较大。口渴混饮法系用药前让鹅群禁水一定时间（寒冷季节3~4小时，炎热夏季1~2小时），使鹅处于口渴状态，再喂以加有药物的饮水，药液量以1~2小时内饮完为宜，饮完药液后换饮清水。该法对一些在水中容易破坏或失效的药物如弱毒疫苗，可减少药物损失、保证药效；对一些抗菌药一般将1天治疗量药物加入到1/5全天饮水量的水中，供口渴鹅只1小时左右饮完，可取得高于自由混饮法的血药浓度和组织药物浓度，适用于严重的细菌病或支原体病的治疗。

②药物的溶解度　应选择易溶于水且不易被破坏的药物，某些难

溶于水的药物，则需加热或加助溶剂以提高溶解度。加热一般可使药物的溶解度增加，但当溶液温度降低时，某些药物又会析出沉淀。故加热后应在短期内用完，仅适用于对热稳定、安全性好的药物。某些溶解度低、鹅类较敏感的药物，不宜混饮或加热助溶后混饮给药。

③酸碱配伍禁忌　某些本身不溶或难溶于水的药物，其市售品为可溶性的酸性或碱性盐，混饮联合用药时应注意酸碱配伍禁忌。如盐酸环丙沙星在水溶液中呈酸性，当与碱性药物如碳酸氢钠、氨茶碱等同时混饮时，可因溶解度改变而析出沉淀。

152. 鹅治病用药有哪些技巧？选购与使用兽药时应注意什么问题？

（1）鹅用药时要遵循安全、高效、广谱、方便、经济的原则，还要掌握以下用药技巧

①细心观察　鹅发生疾病之初，通过细心的观察，及时发现，就不会耽误用药时间，就有可能把疾病控制和扑灭在发病之初，有效防止疫情散播。

②诊断准确　只有准确地诊断出鹅所患的疾病，才能正确地指导用药，不然会导致疫情扩大，甚至还可能使疾病因误诊而难以控制和扑灭，导致更大范围内的发病。此外，鹅发病往往不是单一疾病，而很有可能并发或继发其他疾病。因此，诊断时必须注意这一点，用药时也要兼顾到。

③用药及时　当病鹅被发现并确诊后，用药者应尽快根据疾病情况，选用标本兼治的药物及时治疗，决不能拖延用药时间。若用药太迟，本来完全可治愈的疾病也会引发死亡，损失就更大了。

④剂量要足　不论治疗何种疾病，都应当保证用药剂量足，参照所用药物的使用说明，保证足够的用药时间和次数，决不能随意减少或增加用药剂量，缩短或延长用药时间。否则，一旦疾病复发，不但更加耗时，而且还可能导致预后不良。

⑤消毒严格　治疗时，除将病鹅隔离外，还要做好栏舍及鹅体的消毒工作。被污染的用具，场地清洁后用 0.5％的过氧乙酸等喷洒消

毒，体表可用 0.05％的百毒杀喷雾消毒。

（2）选购与使用药物时应注意下列问题

①对症购药　鹅感染疾病后，要及时请当地的专业兽医技术人员确诊病因，制订正确的治疗方案，对症购药用药。购药时要到有兽药经营许可证的部门购药。同时，不要一味地迷信高档进口药物，许多国产的兽药药效也特别好，既经济又实惠。

②辨识真伪　购买兽药前要看清包装上的标签是否标明批准文号、生产厂名厂址、生产日期、保质期及有效成分含量等，注意是否是过期失效的药物，批准文号一般每 5 年更换一次。

③轮换用药　抗菌药和抗寄生虫药，由于病原微生物和寄生虫会产生抗药性，长期使用同一种药物疗效会大幅度下降，增加防治成本，增大防治难度。因此，养殖户应建立详细的病历，记录交叉用药情况，这样既可以有效地降低病原微生物和寄生虫产生抗药性的速度，使药物充分发挥其防治效果。

④配伍与剂量　要严禁随意搭配，任意加大使用剂量。剂量一般指防治疾病的常用量。如果剂量过小，在体内不能获得有效浓度，药物则不能发挥其有效作用；如果剂量过大，超过一定的限度，药物的作用可出现质的变化，对机体产生毒性作用。

153. 鹅场常备哪些疫苗？鹅怎样接种疫苗？

（1）鹅场应常备以下疫苗

①小鹅瘟雏鹅苗　系用鹅胚多次传代获得的小鹅瘟弱毒株，经接种 12～14 天鹅胚，收获感染的鹅胚尿囊液，加入适量的保护剂，经冷冻真空干燥制成，用于预防雏鹅小鹅瘟。

②小鹅瘟鹅胚弱毒疫苗　采用小鹅瘟鹅胚弱毒株接种 12～14 天鹅胚后，收获 72～96 小时死亡的鹅胚尿囊液，加适量保护剂，经冷冻真空干燥制成。供产蛋前的留种母鹅主动免疫，雏鹅通过被动免疫，预防小鹅瘟。

③鹅副黏病毒苗　采用鹅副黏病毒分离毒株，接种鸡胚，收获感染的鸡胚液，经甲醛溶液灭活，加适当的乳油制成，用于预防鹅副黏

病毒病。

④小鹅瘟鸡胚化弱毒疫苗　用小鹅瘟鸡胚化弱毒株接种鸡胚或鸡胚成纤维细胞，收获感染的鸡胚尿囊液、胚体及绒毛尿囊膜研磨或收获细胞培养液，加入适量保护剂，经冷冻真空干燥制成，用于预防小鹅瘟。

⑤禽霍乱弱毒菌苗　用禽巴氏杆菌克 190 E40 弱毒株接种适合本菌的培养基培养，在培养物中加保护剂，经冷冻真空干燥制成，用于预防家禽（鸡、鹅）的禽霍乱。

⑥禽霍乱油乳剂灭活疫苗　本品采用抗原性良好的鸡源 A 型多杀性巴氏杆菌菌种接种于适宜培养基培养，经甲醛溶液灭活，加适当的乳油制成，用于预防禽霍乱。

⑦禽霍乱组织灭活苗　本品采用人工感染发病死亡或自然发病死亡的鹅等家禽的肝、脾等脏器，也可采用人工接种死亡的鸡胚、鹅胚的胚体，捣碎匀浆，加适量生理盐水，制成的滤液过渡后，经甲醛溶液灭活，置 37℃温箱作用制备而成，用于预防禽霍乱。

⑧鹅"蛋子瘟"灭活苗　本菌苗采用免疫原性良好的鹅体内分离的大肠杆菌菌株接种于适宜的培养基培养，经甲醛溶液灭活后，加适量的氢氧化铝胶制成，用于预防产蛋母鹅的卵黄性腹膜炎，即"蛋子瘟"。

（2）鹅接种疫苗通常是通过注射和混饮的方法

①注射免疫接种　常用肌内注射及皮下注射法，适用于各种灭活苗和弱毒苗的免疫接种。肌内注射时可选胸肌、腿肌，皮下注射可选胸部、颈背侧部。操作中应注意：

A. 腿部打针不要打内侧：因为鹅腿上的主要血管神经都在内侧，在这里打针易造成血管、神经的损伤，导致针眼出血、瘸腿、瘫痪等现象。

B. 皮下打针不要用粗针头：粗针头打针因深度小、针眼大，药水注入后容易流出，且容易发炎流血。因此，皮下注射特别是给雏鹅注射要用细针头，注射油苗可以用略粗一点的针头。

C. 胸部打针不能竖刺：给雏鹅打针时，因其肌肉薄，竖刺容易穿透胸腔，将药液打入胸腔，引起死亡，所以，应顺着胸骨方向，在胸骨旁边刺入之后，回抽针芯以抽不动为准（说明针头在肌肉中），这时再用力推动针管注入药液。

D. 刺激性强的油苗别在腿部注射：鹅的主要活动器官是腿部，油苗刺激性强、吸收慢，打入腿部肌肉，使鹅腿长期疼痛而行走不便，影响饮食和生长发育。所以应选翅膀或胸部肌肉多的地方打针。

E. 捉拿鹅只要掌握力度：打针时捉拿鹅只应既牢固又不伤鹅。如力度过大，轻则容易造成针眼扩大、撕裂、出血或流出药液，影响药效，重则造成刺入心肺等重要部位而导致内出血死亡。

②混饮免疫接种　饮水免疫是鹅常用的免疫方法之一。为使饮水免疫达到最理想的效果，须注意以下几个问题：

A. 饮水免疫前应对水槽、饮水器彻底清洗干净，不能用任何消毒剂和清洁剂冲洗饮水器，以免降低疫苗效价。一般情况下宜用深井水，不用自来水，因自来水常加有漂白粉，含有使疫苗灭活的物质氯离子。

B. 饮疫苗前应停止供水 2～3 小时，以便使鹅能尽快地饮完疫苗水。为使每只鹅都能饮到足够量疫苗，饮水时间不应小于 1 小时，由于饮水时间延长疫苗会失效，最长不超过 2 小时为宜，而水量不足会使免疫效果不一致，所以，稀释疫苗的用水量要适当。一般正常情况下，稀释疫苗水参考量为：1 周龄雏鹅每羽份用水 5 毫升；2～4 周龄为 8～10 毫升；4～8 周龄一般为 20 毫升；8 周龄以上一般为 40 毫升。

C. 饮水中最好加入 0.1% 的脱脂奶粉，以保证疫苗的稳定效价。用饮水法免疫的疫苗，一般按照说明书用量加一倍用，千万不要盲目多加倍。饮水免疫接种的间隔时间不宜太长，因为饮水免疫不能产生足够的免疫力，不能抵御毒力较强的毒株引起的疫病流行。

D. 实际工作中有一些养殖户把青霉素、链霉素粉剂或氨苄青霉素粉剂混于疫苗水中，这是错误的做法，因为抗生素同疫苗混配在一起，对疫苗有破坏作用，影响机体的免疫应答反应。

154. 鹅疫苗使用前应检查事项有哪些？如何进行疫苗的稀释？鹅接种疫苗应注意什么？

（1）使用疫苗前，应对照说明书，做好疫苗检查工作，有下列情形之一者，不得使用

①疫苗瓶上没有标签或标签内容模糊不清，没有产地、批号、有效期等说明。

②疫苗的质量与说明书不符，如色泽、性状有变化，疫苗内有异物、发霉和有异味的。

③瓶塞松动或瓶壁破裂的。

④未按规定方法和要求保存的，过期失效的。

（2）使用冻干苗（活苗）前，应稀释后才可使用

①稀释液一般用生理盐水，也可用蒸馏水或凉白开水。如疫苗本身配备有稀释液，则用该稀释液。稀释液的用量在计算和称量时均应细心和准确。

②稀释剂量应严格按照疫苗使用说明书上规定的剂量，不可任意增大或减少，否则均可能导致免疫失败。

③稀释用具如注射器、针头、镊子等，均应经严格的消毒处理后才可使用。

④稀释过程应避光、避风尘和无菌操作，尤其是注射用的疫苗应严格无菌操作。

⑤稀释好的疫苗瓶上应固定一个消毒过的针头，上盖酒精棉花。

⑥稀释好的疫苗应尽快用完，尚未使用的疫苗也应放在冰箱或冰水桶中冷藏。

（3）鹅接种疫苗时应注意下列问题

①工作人员需穿着工作服及胶鞋，必要时戴口罩。工作前后均应洗手消毒，并经常保持手指清洁，工作中不应吸烟和饮食。

②注射器、针头、镊子等，经严格的消毒处理后备用。注射时每只鹅使用一个针头。

③疫苗使用前，湿苗要充分摇匀；冻干苗按瓶签规定进行稀释，

充分溶解后使用，并在规定的时间内用完。一般如果气温 15～25℃，
6 小时内用完；气温 25℃以上，4 小时内用完。

④接种时，要注意鹅的营养和健康状况。凡疑似病鹅和发热病鹅
不进行免疫接种，待病愈后补充免疫。处于产蛋期的鹅应谨慎使用，
防止应激导致产蛋减少。

⑤同时接种两种以上不同疫苗时，应分别选择各自的途径、不同
部位进行免疫，注射器、针头、疫苗不得混合使用。

⑥使用活疫苗时，应严防泄漏，凡污染之处，均要消毒。用过的
空瓶及废弃的疫苗应高压或化学消毒后深埋。

⑦免疫接种后要有详细登记，如疫苗的种类、接种日期、鹅的数
目、接种方法、使用剂量以及接种后的反应等。还应注明对漏免者补
充免疫的时间。

155. 鹅场根据什么制订免疫程序？

免疫程序是指根据一定地区或养殖场内不同传染病的流行状况
及疫苗特性，为特定动物群制订的免疫接种方案。主要包括所用疫
苗的名称、类型、接种顺序、次数、途径及间隔时间。科学实施动
物免疫接种，是养殖业预防重大动物疫病的最重要措施，养鹅业也
不例外。

鹅场免疫程序的制订，应根据鹅的品种、鹅的生产种类及饲养
期，本地鹅病病情、鹅各种传染病的流行特点、使用疫苗的特性及免
疫监测结果及突发疫病的发生情况等综合考虑。

156. 鹅场应常备哪些高免血清？

(1) 抗小鹅瘟血清　本品是采用减毒的小鹅瘟活疫苗，接种成年
鹅经过反复免疫制成的高免血清。用于治疗或紧急预防小鹅瘟。

(2) 抗雏鹅新型病毒性肠炎血清　采用减毒的雏鹅新型病毒性肠
炎活疫苗，接种成年鹅经过反复免疫，制成的高免血清。用于治疗或
紧急预防雏鹅新型病毒性肠炎。

157. 鹅免疫失败的原因有哪些?

（1）**疫苗问题** 疫苗质量不合标准，如病毒或细菌的含量不足，冻干或密封不佳、油乳剂疫苗水分层、氢氧化铝佐剂颗粒过粗等。疫苗在运输或保管中因温度过高或反复冻融减效或失效，油佐剂疫苗被冻结或已超过有效期等。疫病诊断不准确，造成使用的疫苗与发生疾病不对应。再就是弱毒活疫苗或灭活疫苗、血清型、病毒株或菌株选择不当。

（2）**免疫程序安排不当** 在安排免疫接种时对下列因素考虑不周到，以致免疫接种达不到满意的保护效果：疾病的龄期敏感性；疾病的流行季节；当地、本场疾病威胁；品种或品系之间差异；母源抗体的影响；疫苗的联合或重复使用的影响；其他人为的因素、社会因素、地理环境和气候条件的影响等。

（3）**疫苗稀释的差错** 稀释液不当，没有使用指定的特殊稀释液进行；饮水免疫时仅用自来水稀释而没有加脱脂乳粉；或用一般井水稀释疫苗时，其酸碱度及离子均会对疫苗有较大的影响，有时由于操作人员粗心大意造成稀释液量的计算或称量差错，致使稀释液的量偏大；有些人为了补偿疫苗接种过程中的损耗，有意加大稀释液的用量等；在直射阳光下或风沙较大的环境下稀释疫苗；从稀释后到免疫接种之间的时间间隔太长；在稀释液中加入过量的抗生素或其他化学药物。

（4）**接种途径的选择不当** 每一种疫苗均有其最佳接种途径，如随便改变可能会影响免疫效果。在我国目前的条件下，不适宜过多地使用饮水免疫，尤其是对水质、饮水量、饮水器卫生等注意不够时免疫效果将受到较大影响。

（5）**接种操作的失误或错漏**

①采用饮水免疫时饮水的质量、数量、饮水器的分布，饮水器卫生不符合标准。

②在气雾免疫时气雾的雾滴大小、喷雾的高度或速度不恰当，以及环境，气流不符合标准等。

③滴眼、滴鼻免疫不正确操作。

④注射的部位不当或针头太粗，当针头拔出后注射液体即倒流出来；或针头刺在皮肤之外，疫苗液喷射出体外；或将疫苗、注射入胸腔、腹腔内；或连续注射器的定量控制失灵，使注射量不足等。

158. 鹅场发生疫情时应采取哪些措施？

(1) 注意观察，及早发现传染病　饲养员和技术人员应经常注意观察饲料、饮水消耗和产蛋情况，密切注意鹅群行为表现，包括鹅群的声音、步态、排便、精神、羽毛状态和颜色变化，及时察觉异常情况，鹅群中出现传染病的早期通常表现精神沉郁、缩颈、眼鼻有分泌物、食欲下降、产蛋量急剧下降等症状。停止向病群引进或出售活鹅，确诊后再根据具体情况处理。

(2) 隔离、诊断、治疗病鹅及同群预防　一经发现异常现象，应立即将可疑病鹅隔离，根据流行病学资料、临床症状、病理剖检变化，作出初步诊断，同时采集病料送往兽医检验部门尽快作出确诊，如果是传染病，应尽快进行用药治疗或紧急接种，选择高效、低毒、价廉、易购的药物，按疗程进行彻底治疗，如有必要，要用高免抗体或疫苗进行紧急接种，以便尽快建立免疫效力，可使大多数鹅得到保护，尽管紧急接种可能会引起少量死亡，但从总体上看是合算的。在治疗病鹅的同时，同群健康鹅亦应进行预防，以免感染传染病。

(3) 淘汰病鹅、处理死鹅，消除再次传染源　对病情严重的病鹅及无治疗价值的病鹅要严格淘汰，患慢性传染病的也应早淘汰，病重者及死鹅应严格按防疫规则正确无害化处理，包括深埋、焚烧和高温等方法，从而消除再次传染源。

(4) 严格进行环境消毒，消除传播途径　已发生传染病后所进行的消毒称临时消毒，其目的在于杀灭刚从机体排出的病原体，因而必须经常对鹅舍、运动场、排泄物、污水和用具进行消毒（一般5天一次，隔离病鹅舍每天消毒一次），粪便也可发酵处理，垫草焚烧或作堆肥。严禁无关人员串圈，以免扩散传染。

159. 鹅病临床检查的基本方法有哪些？

利用人的感官或简单器具对出现症状的鹅群进行客观的观察和检查，结合流行病学调查，即为临床检查鹅病的基本方法，主要包括问诊、视诊、触诊、听诊和嗅诊。

(1) 问诊 即向饲养人员询问发病情况和深入现场进行流行病学调查。问诊应从以下几个方面进行：

①发病经过和主要表现 如食欲不振或废绝、下痢、打喷嚏、瘫痪、麻痹、抽搐等主要症状，为鉴别诊断提供了依据。

②鹅发病后的治疗情况 鹅发病后用何种药物治疗，用药剂量、方法、次数及疗效，均可为诊断提供有价值的参考。

③邻近鹅舍或同一鹅舍中鹅群是否同时发生类似疾病 据此可推断该病是群发，还是单个发生，有无传染性。

④疾病传播速度快慢 如果疾病在短时间内迅速传播，造成流行或疾病在短期内发生并出现死亡，则提示可能是急性传染病或某些中毒病。若是在较长时间内不断地相继发生，则应考虑为慢性传染病或寄生虫病。

⑤发病率、死亡率和有无年龄差别 这些情况的了解，对一些疾病的鉴别诊断起着重要的作用。如鹅副黏病毒病，其不同日龄的鹅均可感染发病，而且发病率、死亡率都较高。而小鹅瘟则是日龄较小的发病率和死亡率高，2月龄以上的鹅很少发生小鹅瘟，即使感染发病，死亡率亦不高。成年鹅则不发病。

⑥鹅患病的同时，其他畜禽是否也发病 如禽霍乱，不但能引起鹅发病死亡，而且也能引起鸡、鸽子、鹌鹑等其他禽类发病死亡，同时亦能够引起猪的死亡。

⑦病史和既往史 鹅群曾患过什么病，其发病的经过和结果如何，与本次患病有无相同之处，通过了解来分析本次疾病与过去疾病的联系。

⑧防疫情况及实际效果 防疫制度及贯彻的情况如何，鹅场有无消毒设施，病死鹅死后的处理，等等，这些对分析疫情有一定的实际

意义。

⑨鹅舍的构造、设施等以及鹅群的饲养管理、饲养密度和卫生环境状况 鹅舍的位置、结构、设施、光照通风等条件均与某些疾病的发生有一定联系。

⑩饲料的种类、组成、质量、调制方法及贮存情况 这些情况的了解常为某些营养代谢病、消化系统疾病或中毒病和寄生虫病提出病因性诊断的启示。

(2) 视诊 视诊是接触病鹅或病鹅群进行客观观察的重要步骤，也是检查观察病鹅在自然状态下行为的一种诊断方法。

①观察鹅群的整体状态 如鹅营养状况、生长发育情况、体质的强弱等。

②观察精神状况、体态、姿势和运动行为等 如精神是否萎靡，敏感性是否增高，两翼是否下垂，行动是否迟缓，两肢外形和位置正常与否，关节是否肿胀，运动协调与否，有无神经症状等病理性异常行为。

③观察羽毛、皮肤、眼睛有无异常 如羽毛有无光泽，是否脱落、断裂，有无体外寄生虫，羽毛覆盖皮肤的状况如何，皮肤衍生物（喙、脚部、蹼和其他部位）着色情况以及皮肤和皮肤衍生物有无创伤、炎症等。

④观察某些生理活动有无异常 如呼吸动作有无喘息、呼吸困难、喷嚏、咳嗽，采食、吞咽有无异常，嘴角有无流涎，观察鼻腔有无渗出液阻塞，检查眼睛时观察有无结膜炎、角膜炎、晶状体混浊，以及排粪状况（颜色、粪量、有无未消化谷料）等等如何。

(3) 触诊 触诊是用手或者简单的检查工具接触鹅的体表及某些器官，根据感觉有无异常来判断病情的一种诊断方法。一般用于检查皮肤表面的温度和局部病变（肿物）的温度、大小、内容物性状、硬度、疼痛反应等。如产蛋母鹅肿物位于腹下，且内容物不定，一般经按压可以还纳，则提示有疝（赫尔尼亚）的可疑。又如关节肿大，且有热痛感，则提示关节有炎性肿胀。用手触摸鹅胸部也可以感觉鹅的营养状况。生长发育良好的鹅，胸部较平，肌肉丰满，而胸骨如刀脊状，肌肉瘠薄的，则提示可能患慢性消耗性疾病，或是慢性寄生虫病，或是慢性传染病等。还可以用手指伸进泄殖腔内检查触摸产蛋母鹅有无产蛋及有无蛋滞留现象；临床上主要用于鹅难产的检查。

(4) 听诊 听诊在家畜要借助听诊器来听取畜体内深部器官（如心脏、胃肠）发出的音响，来推测其内部有无异常的一种重要诊断方法。而对于鹅，在一般情况下，则要直接通过人的耳朵来感觉判断鹅呼吸动作有无异常声音，如有呼吸道症状则出现甩鼻音、喘鸣音，即呼噜、嘎嘎等异常粗厉的呼吸音或啰音，有时临床上还可以通过听鹅的叫声来判断鉴别鹅的健康状况。

(5) 嗅诊 嗅诊是通过人的鼻子嗅闻检查鹅舍内及周围的环境有无刺鼻的有害气体，以及鹅的垫料、饲料和分泌物、排泄物有无异常的气味，以便客观地反映鹅的饲养管理、环境卫生状况，为诊断群发性疾病提供可靠的依据。如鹅舍氨味较浓提示有可能鹅群患呼吸道疾病或肠道疾病；饲料、垫草有霉味则提示鹅可能患曲霉菌病；粪便带有腥臭味则提示可能患球虫病等。

160. 鹅病临床症状诊断要点有哪些？

临床症状诊断就是通过掌握鹅的主要临床症状及表现来诊断疾病，鹅病的临床诊断大致从以下几个方面入手：

(1) 营养状况 健康鹅整体生长发育基本一致。如果整群生长发育偏小，则可能饲料营养配合不全或者因饲养管理不善所致。

(2) 精神状态 健康鹅站立时翅膀收缩有力，紧贴体躯，尾羽上翘，行走有力，采食敏捷，食欲旺盛。病鹅精神委顿，缩颈垂翅，离群独居，闭目呆立，尾羽下垂，食欲废绝。

(3) 运动行为 行走摇晃，步态不稳，临床上多见于鹅副黏病毒病、小鹅瘟、鹅球虫病以及严重的绦虫病、吸虫病等。两肢行走无力，并有痛感，行走间常呈蹲伏姿势，临床上见于鹅佝偻病或骨软症以及葡萄球菌关节炎等。两肢麻痹、瘫痪、不能站立，常见于鹅维生素 B_2 缺乏症。

(4) 呼吸动作 气喘、咳嗽、呼吸困难，临床上见于某些传染病，如鹅曲霉菌病、鹅李氏杆菌病、鹅链球菌病、鹅流行性感冒、大肠杆菌病和禽流感等。也可见于某些寄生虫病，如鹅舟形嗜气管吸虫病、鹅支气管杯口线虫病，气管比翼线虫病等。

（5）神经症状 头颈麻痹临床上见于肉毒梭菌毒素中毒。扭颈，出现神经症状，临床上见于某些传染病如鹅副黏病毒病、小鹅瘟、鹅霉菌性脑炎、鹅李氏杆菌病、鹅螺旋体病，亦可见于某些中毒病和某些营养代谢病，如痢特灵中毒、维生素 A 缺乏症、维生素 B_1 缺乏症等。

（6）声音 健康鹅叫声响亮，而患病鹅叫声无力。若叫声嘶哑，临床上见鹅疾病晚期，如鹅流行性感冒、鹅结核病、鹅副黏病毒病等。也见于某些寄生虫病如寄生在鹅气管内的舟形嗜气管吸虫病以及寄生在鹅气管内的支气管杯口线虫病。

（7）羽毛 健康的成年鹅羽毛紧凑、平整、光滑。如果鹅羽毛蓬松、污秽、无光泽，可怀疑是慢性传染病、寄生虫病和营养代谢病。

（8）腹围 腹围增大，临床上见于产蛋鹅的卵黄性腹膜炎，有时亦见于产蛋鹅的腹底壁赫尔尼亚。腹围缩小，常见于慢性传染病和寄生虫病，如慢性禽副伤寒、鹅裂口线虫病、鹅绦虫病等疾病。

（9）喙 喙色泽淡，常见于慢性寄生虫病和营养代谢病，如鹅绦虫病、吸虫病、鹅裂口线虫病。喙色泽发紫，常见于小鹅瘟、禽霍乱、鹅卵黄性腹膜炎、维生素 E 缺乏症等疾病。喙变形上翘，临床上可见于电镀厂废水引起中毒综合征。喙变软、易扭曲，常见于幼鹅钙磷代谢障碍、维生素 D 缺乏症以及氟中毒。

（10）脚、蹼 脚、蹼干燥或有炎症，常见于 B 族维生素缺乏症，也可见于内脏型痛风病，以及各种疾病引起的慢性腹泻。脚、蹼发紫，常见于卵黄性腹膜炎、维生素 E 缺乏症，亦可见于小鹅瘟等。跗骨软、易折，临床上见于佝偻病、骨软症以及氟中毒引起的骨质疏松；脚蹼趾爪卷曲或麻痹见于雏鹅维生素 B_2 缺乏症，也可见于成年鹅维生素 A 缺乏症。脚蹼变形，临床上见于化学污染引起的畸形。

（11）关节 关节肿胀、有热痛感、关节囊内有炎性渗出物，常见于葡萄球菌和大肠杆菌感染，也可见于慢性禽霍乱、链球菌病等。跗关节和趾关节肿大（非炎性），临床上见于营养代谢病如钙、磷代谢障碍和维生素 D 缺乏症等。

（12）**头部** 头部皮下胶冻样水肿，可见于慢性禽霍乱，以及硒或维生素 E 缺乏症等疾病。头颈部肿大，临床上有时见于因注射灭活苗位置不当引起的肿胀，也偶尔见于外伤感染引起的肿胀。

（13）**眼睛** 眼球下陷，临床上常见于某些传染病、寄生虫病等因腹泻引起机体脱水所致，如鹅副黏病毒病、禽副伤寒、大肠杆菌病、鹅绦虫病、棘口吸虫病以及某些中毒病等。眼结膜充血、潮红、流泪、眼睑水肿，临床上见于禽霍乱、嗜眼吸虫病、禽眼线虫病以及维生素 A 缺乏症。眼睛有黏性或脓性分泌物，常见于衣原体病、禽副伤寒、大肠杆菌眼炎以及其他细菌或霉菌引起的眼结膜炎。眶下窦肿胀，内有黏液性分泌物或干酪样物质，则见于禽流感和衣原体病。眼结膜有出血斑点，临床上见于禽霍乱等。眼结膜苍白常见于鹅剑带绦虫病、膜壳绦虫病、棘口吸虫病、住白细胞虫病等。眼睛有黏液性分泌物流出，使眼睑变成粒状，则见于雏鹅生物素及泛酸缺乏症等。角膜混浊，流泪，见于衣原体眼炎，维生素 A 缺乏症，也见于氨气灼伤。角膜混浊，严重者形成溃疡，临床上可见于嗜眼吸虫病。瞬膜下形成黄色干酪样小球、角膜中央溃疡，临床上见于曲霉菌性眼炎。

（14）**鼻腔** 鼻孔及其窦腔内有黏液性或浆液性分泌物，常见于鹅流行性感冒、鹅曲霉菌感染、大肠杆菌病、支原体病，也见于衣原体病和禽流感及棉籽饼中毒等。鼻腔内有牛奶样或豆腐渣样物质，则见于维生素 A 缺乏症。

（15）**口腔** 口腔流出水样混浊液体，临床上见于鹅裂口线虫病、东方杯叶吸虫病、鹅副黏病毒病等。口腔流涎，见于鹅误食喷洒农药的蔬菜或谷物引起的中毒，也偶见于鹅误食万年青引起的中毒。口腔流血，临床上见于某些中毒病，如鹅敌鼠钠盐中毒。口腔内有刺鼻的气味，常见于有机磷及其他农药中毒，如有机磷农药中毒具有大蒜气味。口腔黏膜有炎症或有白色针尖大的结节，见于雏鹅 VA 缺乏症和烟酸缺乏症，也见于鹅采食被蚜虫或蝶类幼虫寄生在蔬菜或青草引起的口腔炎症。口腔黏膜形成黄白色、干酪样假膜或溃疡，严重者甚至蔓延至口腔外部，嘴角亦形成黄白色假膜，临床上见于鹅霉菌性口炎，即鹅口疮。

（16）**肛门和泄殖腔** 肛门周围有炎症、坏死或结痂病灶，常见于泛酸缺乏症。肛门周围有稀粪沾污，临床上见于禽副伤寒、大肠杆菌病、鹅副黏病毒病等。泄殖腔黏膜充血或有出血点，临床上见于各种原因引起的泄殖腔炎症，如前殖吸虫病、鹅副黏病毒病等，有时也见于禽霍乱。泄殖腔黏膜肿胀、充血、发红或发紫，肛门周围组织发生溃烂脱落，临床上见于禽隐孢子虫病，慢性泄殖腔炎；严重的泄殖腔炎可引起肛门外翻泄殖腔脱垂。

（17）粪便　大便稀薄，临床上见于细菌、霉菌、病毒和寄生虫引起鹅的腹泻，如禽副伤寒、小鹅瘟、绦虫病、吸虫病等；也见于某些营养代谢病和中毒病，如：维生素 E 缺乏症、有机磷农药中毒、误食万年青中毒以及采食寄生在蔬菜、青草的蚜虫、蝶类幼虫引起的中毒等。大便呈石灰样，临床上多见于鹅痛风病，也可见于维生素 A 缺乏症和磺胺药中毒等。大便稀，带有黏液状并混有小气泡，临床上见于鹅维生素 B_2 缺乏症，或采食过量的蛋白质饲料引起的消化不良，以及小鹅瘟等。大便稀，带有黏稠、半透明的蛋清或蛋黄样，临床上见于卵黄性腹膜炎（蛋子瘟）、输卵管炎、产蛋鹅的前殖吸虫病等。大便稀、呈青绿色，临床上见于鹅副黏病毒病。大便稀，呈灰白色并混有白色米粒样物质（绦虫节片），临床上见于鹅绦虫病。大便稀，并混有暗红或深紫色带血黏液，临床上见于鹅球虫病、鹅裂口线虫病，有时亦见于禽霍乱。大便呈血水样，临床上见于球虫病，有时也偶见于磺胺药中毒以及呋喃类药物中毒和敌鼠钠盐中毒。

（18）鹅蛋　鹅蛋的蛋壳薄，临床上见于禽副伤寒、大肠杆菌病、鹅副黏病毒病、维生素 D 和钙、磷缺乏症等疾病所致，也见于夏季热应激引起蛋壳变薄。鹅蛋无蛋黄，临床上见于异物（如寄生虫、脱落的黏膜组织、小的血块等）落入输卵管内，刺激输卵管的蛋白分泌的部位，使其分泌出蛋白包住异物，然后再包上壳膜和蛋壳而形成的；也见于输卵管太狭窄，产出很小的无蛋黄的畸形蛋。

161. 鹅病临床剖检诊断要点有哪些？

（1）皮肤　皮肤苍白见于各种因素引起的内出血，如脂肪肝综合征和禽副伤寒引起的肝脏破裂。皮肤暗紫见于各种败血性传染病，如禽霍乱、鹅副黏病毒病等。胸腹部皮肤呈暗紫或淡绿色,皮下呈胶冻样水肿,临床上多见于维生素 E 及硒缺乏症,皮下水肿还见于禽李氏杆菌病。皮下出血见于禽霍乱、鹅流行性感冒等。胸部皮下化脓或坏死见于鹅外伤引起皮肤感染葡萄球菌、链球菌或其他细菌所致。

（2）**肌肉** 肌肉苍白见于各种原因引起的内出血,如脂肪肝综合征等,也见于住白细胞虫病。肌肉出血多见于硒及维生素 E 和维生素 K 缺乏症。肌肉坏死常见于维生素 E 缺乏症。肌肉中夹有白色芝麻大小的梭状物,见于葡萄球菌、链球菌等引起的肉芽肿。肌肉表面有尿酸盐结晶,则见于内脏型痛风。

（3）**胸腺** 胸腺肿大、出血见于某些急性传染病,如禽霍乱,也见于某些寄生虫病,如住白细胞虫病。胸腺出现玉米大的肿胀,多见于成年鹅的结核病。胸腺萎缩,见于营养缺乏症。

（4）**气管、支气管、喉头** 气管、支气管、喉头有黏液性渗出物,常见于鹅流行性感冒、曲霉菌病、支原体病、鹅副黏病毒病等。气管和支气管内有寄生虫,见于鹅舟形嗜气管吸虫和支气管杯口线虫。

（5）**肺、气囊** 肺瘀血、水肿见于某些急性传染病如禽霍乱、禽链球菌病、大肠杆菌败血症等,也见于棉籽饼中毒。肺实质有淡黄色小结节,气囊有淡黄色纤维素渗出或结节或者有灰黑色或淡绿色霉斑,临床上见于鹅曲霉菌病。肺有淡黄色或灰白色结节还见于成年鹅的结核病。肺肉变或出现肉芽肿,见于大肠杆菌病和沙门氏菌病。胸、腹气囊混浊、囊壁增厚,或者含有灰白色或淡黄色干酪样渗出物,常见于支原体病、鹅流行性感冒、大肠杆菌病、禽流感、禽副伤寒、禽链球菌病及衣原体病等。

（6）**胸腔** 胸腔积液见于敌鼠钠盐中毒。

（7）**心包、心肌** 心包积液或含有纤维素渗出,常见于禽霍乱、大肠杆菌病、禽李氏杆菌病、鹅螺旋体病、衣原体病以及某些中毒病,如食盐中毒、氟乙酰胺中毒或磷化锌中毒等。心包及心肌表面附有大量的白色尿酸盐结晶,常见于内脏型痛风。心冠脂肪出血或心内外膜有出血斑点,临床上见于禽霍乱、鹅流行性感冒、大肠杆菌败血症、肉毒梭菌毒素中毒、食盐中毒、棉籽饼中毒、氟乙酰胺中毒等。

心肌有灰白色坏死或有小结节，或肉芽肿样病变，临床上见于禽李氏杆菌病、大肠杆菌病、禽副伤寒等。心肌变性，临床上见于维生素 E 和硒缺乏症、住白细胞虫病等。心肌缩小、心肌脂肪消耗或心冠脂肪变成透明胶冻样，这是心肌严重营养不良的表现，常见于慢性传染病，如结核病、慢性副伤寒以及严重的寄生虫感染等。

(8) 腹腔 腹腔内有淡黄色或暗红色腹水及纤维素渗出，临床上见于腹水综合征、淀粉样病变、大肠杆菌病、慢性禽副伤寒、住白细胞虫病等。腹腔内有血液或凝血块，常为急性肝破裂的结果。如副伤寒、鹅脂肪肝综合征等。腹腔中有一种淡黄色、黏稠的渗出物、附着在内脏表面，常为卵黄破裂引起的卵黄性腹膜炎、病原多为大肠杆菌，也可能是沙门氏菌或巴氏杆菌。腹腔器官表面有许多菜花样增生物或有很多大小不等的结节，临床上见于大肠杆菌肉芽肿，成年鹅的结核病等。腹腔中，尤其在内脏器官表面有一种石灰样物质沉着，是鹅内脏型痛风特征性的病变。

(9) 肝脏 肝脏肿大，表面有灰白色斑纹或有大小不一的肿瘤结节，常见于淋巴白血病（有些病例肝脏的重量比正常的重量增加 2～3 倍）。肝脏肿大，并出现肉芽肿，临床上见于大肠杆菌病。肝脏肿大，瘀血，表面有散在的或密集的坏死点，常见于急性禽霍乱、禽副伤寒、大肠杆菌病、衣原体病、螺旋体病、鹅流行性感冒、禽李氏杆菌病或禽链球菌病等，有时也见于小鹅瘟、鹅副黏病毒病等。肝脏肿大，有出血斑点，临床上见于禽霍乱以及痢特灵中毒等。肝脏肿大，呈青铜色、古铜色或墨绿色（一般同时伴有坏死小点），常见于大肠杆菌病、禽副伤寒、禽葡萄球菌病或禽链球菌病等。肝脏肿大、硬化，表面粗糙不平或有白色针尖状病灶，临床上见于慢性黄曲霉毒素中毒。肝脏萎缩、硬化，多见于腹水症晚期的病例和成年鹅黄曲霉毒素中毒。肝脏肿大，有结节状增生病灶，则见于成鹅的肝癌。肝脏肿大，表面有纤维蛋白覆盖，临床上常见于大肠杆菌病等。肝脏肿大，呈淡黄色脂肪变性，切面有油腻感，多见于脂肪肝综合征，也见于维生素 E 缺乏症和鹅流行性感冒以及鹅住白细胞虫病。肝脏呈深黄色或淡黄色，常见于 1 周龄以内健康的雏鹅，也见于 1 年以上健康的成年鹅。

（10）**脾脏** 脾脏肿大，表面有大小不等的肿瘤结节，临床上见于淋巴白血病（有的脾脏大如鸽蛋）。脾脏有灰白色或黄色结节则见于成年鹅结核病。脾脏肿大，有坏死灶或出血点，临床上见于禽霍乱、禽副伤寒、衣原体病以及鹅副黏病毒病和鹅流行性感冒等。脾脏肿大，表面有灰白色斑驳，常见于禽李氏杆菌病、淋巴白血病、大肠杆菌败血症、螺旋体病、禽副伤寒等。

（11）**胆囊** 胆囊内有寄生虫、临床上常见于东方次睾吸虫病、鹅后睾吸虫等。胆囊充盈肿大，临床上见于急性传染病，如禽霍乱、禽副伤寒、小鹅瘟等，也见于某些寄生虫病，如鹅后睾吸虫病等。胆囊缩小，见于慢性消耗性疾病，如鹅绦虫病、吸虫病等，胆汁浓，呈墨绿色，常见于急性传染病。胆汁少、色淡或胆囊黏膜水肿，见于慢性疾病，如严重的肠道寄生虫感染和营养代谢病。

（12）**肾脏、输尿管** 肾脏肿大、瘀血，临床上见于禽副伤寒、链球菌病、螺旋体病、鹅流行性感冒等；也见于食盐中毒、痢特灵中毒。肾脏显著肿大，有肿瘤样结节，临床上见于淋巴白血病，也偶见于大肠杆菌引起的肉芽肿。肾脏肿大，表面有白色尿酸盐沉着，输尿管和肾小管充满白色尿酸盐结晶是内脏型痛风的一种常见病变，也见于禽副伤寒、鹅肾球虫病、维生素 A 缺乏症、磺胺药中毒，以及钙、磷代谢障碍等疾病。输尿管结石，临床上多见于痛风以及钙、磷比例失调。肾脏苍白，临床上见于副伤寒、住白细胞虫病、严重的绦虫病、吸虫病、棘头虫病、球虫病以及各种原因引起的内脏器官出血等。

（13）**卵巢、输卵管或睾丸、阴茎** 卵子形态不整、皱缩干燥和颜色改变及变形、变性，临床上常见于禽副伤寒、大肠杆菌病，也偶见于慢性禽霍乱等。卵子外膜充血、出血．临床上见于产蛋鹅急性死亡的病例，如禽霍乱、禽副伤寒，以及农药、灭鼠药中毒。卵巢形体显著增大，呈熟肉样菜花状肿瘤，临床上见于卵巢腺癌。寄生于输卵管的寄生虫，常见于前殖吸虫。输卵管内有凝固性坏死物质（腐败的卵黄、蛋白），临床上常见于产蛋母鹅的卵黄性腹膜炎、禽副伤寒等。输卵管脱垂于肛门外，常为产蛋鹅进人高峰期营养不足或是产双黄蛋、畸形蛋所为，也见于久泻不愈引起的脱垂。一侧或两侧睾丸肿大或萎缩、睾丸组织有多个小坏死灶，临床上偶见于公鹅沙门氏菌感染。睾丸萎缩变性则见于维生素 E 缺乏症。阴茎脱垂、红肿、糜烂或青绿豆大小的小结节，或者坏死结痂，临床上多见于鹅大肠杆菌病。

(14) 食管　食管黏膜有许多白色小结节，临床上见于维生素 A 缺乏症。食管黏膜有白色假膜和溃疡（口腔、咽部均出现），临床上见于白色念珠菌感染引起的霉菌性口炎。食管下段黏膜有出血斑也见于鹅呋喃丹中毒。

(15) 腺胃和肌胃　寄生在腺胃和肌胃内的寄生虫：腺胃有四棱线虫、肌胃内有鹅裂口线虫。腺胃黏膜及乳头出血，临床上见于鹅副黏病毒病，亦见于禽霍乱。腺胃与肌胃交界处有出血点，则见于螺旋体病。腺胃壁增厚，腺胃黏膜出血并形成溃疡或坏死，则见于四棱线虫感染。肌胃内较空虚，其角质膜变绿，常见于慢性疾病，多为胆汁反流所致。肌胃角质溃疡（尤其在肌胃与幽门交界处），临床上常见于鹅裂口线虫病。肌胃角质层易脱落，角质层下有出血斑点或溃疡，临床上见于鹅副黏病毒病、禽李氏杆菌病、住白细胞虫病，也见于食用变质鱼粉所致。

(16) 肠管　剖检时要注意肠道蠕虫寄生的位置及虫体的数量。肠道寄生的蠕虫有绦虫、吸虫、棘头虫、蛔虫、异刺线虫、剑带绦虫、膜壳绦虫、蛔虫、棘头虫、棘口吸虫等。东方杯口吸虫常寄生于十二指肠和空肠；异刺线虫寄生于盲肠，卷棘口吸虫也寄生于盲肠；前殖吸虫多寄生于直肠。小肠肠管增粗、黏膜粗糙，生成大量灰白色坏死小点和出血小点，临床上见于鹅球虫病。小肠黏膜呈急性卡他性或出血性炎症，黏膜深红色或有出血点，肠腔有多量黏液和脱落的黏膜，临床上见于急性败血性传染病，如禽霍乱、禽副伤寒、禽链球菌病、大肠杆菌病等，以及早期的小鹅瘟病变。也见于某些中毒病如呋喃丹中毒、氟乙酰胺中毒等。肠道黏膜出血，黏膜上并有散在的淡黄色覆盖假膜结痂，并形成出血性溃疡，临床上见于鹅副黏膜毒病。肠道黏膜出血和溃疡，常见于棘头虫病。肠壁生成大小不等的结节，这种病灶临床上见于成年鹅的结核病，也见于棘头虫病。肠道黏膜坏死，常见于慢性禽副伤寒、坏死性肠炎、大肠杆菌病，以及维生素 E 缺乏症等。肠管某节段呈现出血发紫，且肠腔有出血黏液或暗红色血凝块，临床上见于肠系膜疝或肠扭转。肠管膨大，肠道黏膜脱落，肠壁光滑变薄，肠腔内形成一种淡黄色凝固性栓塞，临床上见于典型的小鹅瘟病变。盲肠内有寄生虫，多为异刺线虫和纤细背孔吸虫。盲肠内有凝固性栓塞，临床上见于慢性禽副伤寒。盲肠出血，肠腔有血便，黏膜较光滑，临床上见于磺胺药中毒。

（17）**胰腺**　胰腺肿大、出血或坏死、滤泡增大，临床上见于急性败血性传染病，如禽霍乱、禽副伤寒、病毒性肝炎、大肠杆菌败血症等，也见于某些中毒病，如肉毒梭菌毒素中毒、鹅氟乙酰胺中毒、敌鼠钠盐中毒、呋喃丹中毒等。胰腺出现肉芽肿，则见于大肠杆菌、沙门氏菌引起的病变。胰腺萎缩，腺细胞内空泡形成，并有透明小体，临床上见于维生素 E 和硒缺乏症。

（18）**盲肠、扁桃体**　盲肠、扁桃体肿大、出血，临床上见于某些急性传染病和某些寄生虫病，如禽霍乱、禽副伤寒、大肠杆菌病、鹅副黏病毒病、鹅球虫病等。

（19）**腔上囊**　腔上囊内的寄生虫，多为前殖吸虫。腔上囊肿大、黏膜出血，临床上见于某些传染病和寄生虫病，如隐孢子虫病、前殖吸虫病，有时也偶见鹅副黏病毒病、严重的绦虫病等。腔上囊缩小，临床上见于营养缺乏症。

（20）**脑**　小脑软化、肿胀、有出血点或坏死，临床上见于鹅维生素 E 缺乏症。脑及脑膜有淡黄色结节，常见于鹅曲霉菌感染。大脑呈树枝状充血及有出血点，并发生水肿或坏死，临床上见于雏鹅脑型大肠杆菌病和沙门氏菌病。

（21）**甲状旁腺**　甲状旁腺肿大，临床上见于缺磷、缺钙及缺乏维生素 D 引起的雏鹅佝偻病和成年鹅的软骨症。

（22）**骨和关节**　后脑颅骨软薄，临床上见于雏鹅佝偻病；胸骨呈 S 状弯曲，肋骨与肋软骨连接部呈结节性串珠样，常见于缺钙、缺磷或缺乏维生素 D 引起的雏鹅佝偻病或者严重的绦虫病感染而导致的鹅骨软症。跖骨软、易折，常见于佝偻病、骨软症。关节肿胀、关节囊内有炎性渗出物，常见于鹅葡萄球菌、大肠杆菌、链球菌感染，也见于慢性禽霍乱、关节肿大、变形，临床上见于雏鹅佝偻病、生物素、胆碱缺乏症，以及锰缺乏症等，也见于关节痛风。

162. 怎样进行鹅尸体剖检？

尸体剖检之前，要进行一般情况的了解，如死亡鹅的品种、年龄、性别、饲养管理情况、流行病学情况、发病情况、发病数量、死亡数量和临床症状等，然后带着问题进行尸体剖检。主要步骤如下：

(1) 外部检查 先观察病死鸭的肥瘦程度；羽毛是否光泽、污秽、松乱、有无脱毛等现象；皮肤有无肿胀、瘀血、出血、结痂等；再检查天然孔：眼、鼻、口等，看有无分泌物流出，分泌物的性状、颜色如何，数量多少；检查可视黏膜的颜色，看有无充血、瘀血、出血、贫血等；观察泄殖腔周围的羽毛有无粪便污染，粪便颜色如何；关节和脚、趾、蹼有无脓肿或其他异常。

(2) 皮下检查 用冷水或消毒液将尸体羽毛浸湿，然后将尸体仰放（即背位）在搪瓷盘中或报纸上。先将腹壁和两侧大腿之间的皮肤纵行切开，然后紧握大腿向外向下翻压，使两髋关节脱位，两腿便可平稳地放于盘中，然后在龙骨末端、腹部皮肤处作横切线，使两则大腿与腹壁之间的纵切口连接起来，并将龙骨后方的皮肤掀起向前剥离，直至头部。观察皮下脂肪含量、色泽，血管状况，有无充血、出血等。

(3) 体腔器官检查 在后腹部（龙骨和肛门之间）横切腹壁，再从腹壁两侧沿着肋骨关节向前方将肋骨和胸肌用剪刀剪开（最好使用骨剪），一直剪到喙骨和锁骨为止，握住龙骨突的后缘，用力向上前方掀向颈部，此时体腔内器官即可暴露。剖开体腔后，要注意观察各脏器的位置、颜色、浆膜及气囊的状况，体腔内有无液体，各脏器之间有无粘连等现象。然后将内脏取出检查。

①肝脏检查 先观察肝脏的大小、颜色、边缘钝否，形状有无异常，表面是否光滑，质地是否脆弱易碎，有无坏死病灶或肿瘤结节，数量多少等。然后纵行切开肝脏，检查切面及血管状况，肝脏结构是否清楚等；再检查胆囊大小，胆汁多少，剪开胆囊，注意胆汁的颜色、黏稠度及胆囊黏膜的状况。

②脾脏检查 检查脾脏大小、颜色，然后剪断脾动脉，取出脾

脏，切开，检查切面脾小体及脾髓的情况。

③胃肠道检查 在心脏的后方剪断食管，向后方牵拉腺胃，剪断肌胃与背部的联系、肠系膜及肠系膜动脉，到泄殖腔前端剪断直肠，即可取出腺胃、肌胃和肠道，然后按顺序检查。注意肠系膜，胃肠道浆膜是否光滑，有无炎性渗出物或肿瘤散布。先观察腺胃外表、形态、容积、浆膜状态；然后沿腺胃长轴纵行剪开，检查内容物的性状、气味、颜色及黏膜性状和腺胃乳头，看有无充血、出血、溃疡，以及胃壁增厚等情况。然后观察肌胃浆膜的光滑状况，胃壁上的脂肪色彩及肌胃的硬度。从大弯部切开肌胃，检查内容物及其角质膜的性状，再撕去角质膜，检查角质膜下及肌肉的状况。最后，从前向后检查小肠、盲肠及直肠的肠腔状态。展开小肠，在小肠前段弯曲间取出胰脏，检查其颜色及质地，再沿肠系膜附着部剪开肠道，检查各段肠内容物的性状、气味，观察肠壁是否增厚，黏膜有无充血、出血、坏死、溃疡，以及盲肠起始部的盲肠扁桃体是否肿大，有无溃疡、坏死和出血，盲肠腔中有无出血或干酪样栓塞物。

④心脏检查 在原位纵行剪开心包，观察心包液的性状和含量，心包的厚薄，心外膜是否光滑，有无出血、渗出物、尿酸盐沉积、结节或坏死灶等。然后在心底部将动、静脉剪断，取出心脏，观察心脏的外形、纵径与横径的比例。最后剖开左、右心室，注意心肌切面的色彩，心壁的厚薄，心肌质地，结构，心内膜有无出血，以及心瓣膜上有无疣状物附着。

⑤肺的检查 先在原位检查肺脏的颜色及质地。必要时可将刀柄沿肺的边缘从肋间插入，剥离出肺，切开，观察切面上支气管及肺小叶的性状，有无分泌物、炎症病灶、坏死、结节、水肿等。

⑥肾脏检查 可用刀柄在第6、7肋骨间至髂骨窝将肾脏剥离出。检查尖叶、中叶和尾叶的颜色、质地、尿酸盐的沉积量，有无坏死灶等。

⑦生殖器官检查 雄性鹅主要检查两睾丸的大小、颜色及二者是否匀称；雌性鹅则主要检查卵巢及卵黄的颜色和形态，输卵管的外形，浆膜的颜色，再顺序剪开输卵管，检查黏膜的状况。

⑧口腔和颈部器官的检查 剪开一侧口角，观察后鼻孔、腭裂及

喉头有无分泌物堵塞，口腔黏膜有无瘀血、水肿和假膜。再向下剪开喉头、气管及食管，检查有无流出物，流出物的数量、性状、黏膜的颜色，有无出血、假膜等。

⑨脑的检查　用骨剪在两眶后缘之间横行剪断额骨，再从两侧剪开顶骨、枕骨，掀去头盖骨，即暴露出大、小脑。观察脑膜情况，有无充血、出血或软化病灶。

(4) 病料的采取　剖检之后要分清主要、次要病变及病变群，如果要进行实验室检查，可根据情况采取病料。需作微生物学检查的材料，应在剖开体腔后立即用无菌方法采集，并置于灭菌的容器内。一般取肝、脾组织和有病变的器官，如果材料不新鲜，则取骨髓。留作毒物学检查的材料，一般是肝、肾、胃肠的内容物和饲料，应盛于清洁容器内，不能被化学药剂污染。用作病理组织学检查的材料，要尽可能地全面采集，除有明显病变者外，还要取肉眼变化不明显的组织，并用10%福尔马林及时固定。

163. 鹅传染病有哪些共同特点？

病原微生物侵入鹅机体，并在一定的部位定居增殖，这一过程叫做传染，如果引起鹅发生生理的、形态学的异常状态即发病。这种因病原微生物传染而发生的疾病称为传染病。传染病的表现是多种多样的，然而也有一些共同的特性，这些特性是：

(1) 传染病都有特定的病原微生物　如小鹅瘟是由小鹅瘟病毒引起的，没有小鹅瘟病毒就不会发生小鹅瘟。鹅大肠杆菌病是由致病性大肠杆菌引起的，没有致病性大肠杆菌同样不会发生大肠杆菌病。

(2) 具有传染性和流行性　就是传染病能从一只病鹅传给另一只或数量众多的健康鹅，从一个发病鹅群传给另外的鹅群，或在一定的时期内从一个地区传到另外的地区。

(3) 被感染的鹅机体发生特异性反应　即在传染过程中由于病原微生物的抗原刺激作用，机体发生免疫生物学的改变，产生特异性的抗体和变态反应。这种改变可以用血清学等特异性反应检查出来。

(4) 获得特异性免疫力　耐过病的鹅能获得特异性免疫，使机体在一定的时期内或终身不再患该种疾病。

（5）具有特征性的临床表现 如小鹅瘟特征性的临床表现是精神委顿、食欲废绝、严重下痢，有时呈现神经症状；主要病变为渗出性肠炎，小肠黏膜表层大片脱落，与凝固的纤维素性渗出物一起形成栓子，堵塞于小肠最后段的狭窄肠腔处。

164. 鹅传染病病原学检查主要方法有哪些？

（1）病料的采取与处理 当疾病为全身性的或处于菌血症（或病毒血症）阶段时，从心、肝、脾、脑取材较为适宜；局部发病时，则应从有肉眼可见病变的组织器官采取病料。病料应该在疾病流行的早期还未进行过药物治疗的病鹅中采取，因为后期的病鹅，或者经药物治疗的病鹅，虽然在一定程度上还表现出某些症状和病变，但常难以分离出病原体。病料采取后应盛于灭菌的器皿中，一般应在低温条件下运送和保存，以减少病原体的死亡，也可抑制污染菌的生长。

（2）病料直接抹片镜检 通常用有明显病变的组织器官或心血抹片，待自然干燥固定后，用革兰氏、瑞氏或姬姆萨氏法染色，然后镜检，以发现各种病原细菌（包括细菌、螺旋体、支原体及真菌等）。

（3）病原体的分离和鉴定 根据各种病原微生物的不同特性，选择最适宜的培养基进行接种培养。细菌可用普通琼脂培养基、肉汤培养基及血液琼脂培养基分离培养，接种后，置于37℃恒温箱内培养，厌氧菌可用蜡烛缸或其他设备进行厌气培养。病毒可接种于禽胚或活的组织细胞上培养。为避免接种材料被细菌污染，一般可将病料经研磨制成悬浮液并离心沉淀后，加入适量的抑菌药物，如青霉素、链霉素（每毫升各5千至1万国际单位），在4℃冰箱中感作约4小时。病毒材料接种于禽胚或细胞培养，一定时间后即引起被接种对象的异常或死亡。分离得到的细菌或病毒纯培养物，尚需用各种方法作进一步的鉴定。

（4）动物接种 当病料受到严重的污染需要提纯，或由于病料在运输、保存过程中病原体大量死亡、残存数量较少而需要增殖，或获得的病原体经纯培养后，需要最后证实是否是引起该病的病原物，均可采用动物接种的方法。动物接种途径因病原微生物的种类而异，能引起全身性疾病或菌血症（病毒血症）的，一般采用皮下、肌肉或静脉内接种；导致呼吸系统疾病的，应进行气管内、腭裂内或滴眼、滴鼻接种；消化道感染的疾病，则可灌服或通过饲料、饮水口服接种。此外，还可根据具体疾病的特点，采用腹腔内注射、脑内注射、皮内注射、皮肤刺种、脚垫刺种、泄殖腔涂擦、羽毛囊涂擦等接种方法。

试验动物接种后，应详细观察和记录动物的临床表现。发病及死亡的动物应逐只剖检，必要时还应进行病原体的分离。

（5）免疫学诊断 免疫学诊断最常使用的方法有凝集试验（平板或试管凝集试验）、红细胞凝集试验及红细胞凝集抑制试验、环状沉淀试验、琼脂扩散沉淀试验、补体结合试验、中和试验（病毒血清中和试验、毒素抗毒素中和试验）、酶联免疫吸附试验（ELISA）以及免疫荧光试验等。

165. 如何诊断和预防小鹅瘟？

小鹅瘟是由小鹅瘟病毒引起的雏鹅和雏番鹅的一种急性或亚急性败血性传染病。成年鹅（番鹅）对病毒具有较大的抵抗力。

（1）流行病学诊断 自然病例仅发生于雏鹅和雏番鸭，雏鹅和雏番鸭的易感性随年龄的增长而减弱，1周龄以内的雏鹅死亡率可达100%，10日龄以上者死亡率一般不超过60%，15日龄以上的雏鹅和雏番鸭比较缓和，20日龄以上的发病率低，而1月龄以上则极少发病。成年鹅（番鸭）对病毒具有较大的抵抗力，

（2）临床诊断 小鹅瘟的症状以消化道和中枢神经系统扰乱为特征，但其症状的表现与感染发病时雏鹅的日龄有密切的关系。根据临床症状和病程的长短，分为最急性型、急性型和亚急性型3种类型。

①最急性型 常发生于一周龄以内的雏鹅。患病雏鹅一般无前驱症状，突然发病死亡。在鹅群中传播迅速，几天内即蔓延全群，致死率达95%～100%。

②急性型 常发生于1～2周龄的雏鹅。患雏鹅精神委顿，食欲减少或丧失，病初虽能随群作采食动作，但所啄得的草料并不吞下或

偶尔咽下几根，随采即随甩弃。患病半天后行动迟缓，两腿无力，站立不稳，喜蹲卧，落后于群体，打瞌睡。拒食，但多饮水。排出黄白色或黄绿色稀粪，稀粪中杂有气泡，或有纤维碎片，或未消化的饲料，肛门周围绒毛湿润，有稀粪沾污。泄殖腔扩张，挤压时流出黄白色或黄绿色稀薄粪便。张口呼吸，鼻孔和口腔有棕褐色或绿褐色浆液性分泌物流出，使鼻孔周围污秽不洁。眼结膜干燥，全身有脱水征象。病程一般为2天左右。在临死前出现两腿麻痹或抽搐。有些病鹅临死前可出现神经症状。

③亚急性型 多发生于流行后期，2周龄以上的患病雏鹅，病程稍长，一部分病鹅转为亚急性型，尤其是3～4周龄的雏鹅感染发病，多呈亚急性型。患病鹅精神委顿，消瘦，行动迟缓，站立不稳，喜蹲卧，拉稀，稀粪中杂有多量未消化的饲料及纤维碎片和气泡。肛门周围绒毛污秽严重，少食或拒食，鼻孔周围沾污多量分泌物和饲料碎片。病程一般为3～7天或更长，少数患鹅可以自愈。

(3) 病理学诊断 以消化道炎症为主，全身皮下组织明显充血，呈弥漫红色或絮红色，血管分支明显。

①最急性型 多为1周龄以内雏鹅发病，病程短，病变不明显，仅见小肠前段黏膜肿胀充血，覆盖有大量黏稠的淡黄色黏液。部分病例小肠黏膜有少量出血点或出血斑，表现出急性卡他性炎症变化。

②急性型 全身性败血变化，全身脱水，皮下组织显著充血，尤其是肠道有特征性的病理变化。各种内脏器官病变如下：

A. 消化道：病雏鹅食管扩张，腔内含有绿色稀薄液体并混有食物碎屑。腺胃黏膜表面有淡灰色黏液附着，肌胃的角质膜容易剥落。十二指肠黏膜呈弥漫性红色，肿胀有光泽。空肠和回肠的回盲部肠段极度膨大，呈淡灰白色，体积比正常肠段增大2～3倍，形如香肠状，手触肠段质地很坚实，从膨大部与不肿胀的肠段连接处很明显地可以看到肠道被阻塞现象。膨大的肠段有的病例仅有一处，有的病例见有2～3处。每段膨大部长短不一，最长达10厘米以上，短者仅2厘米。膨大部的肠腔内充塞着淡灰白色或淡黄色的栓子状物，将肠腔完全阻塞，很像肠腔内形成的管型。栓子的头尾两端较细，栓子物很干燥，切面上可见中心为深褐色的干燥肠内容物，外面包裹着厚层的纤维素性渗出物和坏死物凝固而形成的假膜。阻塞部的肠段由于极度扩张，使肠壁变薄，黏膜平滑，干燥无光泽，呈淡红色或苍白色，或微黄色。无栓子的其他肠段，肠内容物呈棕褐色或棕黄色。

B. 肝脏：肿大，质地变脆，呈紫红色或暗红色。有些病例呈黄色甚至深黄色。切开后切面有瘀血流出。少数病例肝实质有针头至粟粒大坏死灶。胆囊显著扩张，充满暗绿色胆汁。

C. 肾脏：稍肿大，呈深红或紫红色，质脆易碎，表面和切面上血管分支清晰，有少量瘀血。输尿管扩张，充满灰白色尿酸盐沉着物。

D. 胰脏：呈淡红色，切面血管扩张充血。少数病例偶见有针头大的灰白色小结节。

E. 脾脏：不肿大，质地柔软，呈紫红色或暗红色，组织结构无明显病理变化。少数病例切面上可见有散在性针头大的灰白色小坏死灶。

F. 心脏：右心房显著扩张，充满暗红色血液凝块或凝固不良的血液。心外膜表面血管分支明显充血，稍微隆起于表面，个别病例有散在性瘀斑。心内膜一般无可见病理变化，心肌晦暗无光泽，个别病例心肌苍白。

G. 肺脏：呈不同程度充血，两侧肺叶后缘有暗红色出血斑，质地较实。挤压肺脏，切面上有数量不等的稀薄泡沫流出。气管黏膜和气囊一般均无明显病理变化。

H. 脑：脑壳充血、出血，尤其是小脑部最为显著。脑膜血管显著充血扩张，切面血管亦有同样变化，少数病例的软膜上有散在性针头大出血点。

③亚急性型　患病雏鹅肠道栓子病变更加典型。

（4）实验室诊断

①小鹅瘟病毒的分离　肝、胰等病料剪碎、磨细、稀释、离心，取上清液加入抗生素后接种易感鹅胚，72 小时以后死亡的胚胎取出后放置于 4～8℃冰箱内冷却收缩血管，无菌吸取绒膜尿囊液保存和

作无菌检验，并观察胚胎病变。

②小鹅瘟病毒的鉴定　可用中和试验、琼脂扩散试验、ELISA试验、荧光抗体试验等方法鉴定病毒。

（5）预防

①种鹅主动免疫　应用疫苗免疫产蛋种鹅是预防本病有效而又经济的方法。种鹅在产蛋前 15 天左右用 1：100 稀释的鹅胚化种鹅弱毒苗 1 毫升进行皮下或肌内注射。在免疫 12 天后至 100 天左右，鹅群所产蛋孵化的雏鹅群能抵抗人工及自然病毒的感染。种鹅免疫 4 个月以后，对雏鹅的保护率有所下降，种鹅必须再次进行免疫，或雏鹅出壳后用雏鹅弱毒苗进行免疫或注射抗血清，以达到高度的保护率。

②雏鹅主动免疫　未经免疫的种鹅群，或种鹅群免疫 100 天以上的所产蛋孵化的雏鹅，在出壳 24 小时内应用 1：50～1：100 稀释的鹅胚化雏鹅弱毒疫苗进行免疫，每只雏鹅皮下注射 0.1 毫升，免疫后 7 天内严格隔离饲养，防止强毒感染，保护率达 95％左右。

小鹅瘟主要是通过孵坊传播的，因此孵坊中的一切用具设备，在每次使用后必须清洗消毒，收购来的种蛋应用福尔马林熏蒸消毒。如发现分发出去的雏鹅在 3～5 天发病，即表示孵坊已被污染，应立即停止孵化，将房舍及孵化、育雏等全部器具彻底消毒。刚出壳的雏鹅要注意不与新进的种蛋和大鹅接触，以防感染。对于已污染的孵坊所孵出的雏鹅，可立即注射高免血清。

166. 如何诊断和预防鹅副黏病毒病？

鹅副黏病毒病是由副黏病毒引起的一种急性败血性传染病，10 日龄以内的雏鹅感染后发病率和死亡率均可高达 100％，11～15 日龄雏鹅感染后发病率和死亡率也高达 90％以上，已成为养鹅业危害极大的传染病。

（1）流行病学诊断　鹅副黏病毒病一年四季均可发生，不同品种和年龄鹅均感染发病，同群的鸡在鹅群发病后 2～3 天也感染发病，其症状和病变与鹅基本一致，鸡的死亡率达 80％以上，而同群的鸭未见发病。鹅副黏病毒也能通过鹅蛋传染，从病鹅的蛋中能分离出病毒。流行地区的鲜蛋和鹅毛等都是传播疫病的媒介。发病率为40%～100%，平均为60%左右；死亡率30%～100%，平均为40%左右。

(2) 临床诊断　潜伏期一般3～5天，日龄小的鹅1～2天，日龄大的鹅2～3天，病程一般2～5天，日龄小的雏鹅2～3天，日龄大的鹅4～10天，人工感染的雏鹅和青年鹅均在感染后2～3天发病，病程1～4天。自然病例和人工感染病例具有相同症状。患鹅发病初期拉灰白色稀粪，病情加重后粪便呈水样稀粪，带暗红色、黄色、绿色或墨绿色。患鹅精神委顿和衰弱，眼有分泌物，眼睑周围湿润。常蹲地，有的单脚时时提起，少食或拒食，体重迅速减轻，但饮水量增加。行动无力，浮在水面，随水漂流。部分患病鹅后期表现扭颈、转圈、仰头等神经症状，特别是饮水时更加明显。10日龄左右病鹅有甩头、咳嗽等呼吸道症状。不死的病鹅，一般于发病后6～7天开始好转，9～10天康复。

(3) 剖检诊断　患鹅皮肤瘀血，部分病例皮下有胶样浸润；脾脏肿大、瘀血，表面和切面布满大小不一的灰白色坏死灶，有的粟粒至芝麻大，有的融合成绿豆大小的坏死斑；胰腺肿胀，表面有灰白色坏死斑或融合成大片，色泽比正常苍白，表面光滑，切面均匀；肠道黏膜有出血、坏死、溃疡、结痂等病变特征；从十二指肠开始，往后肠段病变更加明显和严重，十二指肠、空肠、回肠黏膜有散在性或弥漫性大小不一的出血斑点、坏死灶和溃疡灶，小粟粒大以至融合成大的圆形出血斑和溃疡灶，表面覆盖淡黄色或灰白色，或红褐色纤维素性结痂突出于肠壁表面；结肠病变更加严重，黏膜有弥漫性、大小不一的溃疡灶，小如芝麻大，大如蚕豆大，表面覆盖着纤维素形成结痂；盲肠黏膜有出血斑和纤维素性结痂溃疡病灶；直肠和泄殖腔黏膜的弥漫性结痂病灶更加严重，剥离结痂后呈现出血面或溃疡面；盲肠、扁桃体肿大出血或有结痂溃疡病灶；有些病例在食管下段黏膜见有散在性芝麻大、灰白色或灰白色纤维性结痂；部分病例腺胃及肌胃黏膜充血、出血。部分病例肝脏肿大、瘀血质地较硬。胆囊扩张，充满胆汁，病程较长的病例胆囊黏膜有坏死灶；心肌变性，部分病例心包有淡黄色积液；肾脏稍肿大，色淡；有神经症状的病例脑充血、出血、水肿。

（4）实验室诊断 扑杀病鹅或死鹅采取脑或肝、脾组织作病料，经处理后接种鸡胚培养病毒，通过血凝试验（HA）和血凝抑制试验（HI）或微量血凝试验和微量血凝抑制试验鉴定鹅副黏病毒。

（5）预防 关键措施是对鹅群使用灭活疫苗进行免疫接种。

①种鹅免疫 在留种时应进行一次免疫，产蛋前 2 周再进行一次灭活苗免疫，在第二次免疫后 3 个月左右进行第三次免疫，使鹅群在产蛋期均具有免疫力。

②雏鹅免疫 经免疫的种鹅，在一个母源抗体正常的雏鹅群，初次免疫在 15 天左右进行一次灭活苗免疫，2 个月后再进行一次免疫；无母源抗体的雏鹅（种鹅未经免疫），可根据本病的流行情况，在2～7 日龄或 10～15 日龄进行一次免疫。在第一次免疫后 2 个月左右再免疫一次。

制定一个科学的免疫程序，对防制鹅副黏病毒病的发生是极为重要的。但它受到很多因素的制约，如疫苗的质量、鹅群免疫应答基础、母源抗体水平、个体差异、干扰免疫的疾病，以及饲养场的卫生防疫条件等。所以，免疫程序千万不能千篇一律，一成不变，关键是要做好鹅群的免疫监测工作，定期检测鹅群的鹅副黏病毒病抗体（HI 抗体）的消长和水平，一旦发现鹅群的 HI 抗体水平下降（通常以 HI 抗体效价 1：16 作为临界点），就必须进行加强免疫。

167. 如何区别诊断小鹅瘟与鹅副黏病毒病？

（1）鹅副黏病毒病对各种品种鹅和各种日龄鹅均具有高度易感性，特别是 15 日龄以内雏鹅有 100％发病率和死亡率，而小鹅瘟仅发生于 1 月龄以内的雏鹅。

（2）鹅副黏病毒病患鹅脾脏和胰腺肿大，有灰白色坏死灶、肠道黏膜有散在性和弥漫性大小不一、淡黄色或灰白色的纤维素性的结痂等特征性病变，部分患鹅腺胃和肌胃充血、出血，而小鹅瘟不具备上述病变。

（3）用脑、脾、胰或肠道病料处理后接种鸡胚，一般于 36～72 小时死亡，绒膜尿囊液具有血凝性，并能被禽副黏病毒Ⅰ型抗血清所

抑制，即可判定为鹅副黏病毒病，可作为重要鉴别诊断。

168. 如何诊断和预防鹅的禽流感？

禽流感是由 A 型禽流感病毒（AIV）引起的多种家禽的一种传染性病，可表现为亚临诊症状和急性全身致死性疾病。

（1）流行病学诊断 H_5 亚型流感毒株对各种日龄和各种品种的鹅群均具有高发病率和死亡率。雏鹅的发病率可高达 100％，死亡率也可达 95％以上，尤其对 7 日龄以内的雏鹅发病率和死亡率均为 100％，其他日龄的鹅群发病率一般为 80％～100％，死亡率一般为 60％～80％，产蛋种鹅发病率近 100％，死亡率为 40％～80％。

（2）临床诊断 患鹅突然发病，体温升高，食欲减退或废绝，仅饮水，拉白色或带淡黄绿色水样稀粪，羽毛松乱，身体蜷缩，精神沉郁，昏睡，反应迟钝。患鹅呈曲颈斜头、左右摇摆等神经症状，尤其是雏鹅较明显。多数患鹅站立不稳，两腿发软，伏地不起，或后退倒地。有呼吸道症状，部分患鹅头颈部肿大，皮下水肿，眼睛潮红或出血，眼睛四周羽毛贴着褐黑色分泌物，严重者会导致瞎眼，鼻孔流血。患鹅病程不一，雏鹅一般 2～4 天，青年鹅、成年鹅的病程为 4～9 天。母鹅在发病后 2～5 天内产蛋停止，鹅群绝蛋，未死的鹅只一般在 1～1.5 个月后才能恢复产蛋。

（3）剖检诊断 患鹅皮肤充血、出血，全身皮下和脂肪出血。头肿大的病例下颌部皮下水肿，显淡黄色或淡绿色胶样液体。眼结膜出血、瞬膜充血、出血。颈上部皮肤和肌肉出血。鼻腔黏膜水肿、充血、出血，腔内充满血样黏液性分泌物。喉头黏膜有不同程度出血，大多数病例有绿豆或黄豆大凝血块，气管黏膜有点状出血。脑壳和脑膜严重出血，脑组织充血、出血。胸腺水肿或萎缩、出血。脾脏稍肿大，瘀血、出血，呈三角形。肝脏肿大，瘀血、出血。部分病例肝小叶间质增宽。肾脏肿大，充血、出血。胰腺有出血斑和坏死灶，或液化状。胸壁有淡黄色胶样物。腺胃黏性分泌物较多，部分病例黏膜出血，腺胃与肌胃交界处有出血带。肠道局灶性出血斑或出血块，黏膜有出血性溃疡病灶，直肠后段黏膜出血。多数病例心肌有灰白色坏死斑，心内膜有出血斑。多数病例肺瘀血、出血。产蛋母鹅卵泡破裂于腹腔中，卵巢中卵泡膜充血、有出血斑、卵泡变形。输卵管浆膜充血、出血，管腔内有凝固蛋白。病程较长的患病母鹅的卵巢中卵泡萎缩，卵泡膜充血、出血或卵泡变形。患病雏鹅法氏囊出血，有些病例十二指肠与肌胃处有出血块，部分病例盲肠出血。

（4）实验室诊断

①病料采集与处理　病死鹅应采用无菌方法，采取脑、肝、脾组织器官，将病料磨细，加入灭菌生理盐水，制成 1：5～1：10 的悬液，经 3 000 转/分钟，离心 30 分钟吸取上清液，按每毫升加入青霉素、链霉素各 1 000 单位，混匀后置 4～8℃冰箱中作用 2～4 小时，或在 37℃温箱中作用 30 分钟。取少许液体，分别接种于鲜血琼脂培养基和厌氧肉汤培养基，于 37℃培养观察 48 小时，应无细菌生长，可作为病毒分离材料。

②鸡胚接种　用 4～6 枚 11 日龄 SPF 鸡胚，或 4～6 枚 11 日龄来自未经禽流感免疫鸡群的鸡胚，每胚绒毛尿囊腔接种上述病毒分离材料 0.2 毫升。接种 18 小时后每天照蛋 4 次，连续 4 天。通常于接种后 24～48 小时死亡，18 小时内死亡的鸡胚废弃，18 小时后死亡鸡胚放置于 4℃冰箱，气室向上，冷却 4～12 小时。用无菌手段收获绒毛尿囊液，并作无菌检查。将清朗、无菌生长和鸡胚病变典型的绒毛尿囊液放置于低温冰箱冻结保存供进一步鉴定。

③病毒鉴定　可用血凝试验和血凝抑制试验来鉴定病毒；或用病料接种易感鸡进行致病性检查来鉴定病毒。

④血清学诊断　可用琼脂扩散试验、血凝和血凝抑制试验、中和试验、免疫荧光技术、ELISA 等血清学技术来鉴定病毒。

（5）预防　禽流感病毒易变毒株很多，而且免疫原性相对比较差，应选择在流行中占优势的毒株，或根据流行区域存在的不同抗原亚型毒株，研制成多价灭活苗。灭活苗的免疫，对种鹅应在雏鹅阶段进行 2～3 次免疫注射，产蛋前 15～30 天进行一次免疫，在免疫后 2 个月左右再次进行免疫。经 4～5 次免疫的种鹅在整个产蛋期，可以预防禽流感在鹅群的流行发生；商品鹅，经免疫种鹅群后代的雏鹅，可在 15 日龄左右进行首免。未免疫种鹅群后代的雏鹅，可根据本病的流行情况在 10 日龄以内或 15～20 日龄进行首免，在首免后 2 月龄进行第二次免疫。

发生本病时，应立即上报疫情，要坚持"早、快、严"的防控原则，按照"封锁、扑杀、无害化处理、消毒和紧急免疫"的疫情处置要求，及早采取封锁、隔离、消毒等措施。禽类发生高致病性禽流感时，因发病急、发病和死亡率高，目前尚无好的治疗办法。按照有关规定，凡是确诊为高致病性禽流感后，应该立即对 3 千米内全部禽只扑杀、深埋，其污染物做无害化处理。这样，可以尽快扑灭疫情，消灭传染源，减少经济损失，是扑灭禽流感的有效手段。

169. 如何区别诊断鹅的禽流感与小鹅瘟及鹅副黏病毒病？

(1) 鹅的禽流感与小鹅瘟的症状和病理变化相似，主要区别有以下三个方面：

①小鹅瘟仅发生于 1 月龄以内的雏鹅，禽流感为各种年龄鹅均可感染发生，发病率高达 100%，雏鹅致死率高达 80%～100%，种鹅为 40%～80%。

②禽流感患鹅头颈部肿胀，眼出血，头颈部皮下出血或胶样浸润，内脏器官和法氏囊出血为特征，而小鹅瘟患鹅无上述病变，

③将肝、脾、脑等病料处理后接种 10 枚 11 日龄鸡胚和 10 枚 12 日龄易感鹅胚，观察 5～7 天。如两种胚胎均在 96 小时内死亡，绒毛尿囊液具有血凝性并被特异性抗血清所抑制，即可判定为鹅流感，而鸡胚不死亡，鹅胚部分或全部死亡，胚体病变典型，无血凝性，可诊断为小鹅瘟。

(2) 鹅的禽流感与鹅副黏病毒病的症状和病理变化相似，主要区别在以下两方面：

①鹅副黏病毒病患鹅的脾脏肿大，有灰白色大小不一的坏死灶，肠道黏膜有散在性或弥漫性大小不一淡黄色或灰白色的纤维素性结痂病灶为特征，而鹅流感患鹅以全身器官出血为特征。

②两种病毒均具有凝集红细胞的特性，但鹅副黏病毒血凝性被特异性抗血清所抑制，而不被禽流感抗血清所抑制；相反，鹅流感

血凝性能被特异性抗血清所抑制，而不被鹅副黏病毒病抗血清所抑制。

170. 如何防制鹅的鸭瘟病毒感染？

鹅的鸭瘟病毒感染又名鹅病毒性溃疡性肠炎，是鸭瘟病毒引起的鹅的一种急性败血性传染病。其特征为体温升高，头颈肿大，两腿麻痹发软，腹泻，排绿色稀薄粪便，流泪等。病理剖检特征为食管黏膜有小出血点，并有灰黄色的假膜覆盖或溃疡，泄殖腔黏膜充血、出血、水肿和假膜覆盖，淋巴样器官出现特征性病变及实质器官退行性变化。本病原是鸭的一种疾病，近来鹅发病较多并且发病迅速、流行快、发病率和死亡率都很高，有一定的流行周期性，特别是鸭鹅混养，鹅极易感染鸭瘟，严重威胁着养鹅业的发展。

鹅的鸭瘟病毒感染实验室诊断首先进行病毒的分离培养，用中和试验、酶联免疫吸附试验、琼脂凝胶沉淀试验、反向被动血凝试验和微量固相免疫测定法等血清学方法鉴定鸭瘟病毒。

预防和控制本病主要是加强综合防疫措施，如加强饲养管理，提高鹅群抗病力，严格的防疫消毒制度，坚持自繁自养，不与发生鸭瘟的鸭、鹅接触，避免鹅鸭共养或同饮同池水源或采食被鸭瘟病毒污染的饲料和饮水，在鸭瘟流行时少放牧，圈养可以减少感染的机会。接种鸭瘟弱毒疫苗时，通常用生理盐水稀释疫苗，稀释倍数可根据每只份注射量而定，注意使用鸭瘟疫苗时，鹅的剂量应是鸭的 5～10 倍，种鹅一般按 15～20 倍接种。

171. 如何区别诊断鹅副黏病毒感染与鹅的鸭瘟病毒感染？

（1）由鸭瘟病毒感染的患鹅在下眼睑、食管和泄殖腔黏膜上有出血性溃疡和假膜覆盖等特征性病变而鹅副黏病毒病无此病变。

（2）鸭瘟病毒致死的鸭胚或鸡胚绒毛尿囊液无血凝性，而鹅副黏病毒致死的鸭胚或鸡胚绒毛尿囊液具有凝集鸡红细胞的特性，并能被特异性抗血清所抑制，不能被抗鸭瘟病毒血清所抑制。

172. 如何诊断和预防鹅传染性法氏囊炎病毒感染？

（1）流行病学诊断 多见于 $20\sim35$ 日龄的雏鹅，雏鹅发病多与当地流行鸡传染性法氏囊炎鸡群有明显的直接或间接接触。本病发病急，传播迅速，发病率可高达 100%，死亡率 $35\%\sim60\%$。有与鸡传染性法氏囊炎相同的发病规律，即死亡常在感染后第三天开始，$5\sim7$ 天为死亡高峰，以后逐渐减少。

（2）临床诊断 患病鸭鹅初期采食减少，精神委顿，行动缓慢，羽毛蓬乱，有些怕冷堆集，呆滞，喙端变暗，高热拉稀便；逐渐卧地不起或站立不动，排白色或黄绿色水样粪便（粪中混有尿酸盐），泄殖腔周围羽毛被粪便污染；后期病鸭鹅精神极度委靡，显著消瘦，排出绿色黏性含有泡沫的粪便，体温下降；最后衰竭而死。病程 $3\sim7$ 天。

（3）剖检诊断 病死鸭鹅尸体严重脱水、干瘪，胸肌、腿肌有明显出血点，呈斑驳状，有的甚至全腿、全胸肌都出血。腹腔积有多量半透明淡黄色液体。肌胃和腺胃交界处有出血带，腺胃乳头脓肿。整个肠道黏膜均有密集的出血斑点。盲肠扁桃体出血。心、肝、脾多无异常，但部分病例有肿大，出血。肾脏表面及输卵管内有尿酸盐沉积。长形的法氏囊外周有胶样浸润，肿大 $2\sim3$ 倍，表面暗紫色，切开后可见腔内有黏状渗出物或干酪样物，或有出血或呈紫黑色。

（4）病原诊断 通过琼脂扩散试验、鸡胚接种试验和动物接种试验等诊断病毒。

（5）预防措施 由于鸭鹅感染传染性法氏囊病毒可能与外界环境中传染性法氏囊炎病毒的大量存在以及传染性法氏囊炎病毒在鸡鸭鹅之间交替传代有关，所以，加强环境消毒，避免鸡鸭鹅混养，尽量减少鸡和鸭鹅的直接或间接接触的机会，这样有利于防止鸭鹅传染性法氏囊炎的发生。

173. 如何诊断和防治鹅霍乱？

鹅霍乱又称鹅巴氏杆菌病，俗称"摇头瘟"，是鹅和鸭、鸡的一种急性败血性传染病，有时也呈现慢性病型，发病率和死亡率都很高。病原为多杀性巴氏杆菌，是两端钝圆，中央微凸的短杆菌，革兰氏染色阴性。

（1）流行病学诊断　各种家禽和多种野鸟都能感染，家禽中最易感的是鸭、鹅、鸡。各种日龄的鹅均可感染发病，以 30 日龄内的雏鹅发病率较高，死亡率也高，成年鹅发病较少，死亡率也较低。鹅群的饲养管理不良、内寄生虫病、营养缺乏、长途运输、天气突变、阴雨潮湿以及鹅舍通风不良等因素，都能够促进本病的发生和流行。

（2）临床诊断　潜伏期 4～9 天，分为最急性型、急性型和慢性等三种病型。

①最急性型　发病初期多见，病程极短。常发现鹅群中有的突然死亡，生前并不显现任何症状，有的甚至边吃饲料边死亡，有的在奔跑时突然倒地死亡。

②急性型　病鹅一般表现精神呆滞，尾翅下垂，打瞌睡，食欲废绝，口渴增加，鼻和口中流出黏液，呼吸困难，口张开，常常摇头，将所蓄积在喉部的黏液排出来，所以又称"摇头瘟"。病鹅发生剧烈腹泻，排出绿色或白色稀粪，有时混有血液，具有恶臭。病鹅往往发生瘫痪，不能行走，通常都在出现症状之后 1～2 天内死亡。

③慢性型　病鹅消瘦，拉稀，有关节炎症状，关节肿胀、化脓、跛行，排泄物有一种特殊的臭味，该病常由急性转化而来，死亡率低，但对生长、增重、产蛋率有较大的影响，而且长期不能恢复。

（3）剖检诊断

①最急性型的病鹅，死后剖检常看不到明显的病理变化。

②急性型死亡的病鹅，腹膜、皮下组织和腹部脂肪组织常有小点出血。肠道中以十二指肠的病变最显著，发生严重的急性卡他性肠炎或出血性肠炎，肠黏膜充血、出血，布满小出血点，肠内容物中含血液。腹腔内，特别是在气囊和肠管的表面，有一种黄色的干酪样渗出

物沉积。肝脏的变化具特征性，体积增大，色泽变淡，质地稍变坚硬，表面散布着许多灰白色、针头大的坏死点，这是禽霍乱的一个特征性病理变化。脾脏一般不见明显变化，或稍微肿大，质地比较柔软。心包膜有程度不等的出血，特别是在心冠部脂肪组织上面的出血点最明显。心包发炎，心包囊内积有多量淡黄色液体，偶然还混有纤维素凝块。肺充血，表面有出血点，有时也可能发生肺炎变化。

③慢性型因病原菌侵袭的器官不同而表现的病变不同。通常是鼻腔、上呼吸道、支气管有黏稠的分泌物或纤维素性凝块出现，有的肺部硬变。关节面粗糙，有豆渣样渗出物，公鹅肉髯肿大，内有干酪样物质。

（4）预防措施 预防禽霍乱的疫（菌）苗有灭活苗和活苗两类。灭活菌苗大体上分两种：一种是禽霍乱氢氧化铝甲醛菌苗，一般兽医生物药品厂均可生产。这种灭活疫苗，3月龄以上的鹅，每只肌内注射2～3毫升。另一种是禽霍乱组织灭活菌苗，系用病禽的肝脏组织或用禽胚制成，接种剂量为每只鹅肌内注射2毫升。灭活菌苗最大的优点是在紧急预防注射时，可同时应用药物加以控制。

活疫（菌）苗为弱毒菌株的培养物经冷冻真空干燥制成。禽霍乱活菌苗接种剂量为每只鹅肌内注射1毫升。免疫期比灭活苗稍长，但因活菌苗不能获得一致的致弱程度，有时在接种菌苗后禽群会产生较强的反应，而且菌苗的保存期很短，湿苗10天后即失效。另外，可能在接种禽群中存在带菌状态，因此，在从未发生过禽霍乱的禽场不宜接种。

（5）治疗方法 鹅群中发生鹅霍乱后，必须立即采取有效的防制措施。病死鹅全部烧毁或深埋，禽舍、场地和用具彻底消毒，病鹅进行隔离治疗。病群中未发病的鹅，全部喂给磺胺类或抗生素，以控制发病。健康鹅注射预防疫苗。治疗鹅霍乱的药物很多，效果较好的有下列几种：

①青霉素钠盐，每瓶80万单位，用注射用水或生理盐水稀释，每只肌内注射1万～2万单位。每天治疗1次，连续治疗2～3天。同时喂服土霉素粉剂，每50千克混合饲料中加入土霉素40～50克，连喂5～7天。能获得良好的治疗效果。

②在有革兰氏阴性细菌继发感染的情况下，可采用此方。青霉素钠盐，每瓶 80 万单位，链霉素，每瓶 100 万单位，同时溶于生理盐水中，可供 40～80 只病鹅治疗。以每只肌内注射 0.5～1.0 毫升为宜。每天治疗 1 次，连续治疗 2 次。同时饲料中加入土霉素 40～50 克连喂 5～7 天，也可获得良好的治疗效果。

③选用喹诺酮类药物，这类药物具有抗菌谱广，杀菌力强和吸收快的特点，对革兰氏阴性菌、阳性菌及支原体均有作用。其中最常用的是环丙沙星，治疗鹅霍乱效果较好。治疗剂量，每千克饲料中添加环丙沙星 0.2 克，充分混合，连喂 7 天。盐酸环丙沙星，每升饮水中添加 0.05 克，连喂 7 天。

④选用磺胺类药物，磺胺噻唑、磺胺二甲嘧啶、磺胺二甲氧嘧啶等都有一定疗效。一般用法是在病鹅饲料中添加 0.5％～1％磺胺噻唑或磺胺二甲嘧啶；或是在饮水中混合 0.1％，连喂 3～4 天；或者在饲料中添加 0.4％～0.5％的磺胺二甲氧嘧啶；连续喂 3～4 天。也可在饲料中添加 0.1％的磺胺喹啉，连续喂 3～4 天，停药 3 天，再用 0.05％浓度连续喂 2 天。

174. 如何区别诊断鹅霍乱与小鹅瘟、鹅副黏病毒病、鹅的禽流感？

（1）鹅霍乱（鹅巴氏杆菌病）与小鹅瘟的主要区别有以下三个方面：

①鹅霍乱是成年鹅比雏鹅更易感染，患鹅张口呼吸、摇头、瘫痪、剧烈腹泻，呈绿色或白色稀粪。肝脏肿大，表面见有许多灰白色、针头大的坏死灶，心外膜特别是心冠脂肪组织有出血点或出血斑，心包积液，十二指肠黏膜严重出血等特征性病变，而小鹅瘟无此特征性病变。

②用肝、脾作触片，用美蓝染色镜检，见有两极染色的卵圆形小杆菌，即可诊断为鹅霍乱（即巴氏杆菌病），而小鹅瘟肝脏病料染色镜检未见有细菌。

③将肝脏病料接种于鲜血琼脂平皿，经 37℃24 小时培养，即有

露珠状小菌落，涂片革兰氏染色镜检为革兰氏阴性小杆菌，经生化和血清学鉴定，即可确诊为巴氏杆菌病，而小鹅瘟肝脏病料培养为阴性。

（2）**鹅霍乱与鹅副黏病毒病的主要区别有以下三个方面：**

①鹅霍乱是由禽多杀性巴氏杆菌所致，多发生于青年鹅、成年鹅，应用广谱抗生素和磺胺类药有紧急预防和治疗作用，而抗生素或抗菌药对鹅副黏病毒病无任何作用。

②鹅霍乱病患鹅肝脏有散在性或弥漫性针头大小坏死灶，肝脏触片，用美蓝染色镜检见有两极染色的卵圆形小杆菌，而鹅副黏病毒病患鹅肝脏无坏死性病灶，肝脏触片镜检也无细菌。

③鹅霍乱患鹅肝脏接种鲜血培养基和经处理后接种鸡胚，在鲜血培养基上呈露珠状小菌落，涂片革兰氏染色镜检为阴性卵圆形小杆菌，而鹅副黏病毒病在鲜血培养基上无菌落，呈阴性，但能引起鸡胚死亡，绒毛尿囊液能凝集鸡红细胞，并能被特异抗血清所抑制。

（3）**鹅霍乱与鹅禽流感的主要区别有以下四个方面：**

①鹅霍乱是由禽多杀性巴氏杆菌所致，发生于青年鹅、成年鹅，而雏鹅很少发生，应用了广谱抗生素和磺胺药有紧急预防和治疗作用，而抗生素对鹅流感无任何作用。

②患鹅霍乱的鹅肝脏有散在性或弥漫性针头大小的坏死灶特征，而患鹅流感的肝出血，无坏死灶。

③患鹅霍乱的鹅肝脏触片，用美蓝染色镜检见有两极染色的卵圆形小杆菌，而鹅流感肝触片染色镜检未见有细菌。

④鹅巴氏杆菌病患鹅肝脏病料接种鲜血琼脂培养基和经处理后接种鸡胚，在鲜血琼脂培养基上呈露珠状小菌落，涂片革兰氏染色，镜检为阴性卵圆形小杆菌，而鹅流感在鲜血琼脂培养无菌落，呈阴性，但能引起鸡胚死亡，绒毛尿囊液能凝集鸡红细胞，并能被特异抗血清所抑制。

175. 如何诊断和防治鹅副伤寒？

鹅副伤寒即鹅沙门氏菌病，是由鼠伤寒沙门氏菌、鸭沙门氏菌等几种沙门氏菌所引起的鹅及其他家禽的一种常见传染病。

(1) 流行病学诊断 沙门氏杆菌为条件性病原微生物，多种禽类可感染，并能互相传染。鼠类和苍蝇等都是病菌的重要携带者，在本病的传播上有重要作用。本病也可以通过种蛋传染，沾染在蛋壳表面的病菌能够钻入蛋内，侵入卵黄部分。在孵化时也能污染孵化器和育雏器，在雏群中传播疾病。

(2) 临床诊断 本病可分为急性、慢性和隐性三种类型，潜伏期一般 10～20 小时，少数病例潜伏期较长。

①急性型 经常发生在 3 周龄以内的雏鹅。1 日龄雏鹅感染后，体质软弱，绒毛松乱，两翅下垂，缩颈呆立，下痢腥臭，泄殖腔周围绒毛有粪便黏附，腹部常见膨大，触诊较硬，卵黄吸收不全，脐部红肿。病程 1～3 天，常因急性败血症死亡，有些雏鹅因瘦弱脱水而死亡。2～3 周龄的雏鹅感染后，表现精神萎靡，不思饮食，呆立一旁，不愿活动，两翅下垂，两眼流泪或有黏性分泌物。常见下痢、颤抖和运动失调，最后常因抽搐、角弓反张而死。病程一般 3～5 天。刚出蛋壳不久而死亡的雏鹅，大都是卵黄吸收不全，脐部发炎．肠黏膜呈现卡他性或出血性炎症，肝脏稍肿、瘀血。

②慢性型 经常发生在 1 月龄左右的鹅，表现精神不振，食欲降低，粪便稀软，严重时下痢带血，逐渐消瘦，羽毛松乱。也有表现张口喘气等呼吸困难的症状。还有些病鹅出现关节肿胀、跛行等症状。通常死亡率不高，在有其他病原菌继发感染的情况下，可使病情加重，会造成不同程度的死亡。

③隐性型 是指成年鹅在感染沙门氏菌后，不表现任何临床症状，呈隐性感染状态。这种带菌的成年鹅，经常通过粪便排菌污染环境，从而导致本病的传播流行。

(3) 剖检诊断 较大日龄死亡的雏鹅，肝脏肿大，充血，表面有灰黄色小点状的坏死灶。胆囊肿大，囊内积有大量黏稠的胆汁。脾脏也明显肿大，呈斑驳状花纹。小肠后段和直肠肿胀，肠黏膜呈卡他性或出血性炎症。最有特征性的病变是盲肠肿大 1～2 倍，呈斑驳状花纹，肠内有干酪样团块状物质。其他病变还有心包炎、心包积液、心外膜出血。肾脏发白，含有尿酸盐。气囊混浊，常附有黄白色纤维素物质。有时出现肺炎、肺水肿、腹膜炎和卵巢炎等病变。

（4）预防措施　采取如下综合性预防措施，会受到良好的效果。

①防止蛋壳污染　保持产蛋箱内清洁卫生，经常更换垫草，每天定时捡蛋，做到箱内不存蛋。种蛋每天及时分类、消毒入库。蛋库的温度为12℃，相对湿度为75％，要经常消毒，保持蛋库清洁卫生。种蛋入孵前再进行1次消毒。孵化器和孵化室的卫生防疫消毒工作非常重要，要制订相应的制度，闲人免进，做到室内无病毒、无病原菌。

②防止雏鹅感染　接运鹅用的箱具、车辆要严格消毒。育雏舍在进雏鹅前，对地面、空间和垫草要进行彻底消毒。雏鹅的饲料和饮水中要加入适量抗菌药。消灭鼠类和蚊蝇，防止麻雀等飞鸟进入育雏舍。

③加强雏鹅阶段的饲养管理　育雏舍内要铺垫干燥清洁的褥草，要有足够数量的饮水器和料槽。舍内温度在1周龄内要保持28～30℃，以后每增加1周龄舍温下降2℃。雏鹅不要与成鹅或育成鹅同栏饲养。冬季注意防寒保暖，夏季要避免舍内进入雨水，防止地面潮湿。

（5）治疗方法　土霉素、敌菌净、氟喹诺酮类药物对本病均有良好的治疗效果。

①在鹅群病情较轻，食欲正常的情况下，可选用1～2种药物，按治疗剂量拌入饲料内喂给，一个疗程3～5天或5～7天。例如，土霉素粉，按饲料的0.06％～0.1％拌入料内，连喂5～7天。对个别病鹅，也可投服土霉素片和敌菌净片。

②环丙沙星、恩诺沙星有较好的防治效果：由于沙门氏菌的种类很多，不同的沙门氏菌对以上各种药物的敏感性也不同，因此疗效也不一致，特别是对抗菌药物已有抗药性的菌株日益增多。在有条件的地方应将分离到的病菌先做药敏试验，选择确定有效的药物。在有继发性细菌感染的病例中，要考虑选用革兰阴性菌和阳性菌敏感的药物合并应用。

176. 如何区别诊断小鹅瘟和鹅副伤寒？

（1）水禽沙门氏菌病多发生于 1～3 周龄的雏鹅，呈败血症突然死亡，患鹅腹泻，肝肿大，呈古铜色，并有条纹或针头状出血和灰白色的小坏死灶等病变特征，但肠道不见有栓子，这是与小鹅瘟的重要区别。

（2）将患鹅肝脏作触片，用美蓝或拉埃氏染色，见有卵圆形小杆菌，即可疑为沙门氏菌，而小鹅瘟肝脏病料未见有卵圆形小杆菌。

（3）将肝脏病料接种于麦康凯培养基，经 24 小时见有光滑、圆形、半透明的菌落，涂片革兰氏染色镜检为革兰氏阴性小杆菌，经生化和血清学鉴定，即可确诊，而小鹅瘟肝脏病料培养为阴性。

177. 如何防治鹅大肠杆菌病？

鹅感染大肠杆菌后，由于其年龄、抵抗力以及大肠杆菌的致病力、感染途径的不同，可以产生许多症状和病变不同的病型。2 周龄以内的雏鹅以大肠杆菌性败血症为特征；成鹅大肠杆菌病又称母鹅卵黄性腹膜炎，是产蛋母鹅常见的疾病。

（1）流行病学诊断　鹅大肠杆菌性败血病可发生于各种年龄的鹅，但 4 周龄以内雏鹅的易感性更高。鹅大肠杆菌性生殖器官病俗称鹅"蛋子瘟"，随着母鹅产蛋而开始发生，产蛋停止而告终。外生殖器有病变的公鹅越多，鹅群的疫病也趋严重，说明本病是通过交配传播。

（2）临床诊断

①雏鹅大肠杆菌败血症　多发生于出壳后 2 周内的雏鹅发生败血症而死亡。患病雏鹅呈衰弱，精神委顿，怕冷，常拥挤成堆，不断尖叫，有水样腹泻。

②鹅大肠杆菌性生殖器官病　患病母鹅按病程长短可分为急性型、亚急性型和慢性型三种。

A. 急性型：患病母鹅死亡快，膘度好，死时泄殖腔常有硬或软壳蛋滞留。

B. 亚急性型：出现临诊症状之后，一般2～6天内死亡。患病母鹅初期表现为精神委顿，减食，不愿行走，或在水面漂浮不动，常落后于鹅群。后期食欲停止，眼睛凹陷脱水，喙和蹼干燥和发绀，羽毛松乱。最主要的特征是排泄物带有蛋清、凝固蛋白或凝固蛋黄，多呈煮蛋汤样。病鹅肛门周围羽毛潮湿，沾染着恶臭的排泄物。

C. 慢性型：少数病鹅病程可长达10天以上，最后消瘦死亡。部分病例可逐渐好转而康复，但不易恢复其产蛋机能。

③患病公鹅的主要临诊症状限于阴茎　轻者整个阴茎严重充血，肿大2～3倍，螺旋状的精沟难以看清，在不同部位有芝麻至黄豆大的黄色脓性或黄色干酪样结节。严重者阴茎肿大3～5倍，并有1/4～1/3的长度露出体外，不能缩回体内。露出体外的阴茎部分呈黑色的结痂面。外露和体内的阴茎，尤其是基部常有数量不等的、大小不一的黄色脓性或干酪样结节，剥除结痂呈出血的溃疡面。结节可挤出脓样或干酪样的分泌物，多数患病公鹅的肛门周围也有相似的结节。阴茎外露的病鹅除失去交配能力之外，其精神状态、食欲、体重均无异常，也无死亡病例。

(3) 剖检诊断　最主要病变在生殖器官。绝大部分病例输卵管蛋白分泌部有大小不一、像煮熟样的蛋白团块滞留，多数病例输卵管的其他部位含有凝固蛋黄或凝固蛋白块，输卵管黏膜和伞部有针头大出血点，并且有黄色或淡黄色纤维素性渗出物附着。泄殖腔常有硬或软壳蛋滞留，尤其是急性病例，或有凝固的蛋黄和蛋白，黏膜充血、出血或坏死，卵巢中接近成熟的卵泡包膜，松弛易破，形态不一，表现高低不平。有些较大卵泡多数呈煮熟蛋黄样，切面为成层结构，可以剥下，较小的卵泡变形，色泽不一，硬软各不相同，有的如鸡白痢样变化。有些病例卵泡膜充血，也有的卵泡内呈现液化的蛋黄水。有的病例，特别是亚急性型病例，成熟卵泡破裂于腹腔，腹腔中充满着淡黄色腥臭的蛋黄水和凝固蛋黄块，腹腔的脏面有多量淡黄色纤维素性渗出物附着，容易刮下。肠系膜和肠浆膜有针头大的出血点等卵黄性腹膜炎病变。少数病例肝脏呈充血、瘀血和条斑状坏死。

公鹅除了阴茎变化外，其他内脏器官均无异常。

（4）实验室诊断

①病料采集　雏鹅大肠杆菌性败血症，取患病雏鹅的肝脏、脾脏病料组织作为被检材料。鹅大肠杆菌性生殖器官病，取患病母鹅腹腔卵黄液、输卵管凝固蛋白、变形卵泡液、患病公鹅阴茎的结节病变作为被检病料。

②细菌的分离培养　用无菌方法取病料直接在麦康凯琼脂平板或在伊红-美蓝琼脂平板划线培养，放置37℃温箱培养24小时。大肠杆菌在麦康凯琼脂平板上生成粉红色菌落，菌落较大，表面光滑，边缘整齐。在伊红-美蓝琼脂平板上大多数呈特征性的黑色金属闪光的较大菌落。每个病例可从分离平板挑选3～5个可疑菌落，分别接种于普通斜面供鉴定之用。

③生化鉴定　将疑似为大肠杆菌纯培养物作生化反应，能够迅速分解葡萄糖和甘露醇，产酸；一般在24小时内分解阿拉伯糖、木胶糖、鼠李糖、麦芽糖、乳糖和蕈糖；不分解肌醇；靛基质试验和M. R试验阳性，不产生尿素酶和硫化氢。凡符合上述生化反应的，就可确定为埃希氏菌属成员。

（5）预防措施　雏鹅大肠杆菌性败血症的防治措施，最重要的是搞好鹅舍环境卫生，鹅舍用0.3％过氧乙酸或百毒杀等消毒液喷雾消毒，可以显著减少鹅舍空气中的大肠杆菌含量。要适当减少鹅群密度，尽量减少对鹅的各种应激刺激。种蛋要用福尔马林熏蒸消毒，防止污染鹅胚。

关于大肠杆菌病的预防菌苗，采用从发病群分离鉴定的大肠杆菌菌株制造的甲醛灭活菌苗，每只鹅肌肉或皮下注射0.5毫升，据试验报告，免疫期为3个月。鹅群在发病前10～15天，接种菌苗能有效地控制大肠杆菌病的发生。采用4～5株不同抗原型的大肠杆菌菌株制造的水剂或油乳剂灭活苗，2月龄以上的肌内注射0.5毫升，15日龄左右雏鹅肌肉或皮下注射0.25毫升，免疫期为4个月。

种鹅用的油乳剂灭活苗肌内注射0.5毫升，免疫后所孵的雏鹅在15日龄左右用油乳剂灭活苗或水剂苗，每只鹅皮下注射0.3～0.5毫升，未经免疫种鹅的后代雏鹅在数日龄内用水剂灭活苗进行免疫，每只雏鹅皮下注射0.3～0.5毫升，能有效地控制此病的流行和发生。

鹅大肠杆菌性生殖器官病的防治措施：平时加强鹅群的消毒卫生措施。对公鹅要逐只检查，将外生殖器上有病变的公鹅剔除，以防止传播本病。扬州大学畜牧兽医学院成功研制的预防鹅"蛋子瘟"的灭活疫苗，20年来使用结果证明安全有效。每只母鹅在产蛋前15天左右肌内注射疫苗1毫升，注射后有轻微减食反应，经1～2天即可恢复。免疫后5个月保护率仍达95％左右。对发病鹅也可注射菌苗，每只肌内注射1～2毫升，7天后即无新的病鹅出现，能够有效地控制疫病的流行。

（6）治疗方法　根据分离到的大肠杆菌作药敏试验，肌内注射链霉素、卡那霉素、环丙沙星均有很好的疗效。

178.　如何区别鹅的禽流感与鹅大肠杆菌病？

鹅大肠杆菌病诊断时应与鹅的禽流感注意区别，禽流感各种年龄鹅均可发生，有很高的发病率和死亡率。产蛋鹅发生禽流感时在数天内能引起大批鹅发病死亡，同时整个鹅群停止产蛋，这与鹅大肠杆菌性生殖器官病在流行病学方面有很大的不同，是鉴别之一。鹅流感对卵巢破坏很严重，大卵泡破裂、变形，卵泡膜有出血斑块，病程较长的呈紫葡萄样，而鹅大肠杆菌性生殖器官病，大卵泡破裂、变形，卵泡膜充血，一般无出血斑块，无紫葡萄样，内脏器官也无出血，而以腹膜炎为特征，是鉴别之二。将病料接种于麦康凯琼脂培养基，鹅流感为阴性，但接种鸡胚能引起死亡，绒毛尿囊液具有血凝性，并能被特异抗血清所抑制，是鉴别之三。

179.　如何诊治鹅的结核病？

鹅结核病是由禽结核分枝杆菌引起的一种慢性病，主要发生于种鹅。其临诊特征为进行性消瘦，贫血，产蛋率降低或停产。剖检特征是肝或脾有结核结节。

（1）流行病学诊断　本病主要发生于成年鹅和老龄鹅及其他家禽，幼龄鹅发病较少。病鹅及其他病禽是本病的传染源，易感鹅经消化道和呼吸道感染病原。

(2) 临诊诊断 本病呈慢性经过，潜伏期长，有两个月以上。病期较长时，会出现精神萎靡，体质消瘦、贫血，不愿下水游动，产蛋率下降或停产。

(3) 病理诊断 病死鹅多数内脏器官上出现黄灰色干酪样结节。肝脏是最容易侵害的器官，有几个到数百个针尖样到豌豆样大的结核结节。其他器官如脾、肺和肠道也常有发生，骨骼和骨髓也有发生。

(4) 预防与治疗 本病无治疗意义，应采取综合防治措施预防本病的发生。雏鹅饲养场地要远离种鹅，培养无结核病的鹅群。病鹅应及时淘汰、焚烧。须妥善处理粪便，严格消毒，防止环境污染。

180. 如何诊治鹅的鸭疫里默氏杆菌病?

鹅的鸭疫里默氏杆菌病是由鸭疫里默氏杆菌引起的一种接触性传染病。

(1) 流行病学诊断 本菌可引起多种禽类发生败血性疾病，最易感的是雏鸭、雏鹅和雏火鸡，也可感染鹌鹑、野鸭、雉、天鹅和鸡。多发于 2～7 周龄的雏鸭和雏鹅，呈急性或慢性败血症。本病发生与饲养管理因素有很大的关系。

(2) 临床诊断 潜伏期 1～3 天，病程可分为急性型、亚急性型和慢性型。

急性型多见于 1～3 周龄的幼鹅，患鹅厌食、离群、行动迟缓甚至伏卧不起、垂翅、衰弱、昏睡、咳嗽、打喷嚏，眼鼻分泌物增多。眼有浆液性、黏液性或脓性分泌物，常使眼眶周围的羽毛粘连，甚至脱落。鼻内流出浆液性或黏液性分泌物，分泌物凝结后堵塞鼻孔，使患鹅表现呼吸困难。濒死期神经症状明显，如头颈震颤、摇头或点头，呈角弓反张，尾部摇摆，抽搐而死。

日龄稍大的幼鹅（4～7 周龄）多呈亚急性型或慢性型经过，主要表现为厌食、腿软弱无力、伏卧或呈犬坐姿势，共济失调、痉挛性点头或头左右摇摆，难以维持躯体平衡，部分病例头颈歪斜，当遇到惊扰时呈转圈运动或倒退。病程稍长，发病后未死的鹅往往发育不良，生长迟缓，平均体重比正常鹅低 0.5～1.5 千克，甚至不到正常鹅的一半。

（3）病理诊断 主要病变是心包膜、气囊、肝表面以及脑膜等出现广泛性的多少不等的纤维素性渗出，故有传染性浆膜炎之称。急性病例的心包液增多，其中可见数量不等的白色絮状的纤维素性渗出物，心包膜增厚，心包膜常可见一层灰白色或灰黄色的纤维素渗出物。病程稍长的病例，心包液相对减少，而纤维素性渗出物凝结增多，使外膜与心包膜粘连，难以剥离。气囊混浊增厚，有纤维素性渗出物附着，呈絮状或斑块状，颈、胸气囊最为明显。肝脏表面覆盖着一层灰白色或灰黄色的纤维素性假膜，厚薄不均，易剥离。有神经症状的病例，可见脑膜充血、水肿、增厚，也可见有纤维素性渗出物附着。有些慢性病例常出现单侧或两侧跗关节肿大，关节液增多，也可发生于胫跗关节，关节炎的发生率有时可达病鹅的 40%～50%。脾脏肿大，脾脏表面可见有纤维素性渗出物附着，但数量往往比肝脏表面少。

（4）实验室诊断

①病料采集 细菌学检查可取脑、肝、脾组织触片或心血、心包液涂片，进行革兰氏或瑞氏染色，观察细菌形态。同时取病料进行病原分离培养，观察其培养特性。

②分离培养 应用血液琼脂或巧克力琼脂，在 5%～10% 的 CO_2 条件下，37℃培养 48 小时后，生长出直径约 1～2 毫米、圆形、光滑、突起的奶油状的菌落。选择纯培养物进行生化试验，鉴定其主要生化特性是否与鸭疫里默氏杆菌相符合。

③动物接种 将细菌分离培养物经肌肉、静脉或腹腔等途径接种发生该病的有同种禽类和其他易感动物，如鸭、鹅、鸡等。用于接种的易感动物应来源于未发生过鸭疫里默氏杆菌病的饲养场，并且适龄、健康未使用过各类鸭疫里默氏杆菌疫苗。接种后观察是否出现本病特征性的临诊症状及病理变化，同时接种豚鼠、家兔和小鼠，本菌能致死豚鼠，但不致死家兔和小白鼠。

④血清学检验 应用标准的分型抗血清，可进行玻板或试管凝集试验，或琼脂扩散试验鉴定血清型。由于鸭疫里默氏杆菌的血清型较

多，且不同血清型之间缺乏抗原交叉反应，这给本病血清学检测的推广和应用带来了困难。

（5）鉴别诊断

①与大肠杆菌病鉴别　由大肠杆菌所致的鸭鹅大肠杆菌病以肝脏肿大、出血和脑壳出血、脑组织充血，以及坏死灶为特征性病变特征，不呈现心包炎、肝周炎和气囊炎，而心包炎、肝周炎和气囊炎是鸭疫里默氏杆菌病的特征性病变特征，是重要鉴别表现之一。将病料接种于鲜血琼脂培养基和麦康凯琼脂培养基，经 37℃培养 24～72 小时，大肠杆菌能在两种培养基上生长，呈大肠杆菌菌落特征，而鸭疫里默氏杆菌仅能在鲜血琼脂培养基上生长，呈特征性菌落，是鉴别特征之二。将病料涂片或触片染色镜检，大肠杆菌较大，大小不太一致，而鸭疫里默氏杆菌呈卵圆形小杆菌，而且大小比较一致，是鉴别特征之三。必要时进行小鼠接种，大肠杆菌能致死小白鼠，而鸭疫里默氏杆菌不致死小白鼠，也是实验室诊断的鉴别特征之四。

②与鹅霍乱（巴氏杆菌病）鉴别　巴氏杆菌能引起各种日龄鸭、鹅发病，尤其是青年鹅、成年鸭发病率比幼年鸭、鹅高，而鸭疫里默氏杆菌仅引起 7 周龄以内的鸭、鹅发病，7 周龄以上极少发病，是流行病学上重要鉴别特征之一。肝脏呈灰白色坏死病灶，心冠脂肪出血等是巴氏杆菌病特征性病变，无"三炎"病变，而"三炎"病变是鸭疫里默氏杆菌病特征性病变特征，是鉴别特征之二。小白鼠接种，巴氏杆菌能致死，而鸭疫里默氏杆菌不能致死，是鉴别特征之三。

（6）预防措施　疫苗的预防接种是预防鸭疫里默氏杆菌病较为有效的措施，但由于本菌不同血清型菌株的免疫原性不同，疫苗诱导的免疫力具有血清型特异性，目前发现的血清型就有 21 种之多，并且该病可出现多种血清型混合感染以及血清型变异。目前，疫苗有油乳剂灭活苗、铝胶灭活苗，以及弱毒活菌苗等。在应用疫苗时，要经常分离鉴定本场流行菌株的血清型，选用同型菌株的疫苗，或多价抗原组成的多价灭活苗，以确保免疫效果。

由于本菌血清型多，且培养条件要求高，免疫原性又较差。因此，要求在 10 日龄左右首次免疫，在首免后 2～3 周进行第二次免疫。作者认为首免用水剂灭活苗，二免用水剂灭活苗或油乳剂灭活苗免疫较为妥当。

(7) 治疗方法 根据不同地区分离株作药敏试验的结果，选用相应的药物治疗鸭疫里默氏杆菌病，大多取得了较理想的效果，使发病率和死亡率明显下降。用康复鸭血清进行预防和治疗，结果无效。

181. 如何防治鹅曲霉菌病？

曲霉菌病是由烟曲霉和黄曲霉等曲霉菌引起的鹅及其他多种家禽和哺乳动物的一种霉菌性传染病。

(1) 流行病学诊断 鹅类常因通过接触发霉饲料和垫料经呼吸道或消化道而感染，也可经皮肤伤口感染。各种鹅类都有易感性，以雏鹅（4～12日龄）的易感性最高，常为急性和群发性，成年鹅为慢性和散发。

(2) 临床诊断 潜伏期2～7天，急性发病鹅卧伏、拒食，对外界反应淡漠，通常在出现症状后2～5天死亡。慢行发病鹅呼吸困难，喘气，伸颈张口，将病鹅放于耳旁，可听到沙哑的水泡破裂声，但不发出明显的"咯咯"声。有的表现神经症状，如摇头、头颈屈曲、共济失调、脊柱变形和两腿麻痹。

(3) 病理诊断 肺、气囊和胸腹膜上有从针头至米粒大小的坏死肉芽肿结节，最大的直径达3～4毫米，结节呈灰白色或淡黄色，柔软而有弹性，切开后中心为干酪样坏死组织，内含大量菌丝体，外层为类似肉芽组织的炎性反应层，并含有巨细胞。有时在肺、气囊、气管或腹腔内肉眼即可见到成团的霉菌斑，胸腔、腹腔、肝、肠系膜等处有时亦可见到。

(4) 预防措施 不使用发霉的垫料和饲料是预防曲霉菌病的主要措施。育雏室应注意通风换气和卫生消毒，保持室内干燥、清洁。雏鹅进入育雏室后，日夜温差不要过大，应逐步合理降温，设置合理的通风换气设备。在梅雨季节育雏时要特别注意防止垫料和饲料的发霉。种蛋、孵化器及孵化厅均按卫生要求进行严格消毒。

(5) 治疗方法 本病无特效的治疗方法，用制霉菌素治疗有一定效果，剂量为每100只雏鹅一次用50万国际单位，每日2次，连用

2～4 天。也可用 1：3 000 的硫酸铜或 0.5％～1‰碘化钾饮水，连用
3～5 天。也可用克霉唑（人工合成的广谱抗霉菌药），剂量为每 100
只雏鹅用 1 克，混合在饲料内喂给。

182. 什么是鹅寄生虫病？鹅寄生虫病有什么危害？

一个生物生活在另一个生物的体内或体表，从另一种生物体内吸
取营养，并对其造成危害，这种生活方式称为寄生。营寄生生活的昆
虫称为寄生虫，而被寄生虫寄生的动物称为宿主。按照寄生部位来
分，凡是寄生在宿主体内的寄生虫称为内寄生虫，如球虫、吸虫、绦
虫、线虫等；寄生在宿主体表的寄生虫称为外寄生虫，如蜱、螨、虱
等。由寄生虫引起的鹅病称为鹅寄生虫病。鹅寄生虫病对鹅健康造成
的危害是巨大的。一方面，虫体通过吸盘、棘钩及移行时造成鹅组织
损伤，虫体对鹅器官组织压迫引起萎缩或阻塞于有管器官内，形成阻
塞，严重危害鹅健康，引起鹅大批死亡，影响鹅生长发育和繁殖，特
别是幼鹅，更易遭到寄生虫的感染。另一方面，夺取鹅体营养，造成
病鹅营养不良、消瘦、维生素缺乏等，使鹅抵抗力下降，容易诱发其
他疾病，甚至造成免疫失败。

183. 怎样做好鹅寄生虫病的控制和预防？

（1）控制和消除感染源

①鹅驱虫　驱虫既能治疗病鹅，又能减少病鹅及带虫者向外界散
播病原体。通常实施预防性驱虫，即按照寄生虫病的流行规律定时投
药，而不论其发病与否。

②外界环境除虫　由于寄生在消化道、肝脏、胰腺及肠系膜血管
中的寄生虫，在繁殖过程中随粪便把大量的虫卵、幼虫或卵囊排到外
界环境并发育到感染期。因此必须及时清除鹅粪便，定期对鹅舍场地
和水塘进行消毒。

（2）消灭中间宿主和传播媒介　对生物源性寄生虫病，消灭中间
宿主和传播媒介可以阻止寄生虫的发育，起到消除感染源和阻断感染

途径的双重作用。应消灭的中间宿主和传播媒介，是指那些经济意义较小的螺、蝲蛄、剑水蚤、蚂蚁、甲虫、蚯蚓、蝇、蜱及吸血昆虫等无脊椎动物。

(3) 增强鹅抗病力

①全价饲料饲养　在全价饲料饲养的条件下，能保证鹅机体营养状态良好，以获得较强的抵抗力，可防止寄生虫的侵入或阻止侵入后继续发育，甚至将其包埋或致死，使感染维持在最低水平，使鹅与寄生虫之间处于暂时的相对平衡状态，制止寄生虫病的发生。

②饲养卫生　保持舍内干燥、光线充足和通风良好，鹅饲养密度适宜，及时清除粪便和垃圾。

184. 鹅寄生虫病粪便检查主要方法有哪些？

(1) 粪便的采集、保存和送检方法　被检粪便应该是新鲜而未被污染，最好从直肠采集。采取自然排出的粪便，要采取粪堆的上部未被污染的部分。将采取的粪便装入清洁的容器内。采取的粪便应尽快检查，否则，应放在冷暗处或冰箱中保存。当地不能检查而需送（寄）出时，或保存时间较长时，可将粪便浸入加温至 $50\sim60$℃的 $5\%\sim10\%$ 的福尔马林液中，使粪便中的虫卵失去生活能力，起固定作用，又不改变形态，还可以防止微生物的繁殖。

(2) 虫体肉眼检查法　该法多用于绦虫病的诊断，也可用于某些胃肠道寄生虫病的驱虫诊断。为了发现大型虫体和较大的绦虫节片，先检查粪便的表面，然后将粪便仔细捣碎，认真进行观察。为了发现较小的虫体或节片，将粪便置于较大的容器（玻璃缸或塑料杯）中，加入 $5\sim10$ 倍量的水（或生理盐水），彻底搅拌后静置 10分钟，然后倾去上面粪液，再重新加清水搅匀静置，如此反复数次，直至上层液体透明为止。最后倾去上层透明液，将少量沉淀物放在黑色浅盘（或衬以黑色纸或黑布的玻璃容器）中检查，必要时可用放大镜或实体显微镜检查，发现的虫体和节片用针或毛笔取出，以便进行鉴定。

(3) 尼龙筛淘洗法　该法适用于体积较大的虫卵（直径大于 60

微米的虫卵）的检查。需要特制的尼龙网兜，其制法是将 260 目尼龙筛绢剪成直径 30 厘米的圆片，沿圆周用尼龙线将其缝在 8 号粗的铁丝弯成带柄的圆圈（直径为 10 厘米）上即可。其操作方法如下：取 5～10 克粪便置于烧杯中，加 10 倍量水后用 60 目金属筛滤入另一杯中，将粪液全部倒入尼龙筛网后，依次浸入 2 只盛水的器皿（桶或盆）内。并反复用光滑的圆头玻璃棒轻轻搅拌网内粪渣，直至粪渣中杂质全部洗净为止。最后用少量清水淋洗筛壁四周与玻璃棒，使粪渣集中于网底，用吸管吸取粪渣，滴于载玻片上，加盖片镜检。

（4）沉淀检查法 该法的原理是虫卵比水重，可自然沉于水底，便于集中检查。沉淀法多用于吸虫病和棘头虫病的诊断。

①彻底洗净法 取粪便 5～10 克置于烧杯中，加 10～20 倍量水充分搅和，再用金属筛或纱布滤过于另一杯中，滤液静置 20 分钟后小心倾去上层液，再加水与沉淀物重新搅和、静置 30 分钟，再倾去上层液，如此反复水洗沉淀物多次，直至上层液透明为止，最后倾去上清液，用吸管吸取沉淀物滴于载玻片上，加盖片镜检。

②离心机沉淀法 取粪便 3 克置于小杯中，加 10～15 倍水搅拌混合，然后将粪液用金属筛或纱布滤入离心管中，以 2 000～2 500 转/分钟的速度离心沉淀 1～2 分钟，取出后倾去上层液，再加水搅合，离心沉淀。如此离心沉淀 2～3 次，最后倾去上层液，用吸管吸取沉淀物滴于载片上，加盖片镜检。

（5）漂浮检查法 该法的原理是应用比重较虫卵大的溶液作为检查用的漂浮液，使寄生虫卵、球虫卵囊等浮于表面，进行集中检查。漂浮法对大多数较小寄生虫卵，如某些线虫卵、绦虫卵和球虫卵囊等有很好的检出效果，对吸虫卵和棘头虫卵效果较差。

①饱和盐水漂浮法 取 5～10 克粪便置于 100～200 毫升烧杯中，加入少量饱和盐水搅拌混合后，继续加入约 20 倍的饱和盐水。然后将粪液用 60 目金属筛或纱布滤入另一杯中，舍去粪渣，静置滤液。经 40 分钟左右，用直径 0.5～1 厘米的金属圈平着接触滤液面，提起后将粘着在金属圈上的液膜抖落于载玻片上，如此多次蘸取不同部位的液面后，加盖片镜检。

②试管浮聚法 取 2 克粪便置于烧杯中或塑料杯中，加入 10～20 倍漂浮液进行搅拌混合，然后将粪液用 60 目金属筛或纱布通过滤斗滤入到试管中，然后用吸管吸入漂浮液加入试管至液面凸出管口为止。静置 30 分钟后，用清洁盖片轻轻接触液面，提起后放入载片上镜检。

(6) 毛蚴孵化法 本法专门用于诊断日本血吸虫病。当粪便中虫卵较少时，镜检不易查出，由于粪便中血吸虫虫卵内含有毛蚴，虫卵入水后很快孵出，游于水面，便于观察。

①三角瓶沉淀孵化法 取 100 克粪便置于烧瓶中，加 500 毫升水后搅拌均匀，以 40～60 目的金属筛过滤入另一杯中，舍去粪渣静置粪液。经 30 分钟后倒出一半上层液，再加水静置，经 20 分钟后再用上法换水，以后每经 15 分钟换水一次，直至水色清亮透明为止。最后将粪渣置于 500 毫升三角瓶中，加水至管口 2 厘米处，于 22～26℃温度，并在一定光线条件下孵化。孵化后于 1、3、5 小时在光线充足处进行观察。

②尼龙筛淘洗孵化法 取 100 克粪便置于烧杯中，加 500 毫升水搅拌均匀，以 40～60 目的金属筛过滤到另一杯中，舍去粪渣，将粪液再全部倒入尼龙筛网中过滤，舍去粪液，然后边向尼龙筛中加水边摇晃，以便洗净粪渣。或者将尼龙筛通过 2～3 道清水，充分淘洗，直至滤液变清。最后将粪渣倒入 500 毫升三角瓶中，加水后置于 22～26℃温度处，并在一定光线条件下孵化，孵化后在 1、3、5 小时时观察。

185. 如何诊治鹅球虫病？

鹅球虫病是由艾美耳球虫寄生于鹅的肾小管上皮，引起肾球虫病；鹅艾美耳球虫等寄生于鹅小肠、盲肠和直肠引起肠球虫病。鹅球虫具有明显的宿主特异性，自然情况下只能感染鹅。本病主要发生于 15～70 日龄的小鹅，成年鹅多为隐性带虫者。

(1) 临诊特点 因感染球虫种类的不同，鹅球虫病分为肾球虫病和肠球虫病两类。

①肾球虫病　患鹅病初精神不佳，活动无力，食欲减少或废绝，排白色稀便，渴欲增加，翅下垂，目光迟钝，体温升高至 41.5℃，眼球凹陷，最后因过度消瘦虚弱而死亡。幸存者歪头扭颈，步态摇晃或以背卧地。剖检病死鹅，可见肾脏肿大呈浅灰黄色或灰红色，肾表面有针尖大灰白色病灶或出血斑，在灰白色病灶中含有尿酸盐沉积及大量卵囊。

②肠球虫病　病鹅食欲减少，精神委顿，羽毛松乱，下水后极易浸湿，翅下垂，垂头闭目或离群呆立。喜欢蹲下，头部不由自主地左右摆动。流涎，食管膨大部充满液体。患鹅下痢，初为稀糊状，后为白色稀粪或水样稀粪。重症者排出红色血粪，粪中充满黏液。病程稍长者，病鹅排出长条状的腊肠样粪，其表面呈灰色或灰白色或淡黄色。经 1～2 天后便告死亡。耐过急性期的病鹅，可自然康复，但生长速度缓慢，歪颈，步态摇摆，甚至跌倒后两脚朝天。其主要病理变化在小肠，呈严重的出血性卡他性肠炎，小肠中、下段（卵黄蒂以下）及回肠外观肿粗，肠浆膜面可见大量白斑点或白线。肠黏膜增厚、出血、糜烂，回肠段和直肠中段的黏膜面覆盖有糠麸样的假膜。十二指肠至回肠段病变轻微，轻度充血或有卡他性炎症，肠内有红色至褐色黏稠物，肠黏膜上有溢出点和球虫结节。

(2) 诊断　鹅球虫病不能只根据粪便中有无虫卵来诊断是否患病，一方面感染少量球虫时并不引起发病，鹅的带虫现象很普遍；另一方面球虫在裂殖阶段可致发病，乃至死亡，但粪便中尚未有卵囊。诊断时要根据临诊特点及粪便检查，进行综合分析，做出正确诊断。同时，还应与小鹅瘟作鉴别诊断。

(3) 预防　鹅舍应保持干燥、清洁，雏鹅与曾患过球虫病的老鹅隔开饲养，鹅场应做好消毒卫生工作。在球虫病流行季节，可在饲料中添加抗球虫药，对防止球虫病的发生有很大的作用。

(4) 治疗　治疗球虫病的药物较多，因球虫对抗球虫药容易产生耐药性，宜用两种以上的药物交替使用，争取早期用药。下列药物供防治时使用：

①氯苯胍　按每千克饲料中加入 100 毫克，均匀混料饲喂，连用 7～10 天。屠宰前 5～7 天停止喂药。预防量减半。

②氨丙林　按每千克饲料中加入150～200毫克，或按每千克体重用250毫克拌料；或按每升饮水中加入80～120毫克饮服，连用7天。用药期间，应停止饲喂含维生素B_1的饲料。

③磺胺二甲基嘧啶　以0.5％混入饲料中饲喂，或以0.2％浓度饮水，连用3天，停用2天后，再连用3天。

④磺胺-6-甲氧嘧啶（制菌磺、SMM）和TMP合剂　两者的比例为5∶1，合剂的剂量为0.04％混入粉料中，连喂7天，停药3天，再喂3天。

⑤球痢灵　按0.025％浓度均匀混料，连喂3～5天。预防时剂量减半。

⑥克球多　按每千克饲料中加250毫克均匀混料饲喂，连用3～5天，预防量减半。屠宰前5～7天停药。

⑦阿的平　按每千克体重用0.05～0.1克，将药物混于湿谷粒中喂给，每隔2～3天给药一次。喂完第三次后，延长间隔时间，每隔5～6天喂一次。共喂5次。

⑧盐霉素　按0.006％混饲，连用7～10天。

⑨莫能菌素　按0.01％混饲给药。屠宰前3天停止用药。

⑩尼卡巴嗪（球净-25预混剂）　每100克含尼卡巴嗪25克、乙氧酰胺苯甲酯1.6克。每吨饲料中添加球净-25预混剂500克，混匀后饲喂。宰前4天停药。

186. 如何诊治鹅裂口线虫病？

鹅裂口线虫病是由鹅裂口线虫寄生于肌胃角质膜下引起的一种鹅的常见消化道寄生虫病。鸭与鹅均能感染鹅裂口线虫，而其他家禽、野禽均未发现感染。在鹅当中，雏鹅更易感染。

(1) 临诊特点　雏鹅感染后食欲不振，精神委顿，生长发育受阻，贫血，下痢。如感染虫体多加上饲养管理不良，会引起成批死亡。如果感染虫体数量少，鹅的年龄较大，则不表现症状，成年鹅则成为带虫者。剖检死鹅，常见肌胃角质层易碎、坏死，呈棕色，除去坏死的角质层，可见溃疡及虫体。

（2）**诊断** 主要是虫卵检查，常采用粪便饱和盐水漂浮法检查粪便中的虫卵。剖检获取虫体，经鉴定也可确诊。

（3）**预防** 搞好鹅舍内外的清洁卫生，定期消毒。不同日龄的鹅应分开饲养，防止交叉感染。每年要进行两次预防性驱虫，通常在20～30日龄、3～4月龄各1次。驱虫应在隔离鹅舍内进行，投药后的3天内，彻底清除鹅粪，进行生物发酵处理。

（4）**治疗** 本病的治疗可用下列药物：

①左旋咪唑 按25～40毫克/千克饲料均匀拌料，一次喂服。间隔1～2周后再给药一次。

②阿苯达唑 按10～25毫克/千克饲料拌料或30～50毫克/千克水饮服。

③四咪唑（驱虫净） 按40～50毫克/千克饲料拌料饲喂，一次喂服。或按0.01％的浓度溶于饮水中，连用7天为一疗程。

④甲苯咪唑 按每千克体重30～50毫克，口服，或0.0125％混入饲料中，连用2天。

⑤三氯酚 按每千克体重70～75毫克，口服。

187. 如何诊治鹅四棱线虫病？

四棱线虫病是由四棱科裂刺四棱线虫寄生于鹅的腺胃内引起的一种寄生虫病。主要寄生于鸡、鸭，也寄生于鹅，最常见于野鸡、野鹅、家鸭和家鹅。

（1）**临诊特点** 病鹅表现精神沉郁，食欲减退，生长发育停滞，消瘦、虚弱，严重者可以引起死亡。剖检病鹅，可见腺胃黏膜炎症，在腺胃深处看到暗红色的成熟雌虫。腺胃组织受虫体刺激后产生强烈的反应，并伴有腺体组织变性、水肿和广泛的白细胞浸润。

（2）**诊断** 利用粪便查找虫卵，并结合剖检病理，在鹅体内找到虫体便可确诊本病。

（3）**预防** 搞好鹅舍内外的清洁卫生，定期对鹅舍及用具进行消毒。不同日龄的鹅只分开饲养，防止交叉感染。用0.015％～0.03％的溴氰菊酯进行喷洒消灭中间宿主。定期进行预防性驱虫。

（4）治疗　本病的治疗可使用下列药物：

①左旋咪唑　按每千克体重用 10 毫克，均匀拌料饲喂，一次喂服。

②阿苯达唑　按每千克体重用10～25 毫克，均匀拌料饲喂，一次喂服。

188. 如何诊治鹅嗜眼吸虫病？

鹅嗜眼吸虫病是由嗜眼科嗜眼属的吸虫寄生于鹅的眼结膜囊内而引起的一种寄生虫病。

（1）临诊特点　病初患鹅流泪，眼结膜充血潮红，泪水在眼中形成许多小泡沫，眼睑水肿，用脚搔眼或将眼睛揩擦翼背部。第 3 眼睑晦暗，增厚，呈树枝状充血或潮红。眼结膜有少量针尖状出血点。少数严重病例，角膜深层有细小点状混浊，表面光滑晦暗，有的角膜表面形成溃疡，被黄色片状坏死物覆盖，剥离后有的出血。这种黄色坏死物，有的突出于眼裂外。结膜囊内有浅黄色线条样黏性（偶有脓性）分泌物。虫体都吸附在内眦瞬膜下的穹窿部结膜或球结膜处。大多数病鹅为单侧性眼发病，一只眼出现严重症状，而另一只眼虽有感染而无明显症状，只有少数鹅为双侧性眼发病。眼内虫体较多的病鹅，可双侧眼发病，由于强刺激而失明，难以进食，很快消瘦，最后导致死亡。剖检病变与上述的临床症状所描述的眼部变化相同，另外可在眼角内的瞬膜处发现虫体附着，内脏器官无明显变化。

（2）诊断　根据鹅结膜、角膜水肿发炎临床症状，结合剖检，在患鹅眼角内的瞬膜处查到虫体即可确诊。

（3）预防　对有本病常发的养鹅区，尽量做好杀灭瘤拟黑螺等螺蛳，以消灭中间宿主。鹅发病后，应对鹅舍及运动场地用生石灰等进行消毒，以杀灭虫卵。

（4）治疗　可采用以下方法治疗：

①75％酒精滴眼　由助手将鹅体固定，另一助手固定鹅头，右手用钝头金属细棒或眼科玻璃棒，从内眼角扒开瞬膜，用药棉吸干泪液

后，立即滴入 75％酒精 4～6 滴。用此法滴眼驱虫操作简单，可使病鹅症状很快消失，驱虫率可达 100％。

②人工摘除虫体　按上法用钝头细棒拨开瞬膜，用眼科镊子从结膜囊内摘除虫体，然后用 3％硼酸水冲洗眼睛。

189. 如何防治鹅前殖吸虫病？

鹅前殖吸虫病是由前殖吸虫寄生于鹅的输卵管、法氏囊、泄殖腔及直肠所引起的疾病。本病流行于蜻蜓活动盛期。

(1) 临诊特点　病初无明显症状，产蛋鹅产薄壳蛋，产蛋量减少或产蛋停止，有的病鹅因蛋未产出前就已破裂，可见蛋黄和蛋清流出。当前殖吸虫破坏输卵管的黏膜和分泌蛋白及蛋壳的腺体时，可见病鹅腹部膨大，下垂，产畸形蛋（无壳蛋、软蛋、无黄蛋），并见有石灰样液体从泄殖腔流出。鹅步态不稳，常卧伏。后期，病鹅精神萎靡，食欲不振，消瘦，体温升高可达 43℃，渴欲增加，腹部压痛，泄殖腔突出，肛门周边潮红。病情严重的，特别是诱发腹膜炎的，可以在 3～5 天内死亡。主要病变是输卵管炎和泄殖腔炎，黏膜充血、肿胀、增厚，在管壁上可发现红色的虫体。有的输卵管破裂引起卵黄性腹膜炎，腹腔中有多量黄色混浊的渗出液，脏器粘连。

(2) 诊断　根据临床症状，排畸形蛋、变形蛋、变质蛋及剖检时的输卵管炎症，输卵管黏膜充血、肿胀、增厚，卵黄性腹膜炎等病变，结合流行季节，用反复水洗沉淀法镜检病鹅粪便发现虫卵，在输卵管等处发现虫体即可确诊。

(3) 预防　预防性驱虫可用阿苯达唑，按每千克体重 10 毫克，每半月进行一次。在鹅活动的区域内，应消灭第一中间宿主—淡水螺蛳，可用化学药物，如 1：5 000 的硫酸铜，防止该病的传播。在流行季节，防止鹅吃蜻蜓或蜻蜓幼虫。

(4) 治疗　治疗本病，有以下药物可供选用：
①阿苯达唑　按每千克体重 10～20 毫克，一次口服或拌料喂服。
②六氯乙烷（吸虫灵）　按每千克体重 0.2～0.5 克，拌料口服，

每天 1 次，连用 3 天，服药前禁食 12～15 小时。

③吡喹酮　按每千克体重 60 毫克拌料，一次喂服，连用 2 天。

190.　如何防治鹅气管吸虫病?

鹅气管吸虫病是舟形嗜气管吸虫寄生虫在鹅的气管、支气管、咽和气囊内所引起的一种寄生虫病。

(1) 临诊特点　鹅轻度感染嗜气管吸虫时，无明显症状。当严重感染，虫体移行到气管上端阻碍呼吸时，病鹅表现气喘，伸颈张口呼吸，摇头、咳嗽，并企图将气管内虫体咳出，直至呼吸困难。气管内炎性渗出物增多时，发出"咯咯"的响声。患鹅的死亡多数是在气管和喉部存在有大量这种吸虫阻塞呼吸道，导致窒息而突然死亡。剖检时可在气管发现虫体，在虫体附着的气管黏膜出现出血性炎症。呼吸道黏膜表面附有渗出物，咽至肺部的细支气管黏膜充血、出血，重症者可见有不同程度的肺炎变化。

(2) 诊断　依据临诊特点，查获虫体、虫卵即可确诊。

(3) 预防

①灭螺　在鹅场杀灭中间宿主，可结合农田施肥，泼洒氨水等方法杀灭螺蛳。有条件可以用 0.02％的硫酸铜溶液对水池或水塘进行灭螺。

②定期驱虫　用阿苯达唑，按每千克体重 10 毫克，每半个月进行一次预防性驱虫。

③合理处理鹅粪　可采用堆积发酵处理粪便。

(4) 治疗　治疗可选用以下方法:

①0.1％碘溶液　由声门裂处注入 0.5～2 毫升，两天后再注 1 次，效果较好。

②硫双二氯酚　按每千克体重用 150～200 毫克，均匀拌料，一次喂服。

③阿苯达唑　按每千克体重用 10～25 毫克，均匀拌料，一次喂服。

191. 如何诊治鹅绦虫病？

鹅绦虫病是由矛形剑带绦虫等多种绦虫寄生于鹅小肠内引起的一种常见的寄生虫病，多发生于4～10月份的春末夏秋季节，以1～3月龄的放养鹅群多见。

（1）临诊特点 20日龄至2个月龄的幼鹅严重感染后呈现精神沉郁，食欲不振，渴感增强，贫血，拉稀，排出灰白色或淡绿色稀薄粪便，有恶臭，并混有黏液和长短不一的虫体孕卵节片，污染肛门四周羽毛。随着病情的发展，病鹅明显消瘦，精神萎靡，羽毛松乱，离群独处，不喜活动，翅膀下垂。放牧时，常呆立在岸边打瞌睡或下水后停浮在水面上。有时显现神经症状，运动失调，走路摇晃，两腿无力，突然倒地死亡。

当虫体在鹅的小肠内大量积聚时，对小肠呈现机械的或毒素的有害作用。机械的损伤作用是使肠腔阻塞，压迫肠黏膜并用其头部上的吸盘和钩破坏肠黏膜的完整性，影响消化过程。绦虫具有极为迅速的生长能力，所以能剥夺鹅只大量营养物质，同时排出代谢产物，对鹅只的血液及神经系统产生毒害作用。

病死的鹅只尸体消瘦，病程较长者胸骨如刀。少数病例心外膜有出血点，肝脏略肿大、胆囊充盈、胆汁稀呈淡绿色，肠道黏膜充血、出血，呈卡他性炎症，十二指肠和空肠内有多量绦虫，甚至堵塞肠腔，引起肠破裂。肌胃空虚，角质膜呈淡绿色。

（2）诊断 可从被检鹅只的粪便中是否发现绦虫的节片进行判断，方法是收集不同鹅只的若干粪便样品，放入500～1000毫升的玻璃容器中，加满清水，用玻璃棒仔细搅拌后，静置10～15分钟，由于虫体节片比重大，便会沉于底部，然后将上清液倒弃一大半，再加清水，反复洗涤数次后，将沉淀物置于平皿中，底部用黑纸衬托，用肉眼观察，找到节片便可以确诊。镜检鹅粪（用饱和盐水漂浮法），发现虫卵也可确诊。

（3）预防

①每年入冬及开春时，及时给成年鹅进行彻底驱虫，以杜绝中间

宿主接触病原，这是控制本病的重要措施。

②定期给雏鹅进行驱虫，一般一月龄内驱虫一次，放到水塘后经半个月再进行一次成虫期驱虫。

③鹅场应尽可能在水源流动的水塘放牧，以减少中间宿主—剑水蚤接触鹅只感染绦虫病的机会。

④消灭中间宿主。在已被污染的池塘，有条件的可干水一次，以便杀死水中的剑水蚤。

(4) 治疗 药物治疗最好采用直接填喂法，可以用以下药物进行治疗：

①槟榔与南瓜子合剂 南瓜子炒熟与槟榔按10∶1比例一起研成条状或颗粒状填饲，剂量按每千克体重1克。

②硫双二氯酚（别丁） 按每千克体重150～200毫克，一次喂服。也可按1∶30的比例与饲料混合，揉成条状或豆大丸状剂填喂。

③吡喹酮 按每千克体重10～15毫克，拌料后一次喂服。

④氯硝柳胺（灭绦灵） 按每千克体重50～60毫克，拌料一次投服。

⑤阿苯达唑 按每千克体重10～25毫克，拌料一次口服。

192. 如何诊治鹅虱?

鹅羽虱是寄生于鹅体表的一种永久性外寄生虫，可引起鹅贫血、消瘦，羽绒脱落，母鹅产蛋量下降等疾病表现。鹅虱的传播方式主要是直接接触传染。一年四季均可发生，冬季较为严重。鹅羽虱传染源主要是患鹅。同一鹅体常可被数种羽虱寄生。

(1) 临诊特点 鹅羽虱啮食鹅的羽毛和皮屑，造成羽毛脱落或折断。虱大量寄生时，鹅只遭到刺激，患鹅表现奇痒不安，用嘴啄毛，影响鹅的睡眠和休息。产蛋母鹅的产蛋量常受影响，并可降低鹅体抵抗力，引起贫血和消瘦。虱还吸血而且产生毒素，也可影响鹅生长发育和生产性能。颊白羽虱往往充塞外耳道，使其发炎，并常有干性分泌物堆积于外耳道内，干扰鹅的觅食和休息，造成生产性能下降。

（2）**诊断** 可通过检查皮肤上的羽毛，查到虱及其卵即可证实。

（3）**预防** 搞好鹅舍卫生，定期消毒，保持清洁和干燥。定期用除虫菊酯和0.3％敌敌畏合剂或0.5％杀螟松加0.2％敌敌畏合剂喷洒鹅场和栏舍。对新引进的鹅群先进行详细检查，一旦发现鹅身上有鹅虱寄生，先集中隔离治疗，然后再混群。

（4）**治疗** 杀虫药物有：

①1％马拉硫磷 可用粉剂撒在鹅身上或鹅舍。

②25％的除虫菊酯油剂 用水稀释成1：2 000、1：4 000、1：8 000等，进行喷雾或药浴，使药液撒在鹅体上，灭虱效果很好。

③0.05％双甲脒 在1 000毫升水中加入4毫升12.5％的双甲脒乳油剂，充分搅拌，使之成为乳白色液体，在鹅舍、场地喷雾或喷洒，有较好的灭虱效果，但不宜药浴。

④阿维菌素 按每千克体重0.2毫克内服或肌内注射。

在驱杀鹅虱时，必须同时对鹅舍、卵巢、产蛋窝、地面以及一切用具进行喷雾和喷洒消毒，以达到杀灭这些物体上的鹅虱的目的。由于各种药物对虱卵的杀灭效果均不理想。因此，隔10天后再治疗一次，以便杀死新孵出来的幼虱。

193. 鹅发生营养代谢病的原因是什么？有什么临床特点？其诊断和防治要点有哪些？

（1）**鹅营养代谢性疾病大多表现为缺乏症，有时也可因营养过剩引起**

①营养摄入不足 饲料配比不合理或长时间投料不足；鹅食欲下降，采食量明显减少等。

②营养消耗过多 鹅在生长旺盛期和生殖高峰期，容易出现营养缺乏症；鹅发生慢性消耗性疾病时也可引发营养代谢性疾病。

③消化吸收不良和物质代谢失调 鹅在发生消化道疾病时，容易发生营养代谢性疾病。鹅体内营养物质代谢失调时，也易发生营养代谢性疾病。

（2）营养代谢性疾病的临床特点

①群体发病　在集约化饲养条件下，特别是饲养失误或管理不当造成的营养代谢性疾病，常呈群发性，表现相同或相似的临床症状。

②发病缓慢　营养代谢性疾病的发生一般要经历化学紊乱、病理学改变及临床异常三个阶段。从病因作用至呈现临床症状常需数周、数月乃至更长时间。

③以营养不良和生产性能低下为主症　营养代谢性疾病常影响动物的生长、发育、成熟等生理过程，而表现为生长停滞、发育不良、消瘦、贫血等营养不良症候群。

④多种营养物质同时缺乏　在慢性消化疾病、慢性消耗性疾病等营养性衰竭症中，缺乏的不仅是蛋白质，其他营养物质如铁、维生素等也显不足。

（3）营养代谢性疾病的诊断要点

①流行病学调查　着重调查疾病的发生情况，如发病季节、病死率、主要临床表现等；饲养管理方式，如日粮配合及组成、饲料的种类及质量、饲养方法及程序等；环境状况，如土壤类型、水源资料及有无环境污染等。

②临床检查　根据临床表现有时可大致推断营养代谢病的可能病因，如家禽的不明原因的跛行、骨骼异常，可能是钙、磷代谢障碍。

③治疗性诊断　为验证初步诊断或疑似诊断，可进行治疗性诊断，即补充某一种或几种可能缺乏的营养物质，以观察其对疾病的治疗作用和预防效果。

④病理学检查　有些营养代谢性疾病可呈现特征性的病理学改变，如关节型痛风时关节腔内有尿酸盐结晶沉积；维生素 A 缺乏时鹅的上部消化道和呼吸道黏膜角化不全等。

⑤实验室检查　主要测定患病个体及发病鹅群血液、羽毛及组织器官等样品中某种（些）营养物质及相关酶或代谢产物的含量，作为早期诊断和确定诊断的依据。

⑥饲料分析　饲料中营养成分的分析，提供各营养成分的水平及比例等方面的资料，可作为营养代谢性疾病，特别是营养缺乏病病因学诊断的直接证据。

（4）营养代谢性疾病的防治要点

营养代谢性疾病的防治要点在于加强饲养管理，合理调配日粮，保证全价饲料饲养；开展营养代谢性疾病的监测，定期对鹅群进行抽样调查，了解各种营养物质代谢的变动，正确估价或预测鹅的营养需要，早期发现病鹅；实施综合性防治措施，如地区性矿物元素缺乏，可采用改良植被、土壤施肥、植物喷洒、饲料调换等方法，提高饲料中相关元素的含量。

194. 如何诊治鹅痛风？

鹅痛风是由于蛋白质代谢障碍，引起大量尿酸盐和尿酸晶体在鹅的关节软骨、关节囊、内脏、输尿管及肾小管中沉积。痛风可分为关节型和内脏型，关节型痛风是指尿酸盐沉积在关节腔及其周围；内脏型痛风是指尿酸盐沉积在内脏器官表面。

（1）临诊特点

①关节型痛风　主要见于青年鹅或成年鹅，患鹅关节肿胀，触之硬实，出现跛行，甚至瘫痪，以后便逐渐形成硬而轮廓明显的可以移动的结节，结节破裂后，排出灰黄色干酪样尿酸盐结晶，并出现出血性溃疡。剖开关节可见关节面及关节周围组织出现溃疡、坏死，甚至发生糜烂，关节腔内有多量白色或淡黄色黏稠的尿酸盐的沉积。

②内脏型痛风　主要见于一周龄以内的幼鹅，病鹅食欲减退，呼吸加快加深；常排出白色半黏液状水样粪便，含有大量的灰白色尿酸盐，肛门周围有白色的污粪；病鹅逐渐消瘦，贫血，严重者可突然死亡；产蛋母鹅的产蛋率下降，甚至停产。剖检可见内脏器官表面有大量的尿酸盐沉积；输尿管变粗，管壁增厚，管腔内充满石灰样沉积物；肾肿大、色淡，甚至发生肾结石和输尿管阻塞。严重病例在心、脾、肝、胸腹膜、肌肉表面、肠浆膜表面有白色尿酸盐沉积。

（2）预防措施　预防痛风的关键在于降低饲料中动物性蛋白质尤其核蛋白的含量，注意改善饲养管理、调整各种营养物质的量和比

例，添加多种维生素并给予充足的饮水，补给青绿饲料。

（3）治疗方法 阿托方（又名苯基喹啉羟酸）每千克体重0.4～0.6克，每天2次，口服5天为一个疗程。也可用嘌呤醇，每千克体重10～30毫克，每天2次，口服3～5天为一个疗程。

195. 如何诊治鹅脂肪肝综合征（脂肪肝病）？

鹅脂肪肝出血综合征是由于用高能低蛋白日粮饲喂鹅引起的脂肪变性为特征的营养代谢疾病。临床上以病鹅个体肥胖，产蛋下降，个别的因肝脏破裂并出血为特征。本病多发生于产蛋母鹅。

（1）发病原因 长期饲喂高能低蛋白饲料，缺乏运动或运动量减少，使脂肪在体内沉积，是本病发生的主要因素。饲料中钙的含量过低，导致母鹅产蛋量下降，而鹅仍然保持正常的采食量，大量的营养成分转化为脂肪贮存于肝脏，最终导致脂肪肝的发生。

（2）临诊特点 患鹅的采食量减少、精神不振。腹泻，粪便中有完整的饲料。患鹅不愿下水，卧地不起，行动迟缓。强行运动时，常拍翅拖地爬行，最后痉挛、昏迷而死，甚至还未出现任何明显的症状而突然死亡。病死鹅剖检可见皮下脂肪多，贫血，腹腔和肠系膜、心脏、肾脏、肌胃周围均有大量的脂肪沉积；肝脏的病变最为显著，肝脏肿大，边缘钝圆，质地柔软、易碎，色泽变黄，甚至成糊状；肝表面有散在性的出血点和白色坏死灶。切开肝脏时，刀上有脂肪滴附着。

（3）防治措施

①合理调配饲料日粮 增加蛋白质含量，降低能量；加强饲料的保管，不喂发霉饲料；防止突然应激等。添加维生素A、微量元素可预防本病的发生。

②及时补给氯化胆碱和蛋氨酸 按1千克饲料中添加蛋氨酸100克，或每吨饲料加氯化胆碱300克。

③加强饲养管理 提供适宜的生活空间及环境温度，控制产蛋鹅育成期的日增重，不能过肥。

196. 鹅中毒性疾病的防治要点是什么？

（1）中毒病的预防 鹅中毒病的预防必须贯彻预防为主的方针，预防鹅中毒有双重意义，既可防止有毒或有害物质引起鹅中毒或降低其生产性能；又可防止鹅产品中的毒物残留量对人的健康造成危害。因此，必须采取有效措施预防中毒，即禁喂含毒和腐败霉变饲料，防止化学毒物对鹅群的危害，禁止在水塘、河沟等处乱扔病禽的尸体。

（2）中毒病的救治

①切断毒源 必须立即停喂可疑有毒的饲料或饮水。

②阻止或延缓机体对毒物的吸收 对经消化道接触毒物的鹅，可根据毒物的性质投服吸附剂、黏浆剂或沉淀剂。

③排出毒物 可根据情况选用切开嗉囊冲洗或泻下。

④解毒 使用特效解毒剂，如有机磷农药中毒，对于出现症状的鹅，立即用解磷定或氯磷定，并同时应用阿托品解毒。

⑤对症治疗 中毒的鹅用葡萄糖溶液饮服，以增强肝脏的解毒功能。此外还应调整鹅体内电解质和体液、增强心脏机能、维持体温。

197. 如何诊治鹅肉毒梭菌毒素中毒（软颈病）？

肉毒梭菌毒素中毒是由于鹅摄食了肉毒梭菌产生的外毒素而起的一种急性中毒症，是人畜共患病。其特征是外周神经麻痹，软腿、共济失调，皮肤松弛，被毛脱落等。

（1）临诊特点 轻微中毒的鹅可见步态轻微共济失调，脚趾屈曲，容易跌倒，像喝醉酒一样，几天后能耐过而康复。中度中毒的鹅表现为运动神经麻痹，其中以腿、翅、颈等部麻痹为主，两脚无力，脚趾向下屈曲，行动困难，容易跌倒，呼吸困难并张口伸颈呼吸。严重中毒鹅全身瘫痪，静伏在地面上，失去听觉，闭目深睡，如若将其头颈提起，患鹅则把眼睛微微张开，一放下，整条颈立即平贴在地面，所以又称"软颈病"，呼吸深而慢，下痢，排出绿色的水样粪便，泄殖腔黏膜外翻。剖检死鹅可见胃肠黏膜上有散在性的充血、出血、尤以十二指肠最严重。盲肠则较轻或无病变。喉和气管内有少量灰黄色泡沫的黏液，咽喉和肺部有不同程度的出血点。

（2）预防措施　及时清除牧地、栏舍、池塘的腐败物，经常清除鹅舍内外活动场地、游水域及淤泥，防止饲料腐败，避免鹅接触并摄入腐败动物尸体，注意饲料卫生，不吃腐败的肉、鱼粉、蔬菜和死禽。发生本病时，应及时隔离病鹅，对病死鹅进行焚烧或深埋；严禁食用。

（3）治疗方法　无特效的药物治疗，只能对症治疗。中毒较轻的患鹅内服6%～9%的硫酸镁溶液或高锰酸钾溶液，结合饮水中加链霉素和5%的葡萄糖水，有一定疗效。倘若病鹅不能饮水时，可肌内注射肉毒素A、C型二价高免血清，每千克体重为1～2毫升，每天一次，连用3天，效果较好。

198.　如何诊断与治疗鹅有机磷中毒？

鹅有机磷农药中毒是由于鹅只接触或误食含有有机磷的牧草及饲料、蔬菜而引起的中毒症。急性中毒，突然拍翅、口流涎沫、往往还未出现明显临床症状鹅突然倒地死亡。有的则表现不安，腿软，站立不稳，食欲废绝，瞳孔缩小，继而张口呼吸、频频排粪，最后窒息倒地而死亡。病程稍长的可见流泪、流涎，下痢，瞳孔缩小，呼吸困难，运动失调、肌肉震颤、抽搐和两肢麻痹等症状。

剖检无明显特征性的病理变化，经消化道中毒者，胃内容物有一股很浓的有机磷农药气味，胃肠黏膜出血、脱落甚至出现不同程度的出血、瘀血和溃疡。有的可见心肌、心冠脂肪有散在性的出血点，肝、肾肿大，质变脆，并伴有脂肪变性。肺瘀血并且水肿，切面有多量泡沫样液体流出。

鹅一旦误食了有机磷农药，迅速采用解磷定和阿托品进行急救，解磷定注射液，每千克体重15～30毫克，静脉注射或静脉滴注，缓慢静脉注射（用氯化钠注射液配成2.5%溶液滴注），2～3小时后减半重复注射一次。硫酸阿托品每千克0.3～0.5毫克，肌内注射，每2小时注射1次，直到病鹅轻度骚动，瞳孔散大，心跳加快为止。并给予充分饮水和葡萄糖溶液饮用。

199. 如何诊断与治疗磺胺类药物中毒？

鹅磺胺类药物中毒是由于用磺胺类药物防治鹅细菌性疾病和寄生虫病过程中，应用不当或剂量过大而引起鹅只发生急性或慢性中毒症。急性中毒的病例表现兴奋、痉挛，肌肉颤抖，共济失调；腹泻、神经麻痹、呼吸加快，并在短时间内死亡；鹅面部肿胀，皮肤苍白或呈蓝紫色，翅下有皮疹，便秘或下痢，粪便呈酱油状或灰白色稀粪。慢性中毒鹅可见精神沉郁，食欲减退或废绝，渴欲增加、羽毛松乱，可视黏膜出现黄染现象。产蛋母鹅食欲下降，羽毛松乱，精神较差，产蛋量明显减少，且产薄壳蛋，软壳蛋的数目增多，最后因衰竭而死亡。

皮肤、肌肉和内脏器官出血，皮下有大小不等的出血斑，胸部肌肉弥漫性或刷状出血，大腿内侧斑状出血，盲肠内可能含有血液。腺胃、肠管黏膜、肌胃角质膜下有出血点。肝脏肿大，呈紫红色或黄褐色，有点状出血和灰白色坏死病灶。脾肿大，有灰色结节灶和出血性梗死。心肌中的灰色结节区与肝、脾、肾及肺中有类似病变。心包腔积液，心肌呈刷状出血，有的病例的心肌出现灰白色病灶。血液稀薄，凝血时间延长。骨髓由正常的暗红色变成淡红色或黄色。输尿管变粗，并充满白色尿酸盐，在肾小管中可见有磺胺药的结晶。

一旦发现鹅群磺胺药中毒，应立即停止使用含有磺胺的饲料或饮水。要严格掌握磺胺用药的剂量，饲料加入药物后搅拌要均匀。用药时间不得超过5天。用药期间应保证充足的饮水。投药期间，应在日料中补充复合维生素B和亚硫酸氢钠甲萘醌，其剂量为正常量的10～15倍。严重病例可口服维生素C 30～50毫克，或肌内注射50毫克的维生素C注射液。

200. 如何防治鹅中暑？

在炎热的夏季常发生此类疾病，中暑是日射病与热射病的总称，

又称为热衰竭症。

(1) 发病原因 鹅在烈日下曝晒或长时间在灼热的地面上活动或停留,即所谓上晒下煎,鹅容易发生日射病;在高温季节若饲养密度大,环境潮湿,饮水不足,通风不良,体内的热量难以散发而引起热射病。

(2) 临诊特点 中暑后病鹅表现为呼吸困难,以神经症状为主,患鹅烦躁不安,颤抖,体温升高,眼结膜发红,痉挛,有些病鹅乱蹦乱跳,甚至在地上打滚,最后昏迷倒地而死。翅膀张开而垂下,体温升高,渴欲增强,走路不稳,左右摇摆,昏迷倒地,常引起大批死亡。其病理变化以大脑和脑膜充血、出血,全身静脉瘀滞,尸冷缓慢,血液凝固不良为特征。

(3) 防治方法 高温季节尽量不要在烈日下放牧,在池塘边搭下凉棚遮阳。降低饲养密度,加强通风降温,不断喷洒凉水,随时供给清凉饮水,必要时在鹅舍放置冰块。一旦发生中暑,应立即把全群鹅赶下水降温或转移到阴凉通风处,给予维生素 C、红糖水任其自由饮用。

参 考 文 献

卞耀武．1997．中华人民共和国动物防疫法释义［M］．北京：法律出版社．

陈国宏．2000．鸭鹅饲养技术手册［M］．北京：中国农业出版社．

程安春．2004．养鹅与鹅病防治［M］．北京：中国农业大学出版社．

甘孟侯．1999．中国禽病学［M］．北京：中国农业出版社．

王永坤，朱国强，金山，等．2002．水禽病诊断与防治手册［M］．上海：上海科学技术出版社．

王子轼．2006．动物防疫与检疫技术［M］．北京：中国农业出版社．

阎继业．2005．畜禽药物手册［M］．北京：金盾出版社．

周新民．2004．兽医操作技巧大全［M］．北京：中国农业出版社．

周新民，黄秀明．2008．鹅场兽医［M］．北京：中国农业出版社．

周新民，江善祥．2005．新编畜禽药物手册［M］．上海：上海科学技术出版社．

图书在版编目（CIP）数据

高效健康养鹅200问/周新民，羊建平主编．—北
京：中国农业出版社，2017.1（2020.2重印）
（养殖致富攻略·一线专家答疑丛书）
ISBN 978-7-109-22243-4

Ⅰ.①高…　Ⅱ.①周…②羊…　Ⅲ.①鹅—饲养管理
—问题解答　Ⅳ.①S835.4-44

中国版本图书馆CIP数据核字（2016）第252782号

中国农业出版社出版
（北京市朝阳区麦子店街18号楼）
（邮政编码100125）
责任编辑　黄向阳

中农印务有限公司印刷　新华书店北京发行所发行
2017年1月第1版　2020年2月北京第3次印刷

开本：880mm×1230mm 1/32　印张：8.625　插页：2
字数：245千字
定价：34.00元
（凡本版图书出现印刷、装订错误，请向出版社发行部调换）